ULRICH SCHMID

400 populäre Irrtümer über Pflanzen und Tiere

ULRICH SCHMID

400 populäre Irrtümer über Pflanzen und Tiere

Von blühenden Algen, diebischen Elstern und singenden Seekühen

Cartoons von Friedrich Werth

KOSMOS

Mit 156 Schwarz-Weiß-Cartoons von Friedrich Werth

Dieses Buch enthält alle Irrtümertexte, die aus den beiden Titeln von Ulrich Schmid „275 populäre Irrtümer über Pflanzen und Tiere" (ISBN 3-440-09028-0) und „Neue populäre Irrtümer über Pflanzen und Tiere" (ISBN 3-440-09628-9) für diese Ausgabe neu zusammengestellt und zum Teil leicht abgeändert und aktualisiert wurden. Beide oben genannten Bücher sind im Kosmos-Verlag erschienen.

Umschlaggestaltung von eStudio Calamar, Pau, unter Verwendung eines Schwarz-Weiß-Cartoons von Friedrich Werth

Bibliografische Information der Deutschen Bibliothek
Die Deutsche Bibliothek verzeichnet diese Publikation in der Deutschen Nationalbibliografie; detaillierte bibliografische Daten sind im Internet über http://dnb.ddb.de abrufbar.

Gedruckt auf chlorfrei gebleichtem Papier

© 2005, Franckh-Kosmos Verlags-GmbH & Co. KG, Stuttgart
Alle Rechte vorbehalten
ISBN-13: 978-3-440-10236-7
ISBN-10: 3-440-10236-X
Projektleitung dieser Ausgabe: Stefanie Tommes
Lektorat: Kirsten Brinkmann
Lektorat der Ausgangsbände: Bärbel Oftring
Produktion: Johannes Geyer
Grundlayout: eStudio Calamar
Printed in the Czech Republic/Imprimé en République tchèque

VORWORT

Irren ist menschlich. Ungenaue Beobachtungen, zu großzügige Verallgemeinerungen und voreilige Schlüsse auch. Das Resultat: Vieles, was zum scheinbar gesicherten Alltagswissen gehört, hält einer kritischen Überprüfung nicht stand. Und genau da haken wir nach: Über 400 Weisheiten aus dem Reich der Tiere und Pflanzen stehen auf dem Prüfstand.

Klassische Irrtümer haben viele Quellen, aus denen hier geschöpft wird:

▸ Chamäleons wählen ihre Farbe nach dem Untergrund, Kamele bunkern Wasser in ihren Höckern, Wale spritzen Springbrunnen: Typische Beispiele dafür, dass falsche Schlüsse aus richtigen Beobachtungen gezogen werden. Der weithin sichtbare Blas der Wale, um nur eines hier schon aufzuklären, ist keine Wasserfontäne, sondern eine Nebelwolke, die bei jedem Säugetier entsteht, wenn es körperwarme Luft durch die Nase in eine kalte Umgebung pustet. Gerade Irrtümer, die einen wahren Kern haben und deshalb sehr plausibel klingen, erweisen sich als besonders hartnäckig.

▸ Begriffe und Namen in Wissenschaft und Umgangssprache decken sich nicht immer. Zwischen Walnuss und Haselnuss liegen für den Botaniker Welten. Nur letztere entspricht der Nuss-Definition der Biologen, während erstere in dieselbe Kategorie gehört wie der Pfirsich.

▸ Zu Verwirrungen und Missverständnissen führen auch zahlreiche merkwürdige Benennungen. Hinter Seewespen, -mäusen, -nelken oder -bären verstecken sich ganz andere Tiere als vermutet.

▸ Die Biologie ist eine Wissenschaft der Ausnahmen – das macht sie so spannend. Die überwältigende biologische Vielfalt sorgt dafür, dass es nahezu überall Abweichler gibt – Säugetiere, die Eier legen, Kaulquappen, die nicht im Wasser schwimmen, Beuteltiere ohne Beutel, Pflanzen ohne Blattgrün.

▸ Und schließlich halten wir gerne an lieb gewordenen Vorurteilen fest. Vielen Kindern bliebe Leid erspart, wenn sich endlich herumspräche, dass Spinat *nicht* mehr Eisen enthält als anderes Gemüse. Elstern sind diebisch und Tauben zärtlich: Beides bereits seit Jahrhunderten sprichwörtlich – aber deshalb auch wahr?

Ein Irrgarten falscher Beobachtungen und richtiger Schlüsse (oder richtiger Beobachtungen und falscher Schlüsse), skurriler Fehldeutungen und merkwürdiger Ausnahmen also, Anlass zu amüsanten Streifzügen mit manchen tieferen Einblicken in das weite und unglaubliche spannende Feld der Biologie.

„400 populäre Irrtümer über Pflanzen und Tiere" fasst seine beiden Vorgänger „275 populäre Irrtümer über Pflanzen und Tiere" und „Neue populäre Irrtümer über Pflanzen und Tiere" zusammen. Dabei bot sich die Möglichkeit, manchen Text zu überarbeiten – ein Ergebnis anregender Diskussionen mit kritischen Lesern. Mein Dank geht an alle, die dadurch dazu beigetragen haben, missverständliche Deutungen zu präzisieren. Ich hoffe auch in Zukunft auf einen fruchtbaren Dialog!

Ulrich Schmid
Staatliches Museum für Naturkunde Stuttgart
ulrich.schmid.smns@naturkundemuseum-bw.de

AALe verbringen ihr ganzes Leben im Fluss. Der Aal hat die Zoologen lange genarrt.

Jahrhunderte brauchten sie, um herauszufinden, wo Aale ihre Kinder kriegen. In den Flüssen jedenfalls nicht, denn dort fanden sich weder ganz junge Aale noch erwachsene mit entwickelten Geschlechtsorganen. Der Lösung des Rätsels etwas näher kam man, als es gelang, ein schon länger bekanntes, im Mittelmeer aufgegriffenes Fischchen, dessen Körperumriss einem Weidenblatt ähnelte, längere Zeit im Aquarium zu halten. Und siehe da, es wandelte sich zum Aal. Trotzdem sollte es noch Jahrzehnte dauern, bis die Kinderstube des Europäischen Aals entdeckt war. Sie liegt in der Sargassosee vor der Küste Amerikas. Mit dem Golfstrom driften die winzigen Larven 6000 Kilometer, bis sie Europa erreichen. Drei Jahre brauchen sie dazu. Vor dem Aufstieg in die Flüsse wird die Weidenblatt-Larve innerhalb eines Tages zum noch durchsichtigen Mini-Aal von sechs Zentimeter Größe. Etwa zehn Jahre bleiben die Aale im Süßwasser. Dann schlägt der Geschlechtstrieb zu. Die Nahrungsaufnahme wird eingestellt, der Darm verkümmert. Die letzte Reise beginnt, eine Reise ohne Wiederkehr. Nach anderthalb Jahren sind die Aale wieder dort, wo sie geboren wurden, in der Sargassosee. Der Laichakt selbst bleibt bis heute ihr Geheimnis. Keiner hat ihn je beobachtet.

Große ADLER verschleppen kleine Kinder. Rein technisch gesehen wäre es

denkbar. Ein Steinadler wiegt durchschnittlich 3700 Gramm (wenn es ein Männchen ist) bis 5000 Gramm (wenn es ein Weibchen ist) und ist durchaus in der Lage, Beute zu schleppen, die seinem Eigengewicht entspricht. Das ist auch notwendig, denn das Lieb-

lingsessen vieler Adler in den Alpen ist das Murmeltier. Fünf bis sechs Kilogramm kann so ein Murmel wiegen. Dann wird es allerdings nicht sehr weit transportiert, es sei denn, starke Aufwinde greifen dem Greifvogel hilfreich unter die Schwingen. Zudem liegt der Adlerhorst meist unterhalb seines Jagdgebiets, so dass er seine Beute nur noch abwärts zu tragen braucht. Wie gesagt: Einen Säugling von fünf, sechs Pfund zu tragen wäre für den Adler ein Kinderspiel. Trotzdem scheint Kinderraub durch Adler in keinem einzigen Fall wirklich belegt zu sein, zahlreichen entsprechenden Legenden zum Trotz. Die entstanden wohl eher durch den in vielen Menschen tief verwurzelten Hass auf alles, was spitze Krallen oder krumme Schnäbel hat.

Alle AFFEn können sich mit dem Schwanz festhalten.

Erst mal gilt festzustellen: Nicht alle Affen haben einen Schwanz und folglich können sich auch nicht alle mit einem solchen festhalten. Die Menschenaffen, zu denen auch wir zählen, sind das beste Beispiel. Ansonsten gehört aber zu einem ordentlichen Affen auch ein richtiger Schwanz. Nur eine Minderheit kann ihn jedoch wirklich als „fünfte Hand" einsetzen. Für die meisten ist der Schwanz das, was er für andere Kletterer auch ist: eine Balancierstange. Unter den Affen der Alten Welt – also denen aus Afrika, Asien und Europa – gibt es keinen einzigen, der sich am Schwanz baumelnd festhalten kann. Um einen solchen zu sehen, muss man in die Wälder Südamerikas reisen. Dort benutzen Kapuzineraffen, Brüllaffen und Klammeraffen den Schwanz bei ihren Drahtseilakten im Geäst als Sicherheitsanker. Bei den beiden Letzteren weist die Schwanzspitze unterseits sogar eine haarlose Tastfläche auf. Das macht aus einem reinen Greifschwanz einen mit Gefühl. Klammeraffen haben dort sogar Hautleisten, die bei jedem Tier anders aussehen – ein Kriminalist könnte deshalb jeden einzelnen Klammeraffen statt am Fingerabdruck am Schwanzspitzenabdruck sicher identifizieren.

AFFEn lausen sich zur gegenseitigen Körperpflege.

Man kennt das Bild aus dem Zoo und Filmen: Da sitzen sie hingebungsvoll nebeneinander, durchsuchen Strähne für Strähne, popeln mit spitzen Fingern, führen gelegentlich winzige Partikel zum Mund – meist Hautschuppen, manchmal vielleicht tatsächlich eine Laus. Insofern stimmt die Überschrift. Aber fast mehr noch als der physischen dient die Lauserei der psychischen Hygiene innerhalb einer Affengruppe. Aus der vom Einzelnen als überaus angenehm empfundenen Fellpflege entwickelte sich eine Methode, Kontakt aufzunehmen und Spannungen abzubauen. Wer wen wann wie lange laust, spielt eine große Rolle im Leben einer Affengruppe. „Lausend" wird Freundschaft angebahnt und die Liebste hofiert, dem Chef geschmeichelt oder dem Missetäter Vergebung erteilt. Dabei tritt der Ursprung dieses Verhaltens, die eigentliche Körperpflege, oft völlig in den Hintergrund. Grooming, so der biologische Fachausdruck für dieses Verhalten (engl. to groom = pflegen, bedienen), entspricht in seiner Funktion etwa dem Gespräch in menschlichen Gesellschaften mit einer Bandbreite vom schnellen, aber – selbst wenn die Worte eigentlich belanglos sind – eben durchaus nicht nichtssagenden Smalltalk bis hin zum intensiven Dialog, der der grundsätzlichen Verständigung dient.

Die AFFENSCHANDE spielt auf das Verhalten von Affen

an. Hier wird die menschliche Verwandtschaft, wie so oft, ganz ungerecht diskreditiert: Die Affen haben mit der Affenschande nichts zu tun. Der Ausdruck stammt aus dem Plattdeutschen. Aus der apenbaren (= offenbaren) Schande wurde im Lauf der Zeit die Affenschande.

ALGEn gibt es nur im Was-

ser. Zwar lebt die weit überwiegende Mehrzahl der Algen im Wasser, manche fühlen sich aber auch an Land wohl. Dort gilt natürlich: Je nässer, desto besser – weshalb es auch sicher niemanden wundert, dass die tropischen Regenwälder an landlebenden Algen ungleich reicher sind als unsere Breiten. Trotzdem sind auch jedem aufmerksamen Beobachter heimischer Lebensräume solche Algen vertraut. Grünalgen der Gattung *Pleurococcus* bilden oft auffällige grüne Überzüge auf Baumstämmen. Sie gedeihen selbst dort noch, wo verschmutzte Luft empfindliche Flechten und Moose zum Absterben gebracht hat. Auch im Boden sind Algen überaus zahlreich; zusammen mit Bakterien und Pilzen gehören sie dort zu den häufigsten Lebewesen. Neben Grünalgen dominieren hier die Kieselalgen.

Nicht mehr zu den Algen gezählt werden seit einiger Zeit die Blaualgen. Zwar betreiben sie Fotosynthese, stehen aber als zellkernlose Organismen den Bakterien doch näher als den Pflanzen. Sie wurden deshalb umgetauft und laufen nun unter dem Namen Cyanobakterien. Als „Extremisten des Lebens" werden sie bezeichnet, weil sie noch dort existieren können, wo andere längst kapitulieren. Die „Tintenstriche" an nassen Felsen zum Beispiel sind Überzüge von solchen „Blaualgen". Cyanobakterien sind auch die grünlichen Gallerthäufchen, die man gelegentlich am Wegesrand findet und die der Volksmund so anschaulich als „Engelsschnäuze" bezeichnet. Auch der grünliche Schimmer im Fell, dem Faultiere einen guten Teil ihrer hervorragenden Tarnung verdanken, stammt von solchen „Algen".

Bei der ALGENBLÜTE blühen die Algen.

Wie wär's mal mit einem Strauß Algenblüten statt der immer gleichen Rosen? Wer auf der Suche nach einem originellen Blumengruß auf diese Idee verfällt, wird leider enttäuscht. Algen gehören nun mal nicht zu den Blütenpflanzen. Ihre Fortpflanzungsorgane sind wesentlich weniger attraktiv verpackt als die der Tulpen, Rosen oder Nelken. Schließlich müssen sie ja auch keine Bestäuber auf sich aufmerksam machen wie die bunten, duftenden und mit Nährstoffen lockenden Blumen. Algenblüte hat dagegen nicht unbedingt etwas mit Fortpflanzung zu tun, wohl aber mit Vermehrung. Diese ist nämlich bei zahlreichen Algenarten, anders als bei uns Menschen, nicht mit Sex gekoppelt. Der einfachste Fall der Vermehrung, die Teilung in zwei Nachkommen, funktioniert ganz ohne Partner. Eine „Algenblüte" ist schlicht und ergreifend die Massenvermehrung von Plankton-Algen, die im Frühjahr klares Wasser innerhalb weniger Tage in eine grüne Brühe verwandeln kann und für getrübte Badefreuden in heimischen Teichen und Seen sorgt.

Algenblüten gibt es aber nicht nur in nährstoffreichem Süßwasser, sondern auch im Meer. Berühmt und berüchtigt sind vor allem die „red tides", die ihre rote Farbe einzelligen Panzeralgen verdanken. Deren giftige Inhaltsstoffe können sich in den Nahrungsketten so anreichern, dass sich auch Menschen nach Muschel- oder Fischkonsum vergiften. So forderten Algenblüten sogar schon Todesopfer.

AMEISEn tragen ihre Eier an die Sonne.

Früher wusste jeder Aquarianer und jeder Waldvogelzüchter sich seine „Ameiseneier" zu beschaffen, um seinen Pfleglingen artgerechte Speisung angedeihen zu lassen. Seit die Erfindung des Trockenfutters die Zierfischfütterung wesentlich vereinfacht hat und ziemlich rigide Gesetze die Haltung heimischer Vögel einschränken, haben die Ameisen, die ihrerseits inzwischen unter Naturschutz stehen, endlich ihre Ruhe. Jedenfalls weitgehend, denn natürliche Ameisenliebhaber wie der Grünspecht stellen ihnen selbstverständlich immer noch nach.

Was als „Ameiseneier" gesammelt und gehandelt wurde, sind allerdings keine Eier, sondern Puppen. (Die Eier sind viel kleiner, etwa so groß wie Salzkörner.) Zur Erinnerung: Ameisen gehören zu den Insekten mit vollständiger Verwandlung. Die Larve wächst also nicht allmählich zum erwachsenen Vollkerf heran, dem sie von Häutung zu Häutung mehr ähnelt, sondern schaltet ein Puppenstadium dazwischen, in dem der Umbau zum „fertigen" Insekt stattfindet. Diese Puppen, bei vielen Ameisen in

reiskornförmig längliche, weiße Seidensäckchen eingesponnen
und dann auf den ersten Blick an Eier erinnernd, werden von den
Arbeiterinnen in der Kuppel der Nester nahe der Oberfläche gela-
gert, weil es dort wärmer ist, was die Entwicklung der Puppen fördert. An Sonnentagen tragen die Ameisen ihre Brut sogar an die
Oberfläche und lagern sie dort, um sie wieder in den Bau zurück-
zubringen, sobald es kühler wird. Die echten Eier dagegen bleiben
tief im Stock, wo auch die aus ihnen schlüpfenden Larven leben.

AMEISEn können nie-
mals fliegen. So denkt man beim Anblick dieser kleinen

emsigen Bodenarbeiter. Doch dann geschieht es an einem schwül-
warmen Sommernachmittag: Aus allen Ausgängen des großen
Ameisenhaufens quellen geflügelte Insekten, krabbeln emsig hin
und her, starten und verschwinden auf Nimmerwiedersehen. Es
sind Ameisenköniginnen auf dem Jungfernflug. Und Männchen,
die danach trachten, aus dem Jungfernflug so bald wie möglich eine
Hochzeitsreise zu machen. Die Paarung findet manchmal noch in
der Luft statt. Nach der Landung ist Schluss mit den Höhenflügen.
Die Flügel fallen an einer Sollbruchstelle ab und die Ameise sieht
endlich so aus, wie sie uns vertraut ist: ein kleiner, sechsbeiniger, flü-
gelloser Krabbler mit dünner Wespentaille. Die Königin sucht sich
nun ein gutes Plätzchen zur Gründung eines
neuen Staates. Dank Samenspeiche-
rung kann sie fortan auf ihren
Gatten oder anderen
Männerbesuch
verzichten.

A Der **AMEISENBÄR** ist mit den Bären verwandt. Auf einer Party treffen sich ein paar Tiere und stellen sich einander vor. Der Wolfshund: „Ich bin ein Wolfshund." „Wie das?" „Ganz einfach, mein Vater war ein Wolf, meine Mutter ein Hund. Und wie heißt du?" „Ameisenbär!" Tiernamen kommen auf alle möglichen Weisen zustande, und nicht immer sind sie sinnvoll. Immerhin, der erste Namensteil des Ameisenbären lässt sich leicht erklären. Ameisen und Termiten gehören zur Leibspeise aller vier Arten, ja, sie haben sogar ihr Aussehen wesentlich geprägt. Denn um von den überaus kleinen und oft in gut befestigten Nestern lebenden Insekten satt zu werden, bedarf es effektiver Sammelmethoden. Die Ameisenbären haben sie in Form kräftiger Krallen, mit denen sich auch betonharte Erdbaue von Ameisen oder Termitenburgen aufhebeln lassen, und in Form einer extrem langen, wurmförmigen Zunge. Der Große Ameisenbär kann sie über einen halben Meter herausstrecken! Blitzschnell züngelnd – bis zu 160 Zungenstöße pro Minute wurden gezählt – zieht der Ameisenbär die an der feuchten und mit nach hinten gerichteten Hornwärzchen bedeckten Zunge anhaftenden Insekten ins Maul. Wenig später landen diese im muskulösen Magen. Dort und nicht im zahnlosen Mund findet die erste Aufbereitung der Nahrung statt. Die Tagesration eines Großen Ameisenbären liegt bei etwa 35 000 Ameisen oder Termiten.

Und der Bär? Große Bären sind auf dem südamerikanischen Kontinent keine Unbekannten. Schließlich lebt in den nördlichen Anden der Brillenbär. An Vergleichsmöglichkeiten fehlte es also nicht, um das ausgesprochen unbärige Auftreten des Großen Ameisenbären zu erkennen. Größere äußere Ähnlichkeiten bestehen dagegen zwischen den auf Bäumen lebenden Kleinbären wie dem Wickelbären und den kleineren Ameisenbär-Arten, den Tamanduas. Beide sind etwa gleich groß, bewegen sich eher langsam, haben lange Greifschwänze und beeindruckende Krallen. Vielleicht sind es die letzteren, verbunden mit wahren Bärenkräften, die dem Großen Ameisenbären seinen Namen eingetragen haben. Zwar sind die zehn bis fünfzehn Zentimeter langen Riesenkrallen der Vorderfüße eigentlich dazu gemacht, Ameisenbaue aufzustemmen, aber im Verteidigungsfall können sie zu gefährlichen Waffen werden. Dann richtet sich der 50 bis 60 Kilogramm schwere Ameisenbär auf die Hinterbeine auf – auch das kann an einen Bären erinnern – und versucht, seinen Gegner in die Arme zu nehmen und ihm die langen Krallen in den Rücken zu drücken. Ein Umklammerung, die auch für scheinbar überlegene Gegner wie den Jaguar tödlich enden kann.

Bärig sind die Ameisenbären übrigens nicht nur im Deutschen, und auch der Ameisen wird in anderen Sprachen gedacht: Wissenschaftlich heißt die Familie der Ameisenbären Myrmecophagidae, also Ameisenfresser, englisch anteaters, französisch fourmiliers. Der Große Ameisenbär heißt in Südamerika meist entweder spanisch oso hormiguero (Bär des Ameisenhaufens) oder, portugiesisch, papaformiga (formiga = Ameise). Oft aber wird er auch mit dem aus dem indianischen Guarani stammenden Namen tamanduá bezeichnet, der im Deutschen den kleineren, kletternden Arten vorbehalten ist.

Ein AMEISENSTAAT besteht aus Arbeitern und Arbeiterinnen.

Machen wir uns auf eine kleine Reise durch ein Nest der Roten Waldameise. Gut eine halbe Million Einwohner sind hier ständig am Werkeln, reparieren den Ameisenhaufen und bauen ihn aus, öffnen oder schließen die Pforten, um die Temperatur zu regulieren, kümmern sich um die Aufzucht der Jungen und ziehen in Kolonnen hinaus in die Umgebung zur Nahrungssuche oder zum Läusemelken. Viele Aufgaben, die Parallelen zur Menschenwelt erkennen lassen, und unwillkürlich unterstellt mancher eine ähnliche Arbeitsteilung: Kinder und Küche sind Frauensache, während Männer bauen und sich zum Kampf rüsten, wenn's gefährlich wird. Ganz falsch! Das Sagen (und die Arbeit) in diesem Staat haben allein die Frauen, und auch die Regierung ist weiblich: die Ameisenkönigin. Bei manchen Arten sind auch mehrere Königinnen im Nest; hier hat dann jede ihren eigenen Bereich, vergleichbar einem föderalistischen System, einer Ameisen-Bundesrepublik also. Die Königin hat das Eierlegemonopol. Die Arbeiterinnen, bedeutend kleiner als ihre Chefin und mit nur schwach entwickelten Keimdrüsen, machen alle Arbeit und können sich nur fortpflanzen, wenn die Königin ausfällt. Wo aber bleiben die Männer? Sie spielen nur eine Rolle als Samenspender. Bald nach dem Schlüpfen starten sie gemeinsam mit den jungen Königinnen zum Hochzeitsflug (siehe Seite 13). Damit haben sie ihre Schuldigkeit getan. Bei den Rossameisen, mit Arbeiterinnen von fast eineinhalb Zentimetern Länge die größten einheimischen Ameisen, dürfen die Männer etwas länger bleiben. Nützlich machen sie sich aber trotzdem nicht.

Eine AMEISENJUNGFER ist eine jungfräuliche Ameise.

Ein Ameisenstaat besteht gewöhnlich fast ausschließlich aus Jungfrauen, den arbeitenden Weibchen nämlich. Das Fortpflanzungsmonopol hat die Königin, die während des Hochzeitsflugs so viel

Sperma tankt, dass es fürs ganze Leben reicht (siehe Seite 13). Männer sind also fortan überflüssig. Die jungfräulichen Ameisen werden aber nicht Ameisenjungfern genannt, sondern, weniger poetisch, Arbeiterinnen. Ameisenjungfern gibt es allerdings wirklich. Sie sind nur keine Ameisen, sondern große Netzflügler. Auf den ersten Blick gleichen sie ein bisschen einer Libelle, haben jedoch längere Fühler und legen ihre Flügel im Sitzen dachförmig über den Körper. Völlig anders sehen sie als Larve aus, und sie heißen sogar anders: Ameisenlöwe. Den Löwen trifft man an warmen, regengeschützten Orten im Sand, fast vollständig eingegraben am Grund eines kleinen Trichters von einigen Zentimetern Durchmesser und Tiefe. Hier liegt er auf der Lauer. Kommt ein argloses Insekt (eine Ameise zum Beispiel) des Weges, bewirft der Löwe es so lange mit Sand, bis es in den Trichter rutscht. An dessen steilen Wänden gibt es kein Halten mehr. Schließlich packen zwei riesige Saugzangen zu und vergiften das sich immer schwächer wehrende Opfer, um es anschließend auszusaugen. Wer den Ameisenlöwen ausgräbt, hat einen unscheinbar graubraunen, zentimetergroßen, borstigen Körper in der Hand, der mit hektischen Bewegungen versucht, sich wieder einzugraben. Wohl fühlt er sich erst wieder, wenn außer den gefährlichen Zangen am Trichtergrund nichts von ihm zu sehen ist. Also: Die Ameisenjungfer ist keine Ameise, isst aber in ihrer Jugendzeit welche.

AMMONITen sind versteinerte Schnecken.
Nicht alles, was eine gewundene Schale hat, ist eine Schnecke. Die Ammoniten zum Beispiel sind keine. Ihren Namen verdanken sie dem römischen Geschichtsschreiber Plinius, der ihn vom Namen des Widderhörner

tragenden altägyptischen Gottes Ammun oder Ammon ableitete. Viele Ammoniten sind nämlich nicht nur gewunden, sondern gerippt wie ein Schafsgehörn. Ganz klar wird im Längsschnitt, dass die ausgestorbenen Tiere, deren versteinerte Spiralschalen in großer Zahl und Vielfalt in Ablagerungsgesteinen der ganzen Erde gefunden werden können, mit den Schnecken nicht näher verwandt sind. Die geschliffene Oberfläche eines solchen Schnitts durch einen Ammoniten offenbart, dass das Gehäuse, anders als bei jeder Schnecke, innen gekammert ist. Dabei wohnte das Tier in der vorderen, sich zur Mündung öffnenden größten Kammer. Die kleineren hinteren Kammern waren Kinderzimmer, die während des Wachstums benutzt und später sukzessive durch Querwände abgeteilt wurden. Schneidet man das Gehäuse genau in der Mitte durch, trifft man zusätzlich einen Kanal, der diese Kammern miteinander verbindet. Durch ihn wurden die kleinen Kammern entwässert und mit einem Gasgemisch gefüllt, um beim Schwimmen oder Treiben im Wasser Auftrieb zu erzeugen. Noch heute gibt es Tiere, die ähnlich aussehen und ähnlich leben: die Perlboote (*Nautilus*), lebende Fossilien aus der Südsee. Sie sind allerdings keine Nachfahren der Ammoniten. Fossile *Nautilus*-Verwandte lebten schon lange, bevor die Ammoniten entstanden. Ammoniten und Nautiliden sind aber nahe miteinander verwandt. Beide gehören zu den Kopffüßern (Cephalopoda), die auch als Tintenfische bezeichnet werden. Und da die Kopffüßer ein Teil des großen Stammes der Weichtiere oder Mollusken sind, gehören sie damit doch wenigstens in die weiteste Verwandtschaft der Schnecken. Und der Kreis schließt sich wenigstens etwas.

AMSEL und Drossel
sind verschiedene Vögel. „Amsel, Drossel, Fink

und Star" – wer kennt sie nicht, die Aufzählung aus dem klassischen Kinderlied? Vier heimische Vogel-Arten? Mitnichten. Nur mit Amsel und Star werden zwei Arten eindeutig benannt. Drosseln und Finken dagegen sind ganze Vogelfamilien mit jeweils vielen Arten. Und die Familie der Drosseln schließt nicht nur die Sing-, Mistel- und Wacholderdrossel, sondern eben auch die Amsel oder Schwarzdrossel mit ein. Also: Mit Amsel und Drossel können zwei verschiedene Arten gemeint sein, müssen aber nicht.

In der ANTARKTIS
wachsen keine Blumen. Ein kilometerdicker

Eispanzer, allenfalls bevölkert von ein paar im heulenden Sturm brütenden Pinguinen – das ist die Antarktis. Kein Platz, an dem Blumen blühen. Und doch gibt es sie: Wer antarktische Blumen pflücken will, muss nach Grahamsland. So heißt der nördliche Landzipfel, den die Antarktis in Richtung Südamerika streckt. Hier wachsen die beiden einzigen Blütenpflanzen, die der Südkontinent zu bieten hat: das Gras *Deschampsia antarctica* und das Nelkengewächs *Colobanthus guiterris*. Erst jüngst kamen im Gefolge der Menschen, die sich selber erst im Lauf der letzten Jahrzehnte auf den unwirtlichen Erdteil wagten, noch einige Neuankömmlinge, darunter das Einjährige Rispengras und die Vogelmiere, beide auch bei uns nahezu allgegenwärtige Kulturfolger. Ansonsten ist Grahamsland ein Land der Flechten, von denen über 350 Arten nachgewiesen sind, und der Moose (75 Arten). Abseits der klimatisch begünstigten Halbinsel aber ist die Antarktis tatsächlich eine zu 99 Prozent von Eis bedeckte Wüste. Die wenigen eisfreien Gebiete sind so trocken, dass hier außer wenigen Flechten und Moosen allenfalls Eisblumen gedeihen.

Nachzutragen bleibt, dass Antarctica nicht immer so lebensfeindlich war. Fossilien belegen, dass es einst auch hier üppig grünte. Erst als der Erdteil sich durch die Kontinentaldrift Richtung Südpol schob, war es aus mit dem blühenden Leben.

Eva pflückte im Paradies einen APFEL vom verbotenen Baum.

Die Bibel legt sich da nicht fest. Im ersten Buch Mose wird ganz allgemein von „Früchten des Baumes" gesprochen. Auf zahlreichen bildlichen Darstellungen aus dem Mittelalter war aus der verbotenen Frucht vom Baum der Erkenntnis ein Apfel geworden. Nachdem es noch immer nicht gelungen ist, den Garten Eden zu orten und dort paläontologische und pollenanalytische Untersuchungen durchzuführen, sind wir auf Spekulationen angewiesen, welche Obstbäume dort wuchsen. Botaniker, die davon ausgehen, dass das Klima des Gartens dem im Nahen Osten entsprach, halten es für unwahrscheinlich, dass dort wirklich Apfelbäume wuchsen. Eher könnte die verbotene Frucht die des Granatapfels gewesen sein, der trotz seines Namens mit unserem Apfel nicht näher verwandt ist. Granatäpfel gehören zu den ältesten kultivierten Obstsorten. In Israel werden sie seit über fünftausend Jahren genutzt. Die Ägypter gaben ihren Toten bereits vor viertausend Jahren Granatäpfel als Grabbeigaben mit ins Jenseits – ein Zeichen ihrer Wertschätzung für den in alten Legenden oft als Lebensbaum gepriesenen Granatapfel. War es also ein Granatapfel, der damals so verlockend in Evas Hand leuchtete? Aber auch der Apfel hat eine reiche mythologische Vergangenheit. Seine vollkommene Kugelform symbolisierte Erde und Kosmos, Kraft und Vollkommenheit. Im Reichsapfel wurde er zum Herrschaftssignet. In zahlreichen Märchen und Legenden von der mediterranen Sagenwelt bis zu den von den Gebrüdern Grimm gesammelten deutschen Volksmärchen erscheinen Äpfel (vorzugsweise goldene) oder Apfelbäume, die als Baum des ewigen Lebens besondere Bedeutung erhielten. Vielleicht legten die Künstler des Mittelalters Eva deshalb ausgerechnet einen Apfel in die ausgestreckte Hand? Die Ambivalenz des Apfels, überdeutlich im Märchen von Schneewittchen, die einen Apfel mit einer guten und einer schlechten Seite erhält, spiegelt sich selbst in seinem Namen wider: *Malus* lautet der wissenschaftliche (lateinische) Name des Apfelbaums. Im Lateinischen bedeutet malus aber auch: schlecht, böse.

Den Künstlern des Mittelalters dürfte also weniger der Wille zur wissenschaftlichen Exaktheit den Pinsel geführt haben als eine für die Zeit typische Bildersprache. Der Apfel in Evas Hand: Nicht nur eine Frucht, sondern ein Symbol.

ÄPFEL und Zwetschgen werden von Würmern bewohnt. Einen

echten Wurm wird man im Apfel höchstens finden, wenn er faulig auf dem Boden liegt und einen willkommenen Nachtisch für die

Regenwürmer abgibt. Ein „wurmiger" Apfel dagegen ist die Kinderstube eines kleinen Schmetterlings, des Apfelwicklers. Dessen Weibchen stehen auf junge Früchtchen und legen ihre Eier im Frühling und Frühsommer einzeln an die unreifen Äpfel und anderes Kernobst. In der Pflaume wohnt gewöhnlich ein naher Verwandter mit gleichen Vorlieben, der Pflaumenwickler. Das schlüpfende Räuplein, der vermeintliche „Wurm", nagt sich zum Kernhaus vor. Wer genau hinschaut, erkennt am Vorderende deutlich den dunkleren Kopf, gefolgt von drei Segmenten, die jeweils zwei kurze Beinchen tragen. Damit ist klar, dass es sich hier um eine Insektenlarve handelt. Wie die sprichwörtliche Made im Speck lebt sie inmitten ihrer Nahrung. Ihr Fraßgang ist mit Kotkrümeln gefüllt. Die erwachsene Raupe seilt sich am seidenen Faden ab und überwintert unter der Baumrinde. Der Schaden für den Obstgärtner kann groß sein: Viele Apfelwickler fressen sich nacheinander durch mehrere Früchte und die meisten befallenen Äpfel fallen schon unreif vom Baum.

Jemanden „veräppeln" hat etwas mit ÄPFELN zu tun.

Manche Dialekte machen aus dem Apfel der Hochsprache einen Appel, vielfach verwendet zum Beispiel in der Redewendung „für'n Appel und 'n Ei". Da liegt die Vermutung nahe, dass auch das weit verbreitete veräppeln (= sich über jemanden lustig machen) diesem

Wortstamm entspringt. Weit gefehlt.
Das Wort leitet sich von dem
jiddischen Ausdruck eppel
ab, der „nichts" bedeu-
tet. Jemanden zu ver-
äppeln heißt dem-
nach, ihn zu nichts,
zunichte, machen zu wollen, indem man ihn der Lächerlichkeit
preisgibt – gemäß dem französischen Sprichwort: Die Lächerlichkeit tötet sicherer als jede Waffe.

ARTen lassen sich nicht
kreuzen.

Um wenige Begriffe wurde und wird in der Biolo-
gie so gerungen wie um den der Art. Schließlich versuchen wir,
uns die ungeheuere Vielfalt des Lebens dadurch zugänglich zu
machen, dass wir die Individuen verschiedenen Arten zuordnen,
diese wieder zu Gattungen zusammenfassen, ähnliche Gattungen
zu Familien, solche wieder zu Ordnungen und diese zu Klassen,
Stämmen und Reichen. Ein Beispiel gefällig? Amsel heißt die Art,
die zur Gattung der Drosseln gehört. Die Familie heißt Drosselvö-
gel, die Ordnung Sperlingsvögel, die Klasse Vögel, der Stamm Wirbeltiere, das Reich Tiere. Alle diese Kategorien sind künstlich, ein
Ausdruck eines wissenschaftlichen Systems. Natürlich ist einzig
und allein die Art. Etwas salopper ausgedrückt: Jede Amsel erkennt
eine andere Amsel als Artgenossen, nicht aber die Singdrossel als
Gattungsgenossen.

Während Arten zunächst an ihren Körpermerkmalen beschrieben
und voneinander unterschieden wurden, hat sich später immer
mehr der so genannte „biologische Artbegriff" durchgesetzt. Dem-

nach gehören einer Art alle Individuen an, die miteinander eine Fortpflanzungsgemeinschaft bilden, also fruchtbare Nachkommen erzeugen können.

Immer wieder aber wird von merkwürdigen Kreuzungen berichtet: Löwen können mit Tigern Nachkommen haben und Pferde mit Eseln, was jahrhundertelang bei der Zucht von Mauleseln (Mutter Esel, Vater Pferd) und Maultieren (Mutter Pferd, Vater Esel) praktiziert wurde. Unter den Vögeln sind vor allem die Enten berüchtigt dafür, sich über die Artgrenzen hinweg miteinander einzulassen und Bastarde zu produzieren, die den Ornithologen bei der Bestimmung dann graue Haare wachsen lassen. Sehr nah verwandte Arten lassen sich also durchaus kreuzen. Ihre Nachkommen sind aber steril und können sich nicht weiter fortpflanzen. Um Maultiere zu züchten, wird man immer Pferde und Esel brauchen. Das gemischte Erbgut führt also in die Sackgasse.

So weit entspricht alles noch der Definition. Was aber, wenn sich Gartenrotschwanz und Hausrotschwanz im Käfig des Forschers paaren und Junge aufziehen, die wieder fruchtbar sind? Beide gehören ohne Zweifel nicht der gleichen Art an. Sie unterscheiden sich nicht nur sehr deutlich im Aussehen, sondern auch am Gesang, in ihren Lebensraumansprüchen, in der Nistplatzwahl, der Brutbiologie und im Zugverhalten. Alles das trägt dazu bei, dass solche „Fehltritte" in freier Wildbahn so gut wie nie passieren. Und wenn wir uns nun noch den alten Grundsatz „Natura non facit salta" oder „Die Natur macht keine Sprünge" ins Gedächtnis rufen, wird auch klar, warum es solche Fälle einer „unsauberen" Trennung geben muss. Artbildungsprozesse finden nicht schlagartig, sondern langsam und sukzessive statt. Irgendwann im Lauf der Aufspaltung einer Stammart in zwei Tochterarten greifen erste Unterschiede (wie zum Beispiel verschiedene Gesänge) und sorgen dafür, dass erste Fortpflanzungsbarrieren entstehen, ohne dass gemeinsame Nachkommen bereits grundsätzlich unmöglich wären.

Ein kurioses Beispiel für die Durchbrechung der gewöhnlichen Artgrenzen bieten unsere einheimischen Grünfrösche. Lange wurden drei Arten unterschieden, nämlich der Teichfrosch, der Kleine Wasserfrosch und der Seefrosch. Dann wurde entdeckt, dass ausgerechnet der häufigste dieser drei, der Teichfrosch, eine Mischung der beiden anderen ist. Teichfrösche sind aber nicht völlig fortpflanzungsunfähig, wie nach der Theorie des Artbegriffes zu fordern. Sie können sich zwar nicht untereinander, aber mit ihren beiden Stammarten kreuzen. Ist der Partner ein Seefrosch, gibt der Teichfrosch nur seine „Kleine-Wasserfrosch-Gene" weiter, ist es ein Kleiner Wasserfrosch, nur die „Seefrosch-Gene". In beiden Fällen entstehen wieder Teichfrösche, selbst wenn sich die Stammarten Seefrosch und Kleiner Wasserfrosch nicht mehr direkt treffen.

Noch unübersichtlicher können die Verhältnisse bei Pflanzen sein. Gar nicht so untypisch ist zum Beispiel die Karriere einer unserer wichtigsten Nahrungspflanzen, des Weizens. Vor etwa 10 000 Jahren entstand seine Urform, der Wildemmer, durch Kreuzung eines noch unbekannten Wildgrases mit dem Wildeinkorn. Durch Zuchtwahl wurde der Wildemmer zum Kulturemmer weiter entwickelt. Erst eine erneute Kreuzung zwischen zwei Gras-Arten, nämlich Kulturemmer und Ziegenweizen, führte dann zur Stammform des Saatweizens. Entsprechend seiner Herkunft als Verschmelzungsprodukt dreier verschiedener Arten hat er keinen doppelten (diploiden), sondern einen sechsfachen (hexaploiden) Chromosomensatz.

Schon diese wenigen Beispiele zeigen, dass der einfache und in den allermeisten Fällen sicher richtige Grundsatz „Arten lassen sich nicht fruchtbar kreuzen" nicht auf sämtliche Einzelbeispiele anwendbar ist. Und sie machen verständlich, warum der scheinbar so einfache Artbegriff zu den meistumstrittenen und -diskutierten Definitionen in der Biologie gehört.

ASSELn sind Insekten.

Kleine vielbeinige Krabbeltiere mit harter Oberfläche sind Insekten. Wer nach dieser Faustregel Tiere bestimmt, hat oft Recht, aber eben nicht immer. Wir brauchen eine kleine Zusatzregel: Ein Insekt hat immer sechs Beine. Und alles, was mehr als sechs Beine hat, ist auf keinen Fall ein Insekt, sondern ein Spinnentier, ein Tausendfüßer oder – wie bei der Assel – ein Krebs. Wer eine Kellerassel auf den Rücken dreht, sieht nicht drei, sondern sieben strampelnde Laufbeinpaare. Nun leben die meisten Krebse im Wasser und auch viele Asseln bleiben der Ur-Heimat aller Krebstiere treu. Einige erstaunliche Anpassungen ermöglichen den Landasseln aber das Überleben auf dem Trockenen – manche Arten wagen sich selbst in Wüsten vor. Zusätzlich zu den Kiemen haben viele Landasseln nämlich Lungen (und zwar an ungewöhnlicher Stelle, nämlich in Höhlungen der Hinterbeine). Ihre Eier tragen sie in einer bewässerten Bruttasche am Bauch mit sich herum, bis die Jungen schlüpfen.

AUGEn sitzen immer am Kopf.

„Hast Du keine Augen im Kopf?" Dergleichen ungnädige Anwürfe können manche Tiere mit einem gleichmütigen „Nö" quittieren. Unter den wirbellosen Tieren gibt es durchaus unkonventionelle Sichtweisen. Augen müssen eben nicht immer am Kopf sitzen. Wobei es sogar Tiere gibt, die lichtempfindlich sind, ohne überhaupt Augen zu haben. Ein plötzlich von der Sonne beschienener Regenwurm zum Beispiel zieht sich blitzartig in seine Erdröhre zurück. Sein Hautlichtsinn hat ihm verraten, dass unzuträgliche Umweltverhältnisse drohen. Damit etwas überhaupt Auge heißen darf, müssen die Lichtsinneszellen zu Organen zusammengefasst sein. Einfache Augen, zum Beispiel die mancher Strudelwürmer, bestehen nur aus einem mit einer lichtempfindlichen Netzhaut ausgekleideten Becher. Gut funktionierende Augen haben viele Sinneszellen, was die optische Auflösung steigert, und einen Linsenapparat, was für höhere Lichtstärken und bessere Fokussierung sorgt. Solche Linsenaugen gibt es bereits bei manchen Quallen, die zu den Hohltieren und damit zu sehr ursprünglich gebauten Vielzellern gehören. Auch bei Schnecken und Muscheln kommen Linsenaugen vor; zumindest bei letzteren ist offensichtlich, dass sie nicht am Kopf sitzen, denn wo hätten Muscheln einen solchen? Bei Kamm-Muscheln, deren Augen am höchsten entwickelt sind, liegen sie wie an einer Perlenschnur aufgereiht am Saum ihres fleischigen Mantels. Und wer je der Mördermuschel tief in ihre faszinierenden, in den bunten Körper eingebetteten Augen geschaut hat, vergisst sie bestimmt nicht mehr ... Daneben gibt es natürlich allerlei „Augen" ohne Wahrnehmung, Hühneraugen zum Beispiel. Oder die Augen der Kartoffel, aus denen im Frühjahr die neuen Sprosse treiben. Letztere „wissen" übrigens auch ohne Augen, wo das Licht herkommt, auf das sie schnurstracks zuwachsen.

BÄUME bestehen vollständig aus lebendem Holz. Bäume

wachsen an den Spitzen der Triebe. Dadurch werden sie immer größer und voluminöser. Damit steigen auch die Ansprüche an ihre Standfestigkeit. Damit die Statik stimmt, dürfen Bäume also nicht nur in die Höhe schießen, sondern müssen auch um die Taille etwas zulegen und dicker werden. Das funktioniert gewöhnlich so: Unter der Rinde der Bäume liegt eine wenige Zellen dicke Schicht embryonalen Gewebes, das Cambium, das den Baum wie ein Zylinder umhüllt und während der Wachstumsphase (in unserem Klima also zwischen Frühjahr und Spätsommer) nach innen und nach außen neue Zellschichten produziert. Diese übernehmen ganz verschiedene Aufgaben und sind deshalb auch unterschiedlich gebaut. Nach innen entsteht Holz, das zweierlei Funktionen hat.

Erstens: Lange, längsorientierte Gefäße (Tracheen und Tracheiden genannt) sorgen für den Wassertransport von den Wurzeln bis in die äußersten Zweige. Eine hundertjährige, 25 Meter hohe Buche verdunstet an einem Sommertag immerhin 400 Liter Wasser, das über viele Meter nach oben geschafft werden muss. Das setzt einen sehr effektiven Transportmechanismus voraus. Wassertransport durch lebende Zellen ist zwar möglich, aber wesentlich aufwändiger und langsamer als der durch tote Röhren. Die Wasserleitungen der Bäume mit ihren oft spiralverstärkten Seitenwänden und durchbrochenen oder fehlenden Querwänden werden deshalb zunächst natürlich durch lebende Zellen aufgebaut, übernehmen ihre eigentliche Aufgabe aber erst nach deren Absterben. Jedes Jahr werden neue Leitungen gebildet und alte außer Betrieb genommen. Daraus folgt: Nur die äußere Holzschicht, das so genannte Splintholz, leitet Wasser.

Zweitens: Der Holzkörper sorgt auch für Stabilität. Dazu werden Zellen mit verdickten Wänden gebildet, die meist noch mit Lignin (Holzstoff) verstärkt werden. Auch deren lebende Zellkörper sind, haben sie diese Aufbauarbeit einmal erledigt, eigentlich überflüssig. Sie sterben ab, die stabilen, toten Wände bleiben stehen.

Also: Der weitaus größte Teil des Holzkörpers besteht aus toten Zell(wänd)en. Damit sich im Inneren, wo die Wasserleitungen alt und ausgemustert sind, keine Fäulnis erregenden Krankheitserreger einnisten können und um die Stabilität weiter zu steigern, lagern viele Baum-Arten dort zusätzlich imprägnierende Stoffe ein. Im Querschnitt einer Eiche ist dieses dunkel gefärbte Kernholz sehr deutlich zu erkennen. Aber das Cambium zeigt auch Aktivität nach außen. Hier entstehen ebenfalls Leitungen, aber nicht für Wasser, sondern für Zuckersaft. In den Blättern durch Fotosynthese hergestellt – also im Wesentlichen von oben nach unten fließend – muss dieses Grundnahrungsmittel aller Zellen im ganzen Baum verteilt werden. Auch die Saftleitungen nehmen ihre Aufgabe nur eine begrenzte Zeit wahr. Immer weiter nach außen gedrängt, werden sie schließlich durch neue ersetzt, sterben ab und werden nun zu einem Bestandteil der schützenden Borke.

Fazit dieser langen und etwas komplizierten, gleichwohl – Forstbotaniker mögen mir verzeihen – vereinfachten Darstellung: Der Stamm eines Baumes besteht nur aus einer dünnen lebenden Hülle und viel totem Gewebe.

Alle BAKTERIEn machen krank.

Natürlich gibt es einige Arten krank machender Bakterien. Pest und Cholera, bis in die Neuzeit hinein schlimme Geißeln der Menschheit, sind bakterielle Erkrankungen ebenso wie Diphtherie, Milzbrand, Syphilis und viele andere. Ihren Schrecken als Krankheitserreger haben viele Bakterien aber verloren, seit mit dem Penicillin und anderen Antibiotika wirksame Waffen gegen sie entwickelt wurden.

Übersehen wird aber bei der allgemeinen Bazillen-Schelte meist, dass nur wenige Arten Krankheiten erregen. Den meisten Bakterien sind wir Menschen ganz egal. Sie brauchen uns nicht. Wohl aber wir sie! Wenn in Zusammenhang mit einer Behandlung mit Antibiotika auch die Darmflora leidet, kann das sehr unangenehm werden. Und diese bei der Verdauung helfende Darmflora besteht trotz ihres blumigen Namens nicht etwa aus schönen Blüten, sondern überwiegend aus Bakterien. Über 400 Arten leben in uns, oft in Milliardenzahl.

Abbau und Entsorgung ist das Geschäft vieler Bakterien nicht nur im Darm, sondern auch in der freien Natur. Sie stellen aus organischem Abfall wieder pflanzenverwertbare Nährstoffe her. Beeindruckend ist ihre Zahl, ihre Vielfalt und ihre Widerstandsfähigkeit. Es gibt keine bakterienfreien Lebensräume auf der Erde. Ob Totes Meer, heiße Geysire oder Felsklüfte hunderte von Metern tief in der Erde: Die ganze Erde ist Bakterienland, und nicht erst seit gestern, denn bakterienähnliche Lebewesen waren die wohl ersten, die vor etwa dreieinhalb Milliarden Jahren entstanden sind.

BANANEn wachsen auf Bäumen.
Trotz stattlicher Höhe von fünf bis neun Metern sind Bananen keine Bäume. Es ist nämlich nicht die Größe, die eine Pflanze dazu berechtigt, den Titel „Baum" zu führen. Weil ihre oberirdischen Teile nicht ausdauernd sind wie die der Bäume, gehören Bananen zu den Stauden. Die riesigen Blätter – sie können über fünf Meter lang und bis zu einen Meter breit werden – bilden mit ihren steifen Blattscheiden einen hohlen Scheinstamm. Etwa ein Jahr nach den Blättern erscheint der gewaltige Blütenstand. Er schiebt sich durch den Scheinstamm hindurch

und entfaltet seine Blüten in den Achseln rotbrauner Tragblätter, die später abfallen. Drei Monate später sind die Bananen reif. Anschließend sterben die oberirdischen Teile der Bananenstaude ab. Die knolligen unterirdischen Sprosse (Rhizome) haben dann aber schon neue Triebe gebildet. Die Banane liefert noch eine weitere botanische Merkwürdigkeit: Obwohl ihre leckeren Früchte nicht der landläufigen Vorstellung von einer Beere entsprechen, sind sie welche. Botaniker haben eben eine andere Beeren-Definition als Obsthändler (siehe Seite 32). Die schwärzlichen Pünktchen im gelben Fruchtfleisch sind die Reste der Samenanlagen. Die Pflanze selbst vermehrt sich ungeschlechtlich durch Ableger.

BÄREN halten
Winterschlaf.
Zwar verschwinden Bären im Winter mitunter wochen- oder gar monatelang in ihren Unterschlüpfen und schlafen die meiste Zeit. Gefressen oder getrunken wird dann nicht mehr. Die Körpertemperatur überwinternder Bären ist um wenige Grad abgesenkt, das Herz schlägt sehr viel langsamer als im Sommer. Richtige Winterschläfer sind sie deshalb noch lange

nicht. Dann nämlich müssten sie ihre innere Heizung ganz abschalten (es sei denn, es droht Tod durch Einfrieren) und den gesamten Stoffwechsel noch viel weiter herunterfahren (siehe Seite 366). Das aber scheint nur für kleine Tiere bis zur Größe eines Murmeltiers sinnvoll. Um ihren gewaltigen Körper im Frühjahr wieder aufzuheizen, bräuchten Bären nämlich enorme Energiereserven. Der Spareffekt des Winterschlafs wäre damit dahin. Bären halten also keinen Winterschlaf, sondern Winterruhe. Sie bringen während der Winterruhe sogar ihre Jungen zur Welt. Undenkbar für einen echten Winterschläfer, der die kalte Jahreszeit in fast völliger Apathie übersteht. Und wehe dem, der einen Bären während seiner Winterruhe stört. Ohne Aufwärmzeit steht einem dann ein gefährlicher Gegner gegenüber.

BEEREn sind kleine saftige Kugelfrüchte.

Nicht Form und Größe einer Frucht legen fest, ob sie sich Beere nennen darf oder nicht. Die botanische Definition ist streng: Eine Beere ist eine Schließfrucht, die die Samen erst beim Verrotten oder Verzehr der Fruchtwand freigibt. Die Fruchtwand einer Beere ist, von der äußersten Schicht abgesehen, fast immer fleischig und saftig. Demnach tragen nicht nur Johannis-, Stachel- und Blaubeersträucher Beerenfrüchte. Auch Tomaten, Bananen, Gurken, Kürbisse und Melonen sind Beeren. Ihrer sehr harten äußersten Fruchtschale wegen werden letztere auch als Panzerbeeren bezeichnet. Keine Beeren sind hingegen Him- und Brombeeren. Bei ihnen ist die innerste Schicht der Fruchtwände verholzt, weshalb man von Sammelsteinfrüchten spricht. Und selbst eine scheinbar so typische Beere wie die Erdbeere ist keine, sondern eine Sammelnussfrucht (siehe Seite 93).

Alle BEUTELTIERE
haben einen Beutel. Dass das Känguru einen Beu-

tel hat, weiß nun wirklich jedes Kind. Und weil das Känguru das Beuteltier schlechthin ist, schließt man daraus (vor)schnell: Alle Beuteltiere haben einen Beutel. Aber stimmt das wirklich? Hier hilft eine kleine Überlegung zur Aufgabe dieser merkwürdigen Bauchtasche weiter: Ein Beutel ist nichts anderes als ein Brutkasten für vorprogrammierte Frühgeburten. Die Jungen der Beuteltiere werden nämlich nach sehr kurzer Tragzeit winzig klein und weitgehend hilflos geboren. Der zweite, längere Teil der Schwangerschaft ist gleichsam ausgelagert. Im Beutel, den die Winzlinge krabbelnd erreichen, finden die Jungen Schutz, Wärme und Nahrung, denn hier befinden sich auch die Milch spendenden Zitzen. Sobald das Junge eine Zitze findet und sich festsaugt, schwillt deren Spitze im Mund so stark an, dass es kaum mehr zu lösen ist. Logisch und wenig erstaunlich also, dass alle Beuteltier-Männchen keinen Beutel haben. Ohne sind aber auch – und das verblüfft nun wirklich – die Weibchen mancher Raubbeutler- und Beutelratten-Arten. Bei letzteren umgibt allenfalls ein kleiner Hautwall das Zitzenfeld. Hier hängen die Jungen anfangs frei an den Zitzen. Erst später können sie sich am Flanken- oder Rückenfell der Mutter festhalten. Natürlich sind hier die Verluste viel größer als bei geschützt im Beutel aufwachsenden Jungtieren. Zum Ausgleich dafür haben die Nicht-Beutler unter den Beuteltieren einfach mehr Junge.

BEUTELTIERE
gibt es nur in Australien. Zwar werden Kän-

guru und Australien immer in einem Atemzug genannt, aber eigentlich sind die Beuteltiere gar keine eingeborenen Australier.

Die frühesten Fossilfunde, etwa 75 Millionen Jahre alt, stammen aus Nordamerika. Australien erreichten die Beuteltiere wohl zu Fuß, zu einer Zeit, als Südamerika, die damals nicht vereiste Antarktis und Australien noch miteinander verbunden waren. Auch aus allen anderen Kontinenten sind Beuteltiere als versteinerte Überreste bekannt, selbst in Mitteleuropa gab es welche. Heute existiert in den amerikanischen Stammlanden nur noch ein kleiner Rest einstiger Vielfalt – ganz anders als in der australischen Wahlheimat.

Alle Säugetiere Australiens sind BEUTELTIERE.

Australien gilt, nicht zu Unrecht, als die Arche Noah der Beuteltiere. Andernorts geben die Placentatiere den Ton an, weiter entwickelte Säugetierformen mit einer sehr viel leistungsfähigeren Methode, die Embryonen im Mutterleib zu ernähren. Während Beuteltiere auf anderen Kontinenten der Konkurrenz durch die Placentatiere weitgehend oder gar vollständig erlagen, hat Australien samt Neuguinea und einigen weiteren Inseln des indomalaiischen Archipels rechtzeitig den Kontakt zur übrigen Welt verloren. Bevor die Placentatiere auch noch den australischen Kontinent kolonisieren konnten, hatte er abgelegt. Die Kontinentaldrift und dadurch entstandene schwer überwindbare Meeresarme retteten den australischen Beutlern das Leben.

Mit auf der Arche befand sich aber eine zweite, noch urtümlichere Säugetiergruppe: die der Eier legenden Säugetiere oder Kloakentiere. „Kloake" nennt man die gemeinsame Öffnung für Ausscheidungen und Fortpflanzungsprodukte, die bei allen Wirbeltieren üblich ist, bei den Säugern aber abgeschafft wurde. Letztere haben

gewöhnlich zwei Öffnungen am Körperende. Lediglich Schnabeltiere und Schnabeligel (und – der Vollständigkeit halber sei es
erwähnt – die ebenfalls sehr ursprünglichen Tanreks aus Madagaskar) behielten dieses Merkmal ihrer Vorfahren bei, neben dem
Eierlegen eine weitere kleine Erinnerung an die Reptilien-
abstammung der Säugetiere.

Zwei Gruppen von Placentatieren haben es
allerdings trotz allem geschafft, den fünften
Kontinent zu erobern: die Fledermäuse und
die Mäuse. Bei Ersteren wundert es nicht
allzu sehr. Schließlich haben sie Flügel und
man kann sich schon vorstellen, dass sie
sich Australien über die südostasiatischen Inselketten allmählich genähert
haben. Die Mäuse dagegen mussten sämtliche Meeresstraßen per „Floß" überqueren, auf treibenden Stämmen oder anderen Pflanzenresten. Kaum vorstellbar,
wie das im Einzelnen abgelaufen ist – und doch beweist die Existenz australischer Mäuse, dass die Geschichte sich so oder so ähnlich abgespielt haben muss. Im Gegensatz zu den Fledermäusen
ist es ihnen allerdings nicht geglückt, auch noch das 1500 Kilometer entfernte Neuseeland zu kolonisieren. So blieben diese beiden
Inseln die einzigen mäusefreien Bezirke der Alten Welt. Sie sind
es heute natürlich nicht mehr. Ebenso wie die ganze Neue Welt
wurde auch Neuseeland im Gefolge des Menschen Mäuseland.

Dass es unter den Placentatieren gerade den Fledermäusen und
den Mäusen gelungen ist, erstaunt wenig, repräsentieren sie doch
die beiden erfolgreichsten Säugergruppen überhaupt. Fledertiere
stellen etwa tausend Arten und damit ein knappes Viertel aller
bekannten Säugetiere, Nagetiere sogar vierzig Prozent. Das Er-

folgsmodell der Nagetiere, die Familie der Echten Mäuse, umfasst allein 480 Arten, zu denen auch alle Australier gehören. Unter den Fledertieren ist gleich mehreren Familien die Immigration gelungen. Die spektakulärste australische Art ist die riesige Gespenstfledermaus *Macroderma gigas*, die sich überwiegend von Mäusen ernährt. Unter der sehr vielfältigen Mäusewelt Australiens seien wenigstens die ans Wasserleben angepassten Schwimmratten erwähnt.

Außerdem, fast hätten wir's vergessen, hat noch ein weiteres Placentatier vor einigen zehntausend Jahren Australien aus eigener Kraft erreicht: *Homo sapiens*, der Mensch, in Afrika entstanden und inzwischen weltweit verbreitet. Seinen treuesten Begleiter, den Hund, hat er irgendwann ebenfalls mitgebracht, wenn auch nicht gleich zu Beginn, denn Haushunde gibt es wohl erst seit etwa 15 000 Jahren. Diese sorgten später für ein Problem, das lange diskutiert wurde. Sind die Dingos Australiens echte Wildhunde oder seit Jahrtausenden verwilderte Haushunde? Inzwischen gilt die Frage als geklärt: Dingos sind keine eingeborenen Australier.

Im Gefolge des Menschen erreichten zahlreiche weitere, nicht selten absichtlich ausgesetzte Tierarten den vorher so isolierten Inselkontinent – mit zum Teil verheerenden Folgen für die heimische Fauna. Was vorher durch die Kontinentaldrift verhindert worden war – die direkte Konkurrenz zwischen Beutlern und Placentatieren, in der letztere wie erwähnt meist die Nase vorn hatten – wurde nun nachgeholt. Vermutlich begann das bereits mit dem Dingo, der den Beutelwolf vom australischen Kontinent verdrängte. In seinem Refugium Tasmanien überdauerte er, bis die Menschen ihn in einem gezielten Vernichtungsfeldzug vollends ausrotteten. Zahlreiche andere Beuteltierarten, aber auch die einheimischen Mäuse Australiens, sehen einer ähnlich düsteren Zukunft entgegen.

BIBER essen Fische. Überaus

hartnäckigen Vorurteilen zum Trotz: Biber sind Vegetarier und rühren keinen Fisch an. Ein ausgewachsener Biber, mit 25 Kilogramm das größte Nagetier Europas, benötigt etwa fünf Kilogramm Pflanzen am Tag. Im Sommer ist die Versorgung mit Wasser- und Uferpflanzen kein größeres Problem. Im Winter dagegen wird Nahrung knapper. Mit Hilfe seiner gewaltigen, zeitlebens nachwachsenden Nagezähne sorgt der Biber für Nachschub. Scheinbar mühelos fällt er selbst dicke Bäume, um an die nahrhafte Rinde der Zweige zu kommen. Äste braucht er auch, um seine Wohnung und die Knüppeldämme zu bauen, mit denen er Teiche anstaut und so seinen eigenen Lebensraum gestaltet. Zum Fällen nagen Biber den Stamm von allen Seiten an, bis er einer Eieruhr gleicht. Wohin der Baum fällt, kann der Nager nicht berechnen, obwohl ihm das oft unterstellt wird. Dass der Baum meist zum Wasser fällt, liegt einfach daran, dass am Ufer stehende Bäume oft leicht zum Wasser geneigt sind oder mehr Äste dorthin strecken, sodass sie dann in diese Richtung stürzen. Gelegentlich wird sogar ein Biber vom selbst gefällten Baum erschlagen.

BLÄSSHÜHNER sind Hühnerverwandte. Dass populäre Tiernamen nicht

immer die systematische Zugehörigkeit zu einer bestimmten Tiergruppe widerspiegeln, zeigt das Beispiel der Hühner. Den richtigen Hühnern wie Auer-, Birk- oder Rebhuhn stehen allerlei falsche gegenüber: Blässhühner, Teichhühner, Flughühner, Odinshühnchen oder Laufhühnchen kommen aus ganz verschiedenen Ecken des Vogelreichs, sind nicht näher miteinander verwandt und gleichen sich auch vom Körperbau und Verhalten kaum.

Die Sprachbereiniger unter den Vogelkundlern versuchen deshalb seit langem, das Blässhuhn auszurotten und durch die Blässralle zu ersetzen, damit die Familienzugehörigkeit des rundlichen schwarzen Schwimmvogels mit dem weißen Schnabel und Stirnschild gleich am Namen abzulesen sei. Und, den Purismus noch etwas weiter treibend, solle man doch lieber gleich Blessralle statt Blässralle schreiben. Schließlich heiße der Vogel nicht so, weil er farblos und blass einherschwimme, sondern weil er eine weiße Stirnmarkierung habe, eine Blesse eben.

BIENEn können nur einmal stechen und sterben dann. Bienenstiche sind für den Menschen sehr schmerzhaft, für die Biene aber tödlich. Aus unserer elastischen, faserigen Haut lässt sich der mit Widerhaken bewehrte Bienenstachel (anders als der glatte Stachel der Wespen) nicht mehr lösen. Beim panischen Versuch, die Bienen-Attacke abzuwehren, reißen wir meist den ganzen Stechapparat aus ihrem Hinterleib. Anders ist das, wenn eine Biene den Bienenstock gegen andere Insekten verteidigt und dabei zusticht. Aus dem harten, aus Chitin bestehenden Insektenpanzer kann die Biene ihren Stachel problemlos wieder herausziehen. Und den nächsten Angreifer damit stechen. Übrigens wird der Stachel nicht nur zur Verteidigung eingesetzt, sondern auch zur Lösung innerstaatlicher Probleme, sei es mit überzähligen Königinnen oder mit nach der Paarung überflüssig gewordenen Drohnen.

Alle BIENEn stechen. Fürchten

muss man sich nur vor den weiblichen Tieren. Der Stechapparat hat sich nämlich aus dem Eilegeapparat entwickelt, den natürlich nur die Weibchen haben. Bienenmännchen, Drohnen genannt, haben keinen Stachel und sind völlig harmlos. Das gilt nicht nur für die Honigbiene, sondern für die ganze, allein in Mitteleuropa mehrere hundert Arten umfassende Familie der Bienen. Bei Honigbienen sind die stachellosen Drohnen leicht zu erkennen. Sie sind größer und plumper als die Arbeiterinnen und haben größere, sich oben auf dem Kopf berührende Facettenaugen. Auch fehlen die Pollen-sammel-Körbchen an den Hinterbeinen. Allerdings begegnet man den Drohnen eher selten. Was bienenfleißig, Nektar und Pollen sammelnd, von Blüte zu Blüte fliegt, sind samt und sonders Weibchen. Aber, wie so oft in der Biologie: Keine Regel ohne Ausnahme. Vor allem in Südamerika, weniger artenreich auch in Afrika, Asien und Australien, gibt es auch beim weiblichen Geschlecht stachellose Bienen, die zum Teil ebenfalls als Honig- und Wachslieferanten genutzt werden. In Europa scheiterten Ansiedlungsversuche aus klimatischen Gründen. Zwar ist der Stachel der stachellosen Bienen verkümmert, das erleichtert den Umgang mit ihnen jedoch keineswegs. Sie verteidigen sich nämlich mit wütenden Bissen. Haben sie sich einmal festgebissen, lassen sie nicht mehr los – eher reißt sogar ihr Kopf ab.

BLÜTEn locken Bestäuber meist mit Honig an. Blüten kennen zwei gängige

Währungen als Lohn für fleißige Bestäuber: proteinreichen Pollen und süßen Nektar. Bezahlt werden damit Schmetterlinge und Bienen, Käfer und Fliegen, in tropischen Ländern auch Vögel und Fledermäuse, als Gegenleistung für den Pollentransport von Blüte zu Blüte. (Dass es auch zahlreiche Betrüger unter den Blüten gibt, die unter Vorspiegelung falscher Tatsachen Bestäuber anlocken, aber keinen Lohn bezahlen, sei nicht verschwiegen). Honig dagegen ist kein Blütenlohn, sondern wird erst von den Honigbienen hergestellt. Grundstoff ist nicht nur Nektar, der je nach Pflanzenart zwischen acht Prozent und 76 Prozent Zucker enthält, sondern auch Honigtau. Diesen scheiden die Pflanzensaft saugenden Blatt- und Rindenläuse aus; aus dieser etwas unappetitlichen Grundlage machen die Bienen den besonders geschätzten Wald- und Tannenhonig. Im Bienenstock werden Nektar und Honigtau von der Sammlerin an andere Bienen weitergeleitet, die ihn dann mit Fermenten versetzen, eindicken und schließlich in luftdicht verschlossenen Waben als Reserve für schlechte Zeiten aufbewahren. Hierzulande stellen nur Honigbienen Honig her. Die Hummeln füllen ihre „Honigtöpfe" mit Nektar.

Alle BLÜTEn öffnen sich tagsüber und schließen sich über Nacht.

Vielleicht sind es die vielen Kinderlieder und -bücher, die uns das Klischee von den Blümchen, die allabendlich schlafen gehen, in die Wiege gelegt haben. Gänseblümchen tun es tatsächlich, aber Narzissen oder Rosen schließen sich genauso wenig wie Glockenblumen oder Königskerzen. Viele Pflanzen reagieren kaum oder gar nicht, wenn die Dämmerung hereinbricht. Ihre Blüten stehen offen, bis sie verwelken, was nach Stunden, Tagen oder Wochen geschehen kann.

Zu den Kurzblühern gehört die Wegwarte. Ihre Blüten öffnen sich im Lauf des Vormittags und sind abends schon verwelkt. Kurzblüher sind aber auch die Königin und die Prinzessin der Nacht, zwei Kaktus-Arten, die erst in den späten Abendstunden prächtig erblühen und sich gegen Mitternacht bereits endgültig schließen. Das erinnert uns daran, dass Blüten nicht nur Augenweide für uns Menschen sind, sondern in erster Linie Mittel zum Zweck. Und der heißt: Anlocken von Bestäubern. Arbeiten die Pflanzen mit bestäubenden Nachtfaltern und Fledermäusen zusammen, müssen die Blüten nachts geöffnet sein.

Was aber bleibt dem, der nicht von seinen Kinderträumen lassen will? Die Tulpe zum Beispiel. Ihr morgendliches Aufblühen lässt sich ebenso wie das abendliche Zu-Bett-Gehen im Blumenbeet und selbst noch in der Vase beobachten. Abend für Abend schließen sich die Blüten, jeden Morgen gehen sie auf. Ermöglicht wird das durch gezieltes Wachstum. Findet es an der Außenseite der Blütenblätter statt, krümmt sich das Blütenblatt nach innen, die Blüte schließt sich. Wächst das Blütenblatt innen verstärkt, öffnet sich die Blüte. Eine einzige solche Bewegung verlängert das Blütenblatt der Tulpe um sieben Prozent. Kurz vor dem Verwelken sind die Tulpenblüten deshalb über doppelt so groß wie unmittelbar nach dem Aufblühen. Gesteuert wird diese Bewegung aber nicht vom Licht, sondern von der Temperatur. Dabei reagiert die Blüte bereits auf Temperaturunterschiede von einem Grad. Je schneller sich die Temperatur ändert, desto stärker ist die Bewegung. Weil der tägliche Temperaturgang normalerweise eng an die Tageszeit gekoppelt ist, führt das zum morgendlichen Aufgehen und abendlichen Schließen. An besonders kalten Tagen aber bleiben die Tulpen zu: Ein klares Zeichen dafür, dass tatsächlich die Wärme und nicht das Licht der entscheidende Auslöser ist. Anders bei Seerosen, Kakteen, Sauerklee oder Löwenzahn. Bei ihnen wirkt tatsächlich das Licht selbst als Blütenöffner.

BLÜTENPFLANZEN
erzeugen mithilfe der Sonne Nährstoffe.

Pflanzen verfügen über eine ausgefeilte Solartechnik, um die wir Menschen sie nur beneiden können. Sie erzeugen in einem Fotosynthese genannten Vorgang aus den überall verfügbaren Rohstoffen Kohlendioxid und Wasser mit Hilfe von Sonnenlicht energiereiche Zuckerverbindungen. Eine zentrale Rolle beim „Einfangen" der Sonnenenergie spielt dabei der grüne Blattfarbstoff, das Chlorophyll. Das heißt: Ohne Chlorophyll auch keine Fotosynthese. Wenn eine Pflanze also ganz bleich dasteht, wie die Nestwurz (eine Orchidee), der Fichtenspargel oder die Sommerwurz-Arten, kann sie sich nicht von „Licht und Luft" ernähren. Sie besorgt sich die nötigen Nährstoffe, indem sie mit ihren Wurzeln andere Pflanzen anzapft, ist also ein Parasit. Volkstümliche Namen wie Kleewürger und Hanftod für zwei Sommerwurz-Arten deuten schon an, dass dieser Aderlass für den unfreiwilligen Wirt nicht immer leicht zu verkraften ist.

BLÜTEn werden durch Bienen befruchtet.

Hier werden in der Umgangssprache zwei gänzlich unterschiedliche, wenn auch in einem logischen Zusammenhang stehende Begriffe durcheinander gebracht: Bestäubung und Befruchtung. Dabei ist nur die Bestäubung Bienenwerk, der Transport von Blütenstaub (Pollen) von den Staubblättern der einen Blüte zur Narbe einer anderen also. Hier keimt das Pollenkorn mit einem Schlauch, der ins Innere der Blüte in Richtung Samenanlagen wächst und dort zwei Spermazellen entlässt. Die Befruchtung findet erst in dem Augenblick statt, in dem Spermazelle und Eizelle miteinander verschmelzen. Das kann bereits kurze Zeit nach der Bestäubung sein – Pollenschläuche wachsen bis zu drei Millimeter in der Stunde. Bei manchen Pflanzen, zum Beispiel bei den Orchideen, vergeht aber viel mehr Zeit zwischen dem Bienenbesuch (der Bestäubung) und der Befruchtung. Zu erwähnen bleibt, dass die Überschrift auch aus einem zweiten Grund äußerst fragwürdig ist. Zwar sind Bienen überaus wichtige Bestäuber, aber beileibe nicht die einzigen, mit denen Pflanzen kooperieren. Andere Insekten wie Käfer, Fliegen und Schmetterlinge spielen ebenfalls eine bedeutende Rolle, in den Tropen vermehrt auch Wirbeltiere wie Fledermäuse oder Vögel. Und manche Pflanzen verlassen sich gar nicht auf tierische Partner, sondern auf den Wind.

BLÜTEn werden nur von Insekten bestäubt.

In der Tat spielen Insekten eine enorme Rolle bei der Bestäubung von Pflanzen, ja, die Evolution der Blütenpflanzen ist ohne Insekten schlichtweg undenkbar. In einer beispiellosen Koevolution haben die artenreichste Pflanzen- und die artenreichste Tiergruppe ihr Schicksal auf Gedeih und Verderb miteinander verbunden, ihre Baupläne und Lebensläufe aufeinander abgestimmt. Trotzdem haben Insekten nicht das Bestäubungsmonopol. Wäre dem so, könnten unzählige Allergiker aufatmen – im wahren Sinne des Wortes. Denn ihren alljährlichen Heuschnupfen verdanken sie den Pflanzenarten, die ihren Pollen nicht von Insekten von Blüte zu Blüte transportieren lassen, sondern ihn einem wesentlich unzuverlässigeren und unberechenbaren Partner anvertrauen: dem Wind. Weil der Wind weht, wo er will, müssen diese Pflanzen eine unglaubliche Menge von Blütenstaub produzieren, damit die Bestäubung gewährleistet wird. Vieles verpufft nutzlos, färbt Pfützen gelb und überzieht, zum Kummer des Besitzers, das frisch gewaschene Auto mit einem gelben Schleier. Wer dagegen einen Boten anstellt, sei es Biene oder Fliege, Vogel oder Fledermaus, braucht wesentlich weniger in die Produktion von Blütenstaub zu investieren. Dafür müssen die Blüten attraktiver sein, mit Formen, Farben oder Düften locken. Außerdem muss Botenlohn hergestellt werden, Blütenstaub oder süßer Nektar etwa, denn die Pollenträger arbeiten nicht kostenlos. Windblütler haben dagegen sehr unauffällige Blüten oder Blütenstände. Nur die Narben, die den schwebenden Pollen aus der Luft fangen müssen, sind groß und stehen an exponierten Stellen. Viele unserer Laubbäume blühen deshalb, bevor die Blätter austreiben. Das erleichtert die erfolgreiche Bestäubung von Eiche, Erle, Ulme, Esche oder Hasel natürlich sehr. Zu den windblütigen Arten zählen auch unsere Nadelbäume. Wenn zur Tannen- oder Fichtenblüte der Wind in die Wipfel fährt, ist die Luft erfüllt von gelben Blütenstaub-Schwaden – ein Anblick, der den armen vom Heuschnupfen Geplagten die Tränen in die Augen treibt.

BIOTOP ist der Fachausdruck für Gartenteiche.

Wörtlich übersetzt ist der (nicht das!) Biotop ein Lebensort (griechisch bios = Leben, topos = Ort). Die Ökologie definiert den Begriff als mehr oder weniger einheitlich ausgestatteten Lebensraum, der dann von einer bestimmten Biozönose, einer Lebensgemeinschaft aus Pflanzen, Tieren und Pilzen, Einzellern und Bakterien, genutzt wird. Ein Biotop kann ebenso gut ein vom Menschen völlig unbeeinflusster Steilhang in den Alpen sein wie ein Blumenkübel in der Fußgängerzone oder eine von Staubläusen besiedelte Wohnungsecke. Wie so oft, machte der wissenschaftliche Begriff beim Übergang in die Umgangssprache einen Bedeutungswandel durch. Weil es die Tümpel grabenden Amphibienschützer waren, die dieses Wort in den 1970er Jahren durch inflationäre Verwendung zum Allgemeingut machten, steht „das Biotop" seitdem für jedes Wasserloch, in dem ein Frosch quakt.

BLINDSCHLEICHEn sind blind.
Blindschleichen sind nicht blind. Dieser Irrtum beruht auf einer falschen Deutung ihres ursprünglichen Namens. Ihre metallisch glänzende Haut nämlich verschaffte ihnen vor vielen hundert Jahren den Namen „Plintslicho", was so viel heißt wie Blendender Schleicher. Später wurde daraus unsere Blindschleiche. Ihre Nahrung suchen die Echsen aber trotzdem weniger mit dem Auge als mit ihrem Geruchssinn. Ständiges Züngeln hilft, Duftstoffe einzufangen. Nacktschnecken, Regenwürmer und Insekten werden so geortet und erbeutet.

BLINDSCHLEICHEn sind Schlangen.
Schau mir in die Augen, Kleines – wer sich darauf einlässt, sieht die Blindschleiche vielleicht blinzeln. Schlangen dagegen haben einen typischen, starren Blick. Augenlider fehlen ihnen, weshalb sie auch nicht blinzeln können. Das

„freundliche" Gesicht enttarnt die Schleiche als beinlose Eidechsenverwandte. Nicht jedes beinlose Reptil also ist eine Schlange. Auch innerhalb der Echsen sind die Blindschleichen nicht die einzigen „Scheinschlangen". Fußlosigkeit entstand im Lauf der Stammesgeschichte mehrmals unabhängig voneinander. Arten mit zurückgebildeten Beinen finden sich unter sechs der siebzehn Echsenfamilien. Bei vielen sind äußerlich noch winzige Beinstummel zu sehen (bei der südeuropäischen Erzschleiche zum Beispiel). Bei der Blindschleiche braucht man dagegen einen Röntgenblick, um die von außen nicht mehr sichtbaren Reste des Schulter- und Beckengürtels nachzuweisen. Wann lohnt es sich, auf Beine zu verzichten? Bei unterirdisch lebenden Echsen scheint die Schlangenform ebenso vorteilhaft zu sein wie bei solchen, die sich durch dichten Unterwuchs winden. Und genau das tut unsere Blindschleiche.

BLUMENSTRÄUSSE
verzehren Sauerstoff und müssen deshalb nachts aus dem Krankenzimmer entfernt werden. Tatsächlich verbrauchen Pflanzen nachts Sauerstoff, statt welchen zu produzieren (siehe Seite 238). Allerdings sind das, verglichen mit dem Sauerstoffkonsum eines Menschen, so geringe Mengen, dass die Luft deshalb nicht knapp wird. Der wahre Grund, den Blumenschmuck (nicht nur nachts) aus den Krankenzimmern zu verbannen, ist ein hygienischer. Das Wasser in der Schnittblumenvase wie auch die Erde von Topfblumen wimmelt von Kleinlebewesen. Auch wenn die meisten der dort hausenden Bakterien, Einzeller oder Schimmelpilze harmlos sind, ist eine Gesundheitsgefährdung schwer Kranker oder frisch Operierter nicht immer auszuschließen. Also wird die-

ses Einfallstor für Keime lieber geschlossen: Die Blumen müssen draußen bleiben. Aber selbst früher, als man es mit der Hygiene noch nicht so genau nahm und Blumen im Krankenhaus noch gerne gesehen wurden, hat man die Sträuße abends auf den Gang gestellt. Dort war es gewöhnlich einfach kühler als in den Krankenzimmern, weshalb die Sträuße länger hielten.

BLUT ist immer rot. Rot ist das

Blut des gemeinen Volkes. Der Adel aber ist blaublütig. Diese Unterscheidung stammt aus alter Zeit, in der die arbeitende Bevölkerung wettergegerbte Haut hatte, während durch die zarte weiße Haut der holden Maiden in den Kemenaten der Burgen und Schlösser bläulich die Adern schimmerten. Stach sich eine beim Sticken in den Finger, floss aber auch hier rotes Blut. Rot ist die Farbe des Hämoglobins, das, in roten Blutkörperchen konzentriert, den Gastransport im Wirbeltierkörper besorgt. Ausnahmsweise kann es aber fehlen. Die antarktischen Eisfische haben weißes Blut. Bei Insekten ist das sogar die Regel. Hier wird der Gasaustausch auch nicht durch das Blut, sondern über das sich immer feiner verästelnde Luftröhrensystem der Tracheen geregelt. Allerdings gibt es auch manche Wirbellosen, die den bewährten roten Blutfarbstoff einsetzen. Er tritt zum Beispiel im Regenwurm und in der bei Aquarianern als Futtertier beliebten knallrot gefärbten roten Larve mancher Zuckmücken auf. Andere Wirbellose nutzen als Sauerstofftransporter statt des eisenhaltigen Hämoglobins das kupferhaltige Hämocyanin, und die haben nun wirklich blaues Blut. Zum blaublütigen „Adel" der Tierwelt gehören unter anderem Tintenfische, die meisten Schnecken, viele Krebse, Schwertschwänze, Skorpione und Spinnen.

BOCKBIER hat etwas mit dem Ziegenbock zu tun.

Der Bocksbeutel, eine bauchig-breite Weißweinflasche aus dem Fränkischen, verdankt seinen Namen tatsächlich dem Ziegenbock bzw. der Form seines Hodensacks. Beim Bockbier sind dagegen keinerlei derart anrüchige Assoziationen angebracht. Das Starkbier heißt nach der berühmten Bierstadt Einbeck, die früher als Aimbock oder Oambock bekannt war.

BOHNEn sind ungiftig.

Lassen sich Bohnen wirklich unbedenklich verspeisen? Zunächst: Bohne ist nicht gleich Bohne. Im Hausgarten werden mit Gartenbohne und Feuerbohne schon zwei verschiedene Arten angebaut, Saubohne und Sojabohne gehören ebenfalls in die nähere Verwandtschaft. Dazu gesellen sich noch zahlreiche weitere Bohnen-Arten auf der ganzen Welt. Sie alle gehören zur Familie der Schmetterlingsblütler. Manches, was Bohne heißt, ist dagegen keine, sondern hat nur die Form eines Bohnensamens: Kakaobohnen, Kaffeebohnen, Blaue Bohnen ...

Sind Bohnen nun giftig oder nicht? Eine pauschale Antwort lässt sich nicht geben, weil nicht alle Arten dieselben Inhaltsstoffe aufweisen. Für die häufig angebaute Garten- und die Feuerbohne gilt: Ja und nein. Sie enthalten den Giftstoff Phasin, der die Blutgerinnung stört. Bei 75 Grad Celsius wird Phasin zerstört. Rohe Bohnen sind also tatsächlich giftig und auch Trocknen hilft nicht, den Giftstoff abzubauen. Es gilt: Erst kochen, dann genießen. Eine nahe Verwandte, die in warmen Ländern angebaute Mond- oder Limabohne, verliert ihre durch eine Blausäureverbindung hervorgerufene Giftigkeit gar erst, wenn sie ein bis zwei Tage eingeweicht und dann gekocht wird, wobei das Kochwasser weggeschüttet werden muss. Dagegen sind Sojabohnen und die bei uns häufig als Viehfutter angebaute und gelegentlich auch als Gemüse genutzte Saubohne ungiftig. Letztere, auch als Pferdebohne, Dicke Bohne oder Puffbohne bekannt, wird allerdings aus anderen Gründen nicht von jedem gleich gut vertragen. Vor allem in den Mittelmeerländern leiden zahlreiche Menschen an Favismus, so genannt nach dem wissenschaftlichen Namen der Saubohne, *Vicia faba*. Favismus beruht auf einem genetischen Defekt, der für den Mangel an einem bestimmten Enzym (wer es genau wissen will: der Glucose-6-Phosphat-Dehydrogenase) verantwortlich ist. Die Folge: eine Schädigung der roten Blutkörperchen. Die veränderten Blutzellen reagieren empfindlich auf eine ganze Reihe chemischer Substanzen, so auch auf die Inhaltsstoffe der Saubohne. Sie führen zur Zerstörung der Roten Blutkörperchen, in schweren Fällen zum Schwarzwasserfieber, bei dem Blutbestandteile mit dem Urin ausgeschieden werden. Selbst Saubohnen-Pollen können bereits leichte Symptome des Favismus auslösen. Aber wo viel Schatten ist, ist auch etwas Licht: Malaria-Erreger mögen lieber gesunde Rote Blutkörperchen, sodass der Gendefekt einen (wenn auch leider unvollständigen) Schutz gegen einen der weltweit gefährlichsten Parasiten (siehe Seite 192) bietet.

Der Riesensaurier BRACHIOSAURUS stand ständig im Wasser.

Schlagen Sie ein nicht mehr ganz taufrisches Saurierbuch auf und Sie werden ihm begegnen: *Brachiosaurus*, einem der Riesen unter den Dinosauriern, bis zum Hals im Wasser stehend und immer wieder abtauchend, um Wasserpflanzen abzuweiden. Dass der elf Meter hoch aufragende und wohl zwischen zwanzig und dreißig Tonnen schwere Gigant stark genug war, sein eigenes Gewicht zu tragen, wollten ihm die Wissenschaftler lange nicht zubilligen. Sie glaubten, dass er, ähnlich wie die heutigen Wale, auf den helfenden Auftrieb des Wassers angewiesen sei. Wer allerdings im Museum die massiven Stampfer eines *Brachiosaurus* neben dem dagegen fast zierlich wirkenden Skelett eines Großwals sieht, kann sich dem kaum anschließen. Und so führten neue Berechnungen zur Statik der großen Saurier denn auch zu dem Ergebnis, dass der *Brachiosaurus* auf Land lebte. Zudem machten Versuche und Vergleiche wahrscheinlich, dass die Sache mit dem Schnorchelhals aus physikalischen Gründen nicht funktionieren konnte. Der hohe Wasserdruck in mehreren Metern Tiefe presst den Brustraum so zusammen, dass ein Einatmen unmöglich wird. Auch weitere Argumente für das halb-aquatische Leben wurden entkräftet. Die recht kleinen Zähne zum Beispiel, die nur zum Abweiden schlabberiger Sumpfgewächse taugen sollten, sind scharf genug, um Triebe von Bäumen zu reißen. Der lange Hals diente also nicht als Schnorchel, sondern dazu, Bäume nicht nur von unten beweiden zu können und damit das Nahrungsreservoir erheblich zu steigern. Eine gute Erklärung, warum die Nasenöffnungen oben auf dem Kopf liegen, wie wir das von zahlreichen wasserlebenden Säugetieren kennen, fehlt aber noch.

BREMSEn stechen. Während

eine Stechmücke mit ihrem dünnen Stechrüssel Präzisionsarbeit
leistet und dabei, wenn sie Glück hat, nicht einmal auf Nerven trifft, gehen Bremsen richtig
grob vor. Mit ihren messerförmigen Mundwerkzeugen schneiden sie die Haut ihrer
Opfer auf – das Resultat ist also eigentlich
kein Stich, sondern ein Schnitt. Und
anders als Stechmücken, die ihre
Blutnahrung durch ihren eingebauten Trinkhalm einsaugen, nehmen
Bremsen das durch gerinnungs-
hemmenden Speichel dünnflüssig gemachte austretende Blut mit
ihrem Tupfrüssel auf. Die Wunden bluten oft noch, nachdem die
Bremse gesättigt davongeflogen ist. Bei Menschen kommt es aber
meist nicht so weit. Zwar verstehen die Bremsen es, sich schnell
und unauffällig zu nähern, dem schmerzhaften Schnitt in die Haut
folgt aber dann sehr schnell die zuschlagende Hand.

BRENNNESSELn
sind nutzloses Unkraut. Unsere Vorfahren sa-

hen das ganz anders. Aus den Stängeln der Nesseln haben sie
lange Fasern gewonnen, die zu Fäden zusammengedreht und dann
weiter verarbeitet wurden. Ganz einfach ist es allerdings nicht, die
vor allem in den Stängelkanten verlaufenden Fasern zu isolieren.
Meist wurden die Pflanzen dazu gekocht. Jedenfalls stand mit der
Nessel schon vor dem ebenfalls bereits aus der Jungsteinzeit nach-
gewiesenen Anbau des Leins, aus dem Flachs und dann Leinen
hergestellt wird, ein Faserlieferant zur Verfügung.

Allerdings gibt es nur wenige direkte Hinweise auf solche frühen Nesselprodukte, Textilien etwa. Sie zersetzen sich einfach zu schnell und sind deshalb kaum erhalten. Brennnesseln waren in der Steinzeit übrigens ganz sicher noch nicht das Allerweltsgewächs, als das wir sie heute kennen und fürchten. Die Pflanzen sind nämlich auf sehr nährstoffreiche Standorte angewiesen, die im Zeitalter der Massentierhaltung und des Kunstdüngers überall zu finden sind. Damals jedoch dürften sie allenfalls in den Auwäldern der großen Flüsse und rund um die wenigen Wohnplätze der Menschen ausgedehntere Bestände gebildet haben.

Bis etwa ins Jahr 1720 wurden Brennnesseln sogar noch in größerem Ausmaß angebaut. Vor allem für robuste Kleidung, Bettlaken und Zeltbahnen wurde der stabile, durch anhaftende Rindenteile stets etwas raue Nesselstoff genutzt. Mit der beginnenden Industrialisierung wurden Nesselprodukte dann sehr rasch von Baumwolle verdrängt. Baumwolle, der heute weltweit wichtigste Rohstoff für pflanzliche Gewebe, ist ebenfalls eine uralte Kulturpflanze, die schon vor 5000 Jahren im Industal und wenig später in Peru angebaut wurde. In unseren Breiten erhielt sie erst mit der Entwicklung der weltweiten Massenguttransporte durch Schiffe Bedeutung. Heutzutage kann man zwar noch einen als „Nesseltuch" bezeichneten Stoff kaufen – er wird aber aus Baumwolle hergestellt.

Bleibt noch der kulinarische Aspekt: Junge Nesselblätter lassen sich im Frühjahr wie Spinat zubereiten oder als Salat anrichten. Wenn sie leicht anwelken, was schon bei der Verarbeitung geschieht, brennen sie auch nicht mehr auf der Zunge.

Außerdem sollte sich die Schaden-Nutzen-Analyse, die über Kraut oder Unkraut entscheidet, auch nicht nur auf uns Menschen beschränken. Denn dann zeigt sich sehr schnell, dass wir die Nessel nicht bedenkenlos der zweiten Kategorie zuschlagen dürfen.

Einige unserer schönsten Tagfalter, das Tagpfauenauge, der Kleine Fuchs und der Admiral, sind auf Gedeih und Verderb von ihrem Vorkommen abhängig. Ihre Raupen fressen Brennnesselblätter, und nur das. Wer sich weiter an den schönen Faltern erfreuen will, darf der Brennnessel also nicht den Garaus machen.

BRENNNESSELn brennen nicht in den Monaten mit „r".

Wer immer diesen Glauben in die Welt gesetzt hat – ein Gärtner kann es nicht gewesen sein. Denn bereits die im Frühjahr (also im März und April, beides Monate mit „r") aus den unterirdischen Rhizomen treibenden jungen Brennnesseln jätet man tunlichst mit Handschuhen. Und dasselbe gilt für die herbstlichen „r"-Monate ab September. Brennnesseln brennen, solange sie grünen. Nur durch Welken, Garen oder Trocknen lassen sie sich entschärfen. Im Frühjahr sind Brennnesseln sogar, als Salat genossen oder wie Spinat gekocht, eine Bereicherung für die Küche. Nesseltee, Nesselsaft und Nesselbäder ersetzen eine halbe Hausapotheke. Alte Kräuterbücher loben die Nessel deshalb über den grünen Klee.

BUCHWEIZEN ist ein Getreide.

Alle Getreidearten im engeren Sinne, ob Weizen, Roggen, Hafer, Mais oder Reis, sind Gräser. Der Buchweizen nicht, weshalb er weder Getreide im Allgemeinen noch Weizen im Speziellen ist. Er gehört zu den Knöterichgewächsen, einer Pflanzenfamilie, zu der beispielsweise auch der Sauerampfer zählt. Seinen Namen verdankt der Buchweizen den rotbraunen, dreikantigen

Nussfrüchten, die an Bucheckern erinnern. Sein Zweitname Heidenkorn hat eine doppelte Bedeutung: Einerseits brachten ihn die „Heiden" nach Europa: Die Mongolen führten ihn im 14. Jahrhundert aus seiner Heimat, dem Amurgebiet, ein. Andererseits wurde der genügsame Buchweizen bevorzugt auf den nährstoffarmen Sandböden der Heidegebiete Norddeutschlands angebaut und als Grütze gegessen. Inzwischen sieht man ihn auch dort kaum noch. Dank Kunstdünger können selbst auf solchen von Natur aus kargen Böden jetzt die anspruchsvolleren Getreide-Arten gesät werden.

Das CHAMÄLEON
passt seine Farbe der Umgebung an.

Ob ein raffiniert geschminkter Mund, ein jähes Erbleichen oder ein puterrot anlaufender Wüterich – in allen drei Fällen senden Farben Botschaften aus, die vom Gegenüber verstanden werden. Nicht nur beim Menschen dienen Farben der Kommunikation, sondern auch bei sehr vielen Tieren, nicht zuletzt beim Chamäleon. Ein entspanntes Chamäleon trägt in vielen Fällen ein Tarnkleid. Frappierend, wie es dann mit dem Untergrund zu verschmelzen scheint. Der Tarneffekt wird durch die bizarre Form und die zeitlupenhaften Bewegungen noch verstärkt. Schwankende Stimmungen allerdings schlagen sofort auf das Erscheinungsbild

durch. Tarnung hin oder her. Man fühlt sich an bekannte Situationen erinnert, wenn bei Auseinandersetzungen zwischen zwei Männchen das sich überlegen fühlende in prangenden Farben einhergockelt, während der Verlierer zur grauen Maus wird. Außerdem ist die Färbung auch noch temperaturabhängig. In der Kühle der Nacht erbleichen viele Chamäleons. Und schließlich müssen wir noch die Feinheiten der Formulierung auf die Goldwaage legen. Falsch ist die Aussage in der Überschrift. Sie unterstellt dem Chamäleon die Fähigkeit zur aktiven Farbveränderung nach dem Motto: Was kann ich jetzt mal anziehen, damit's auch zu dem Blatt passt, auf dem ich grade sitze. Der Farbwechsel ist aber unwillkürlich, also nicht steuerbar, ähnlich wie wir in peinlichen Situationen erröten, ob wir wollen oder nicht. So stoisch sich das Chamäleon auch verhält, seine jeweilige Färbung gibt immer Auskunft über seine augenblickliche Gemütsverfassung.

Der CHRISTUSDORN ist ein Kaktus.

Die beliebte Zimmerpflanze stammt aus dem Hochland Madagaskars und kann schon deshalb kein Kaktus sein. Kakteen sind nämlich fast alle Amerikaner (siehe Seite 159). Die Blüte verrät die wahre Verwandtschaft: Die winzigen, von roten Hochblättern umgebenen Blütenstände des Christusdorns sind ganz typisch für die Wolfsmilchgewächse (Euphorbiaceae). Zu diesen gehört zum Beispiel auch ein anderer häufiger Zimmerschmuck, der Weihnachtsstern (siehe Seite 357). Aber nicht nur in tropischen Gefilden, sondern auch am heimischen Feldrain wachsen Wolfsmilchgewächse. Besonders bekannt ist die Zypressen-Wolfsmilch mit ihren zunächst auffällig gelben, später dann rötlich werdenden Hüllblättern.

Charles **DARWIN** wurde auf den Galapagosinseln zum Evolutionsbiologen. Wissenschaftsgeschichte ist oft nicht weniger spannend als die Wissenschaft selber. Auch sie ist reich an Mythen und Irrtümern bis hin zu absichtlich begangenen Fälschungen, die ins Wanken geratene Theorien und lieb gewordene Weltbilder vor dem Absturz retten sollen. Eines der beliebtesten Wissenschaftsmärchen betrifft Darwin und seine nach ihm benannten Finken auf den Galapagosinseln.

Charles Darwin wurde 1809 geboren und entschied sich nach einer abgebrochenen Medizinerausbildung für die Theologie. Das war für passionierte Naturforscher – und ein solcher war Darwin – damals kein so merkwürdiger Entschluss. Finanziell gesichert und nicht übermäßig durch Pflichten eingeschränkt, ließ sich in der Muße einer Landpfarrei ein durchaus angenehmes Leben als Forscher führen. Dazu kam es allerdings nie. Darwin nutzte die Gelegenheit, als Forscher und Begleiter des Kapitäns an Bord des Vermessungsschiffes „Beagle" auf Weltreise zu gehen. 1831 startete er, fünf Jahre später kehrte er zurück, um fortan nie wieder englischen Boden zu verlassen. Landpfarrer wurde er allerdings nicht. Das väterliche Erbe sicherte ihm seinen Unterhalt als Privatgelehrter. Jahrzehntelang arbeitete er (mit allerlei Umwegen, die aber immer wieder ins Eigentliche mündeten) an seinem ehrgeizigen Projekt: zu erklären, dass sich Arten im Lauf der Zeit verändern, und wie sie das tun. Zahlreiche Skrupel bewogen ihn, unglaubliche Mengen von Belegen für seine Vorstellungen zusammenzutragen – schließlich wurde dadurch ein sich vor allem um den Menschen und dessen besondere Beziehungen zu Gott drehendes Weltbild in Frage gestellt, mit unabsehbaren Folgen für die Gesellschaft und nicht ohne persönliches Risiko für Darwin. Fast zu lange tauschte er sich deshalb nur mit wenigen Freunden darüber aus. Erst nachdem ihm ein Manuskript von Alfred Wallace, der teilweise auf dieselben Schlussfolgerungen gekommen war, Beine machte, publizierte er im Jahr 1859 die „Bibel" des Darwinismus: „On the origin of species" [Die Entstehung der Arten].

Wann, wo und wie aber wurde Darwin erleuchtet? Die fromme Legende will, dass es ihm auf den Galapagosinseln wie Schuppen von den Augen fiel. Auf dieser sehr isoliert liegenden Inselgruppe gibt es dreizehn Finken-Arten, die untereinander sehr ähnlich sind, sich aber deutlich in Schnabelbau und Ernährungsweise unterscheiden. Darüber schrieb Darwin lange später: „Wenn man diese Abstufung und Verschiedenartigkeit der Struktur in einer kleinen, nahe untereinander verwandten Gruppe von Vögeln sieht, so kann man sich wirklich vorstellen, dass infolge einer ursprünglichen Armut an Vögeln auf diesem Archipel die eine Spezies hergenommen und zu verschiedenen Zwecken modifiziert worden sei." Damit skizziert er die Entstehung zahlreicher unterschiedlich aussehender Formen aus einer Stammart. Das aber waren spätere Erkenntnisse. Solange er an Bord der „Beagle" war, das belegen andere Notizen und Äußerungen, hielt er am Konzept der Unveränderlichkeit der Arten fest. Als besonders fatal erwies sich, dass der ansonsten sehr gewissenhafte Naturforscher versäumt hatte, seine auf Galapagos gesammelten Exemplare sauber zu etikettieren und einem genauen Fundort zuzuordnen. Welche Art auf welcher Insel vorkommt, ist aber von entscheidender Bedeutung für die Rekonstruktion ihrer Geschichte. Auch übersah er die äußerst nahe Verwandtschaft der Finken. Erst zuhause in London klärte ihn der Ornithologe John Gould, der Darwins Vogelausbeute bearbeitete, darüber auf. Mit Hilfe einiger von anderen Mitgliedern der Beagle-Besatzung gesammelter Stücke gelang auch eine bessere geografische Zuordnung zu einzelnen

Inseln. Damit erhielt Darwins Theoriegebäude ein weiteres Puzzle-stück, das Darwin selbst aber keineswegs besonders in den Mittel-punkt seiner Argumentation rückte. In den „Origin of species ...“ werden die Finken nicht einmal erwähnt. Zum Schulbeispiel wur-den sie erst im 20. Jahrhundert durch die Forschungen des briti-schen Ornithologen David Lack.

Die Demontage dieser Wissenschaftslegende bedeutet übrigens keinesfalls eine Demontage Darwins. Dass er nicht wie vom Don-nerschlag erleuchtet wurde, sondern seine wissenschaftlichen Erkenntnisse im langwierigen und manchmal zähen Erkennt-nisprozess gewann und untermauerte, schmälert seine Verdienste keineswegs.

Charles DARWIN war der erste Evolutionsbiologe. Mitnichten. Die

Idee der Evolution lag schon seit Jahrzehnten gewissermaßen in der Luft. Zu Charles Darwins (1809–1882) Vor-Denkern gehören zum Beispiel sein eigener Großvater Erasmus Darwin (1731–1802) oder der französische Naturforscher Jean Baptiste Lamarck (1744–1829), von dessen vielbändigem Werk im heutigen Biologie-unterricht, nicht ohne Häme, nur noch der Passus zitiert wird, der die Vererbung erworbener Eigenschaften erläutert – was dann sofort als „Lamarckismus“ angeprangert und auf den Müllhaufen der Geschichte geworfen wird. Dabei war Darwin selbst nicht frei von Lamarckismus (in diesem Sinne) und schrieb manches, was den Darwinisten heutzutage die Haare sträubt.

Was aber war dann Darwins Verdienst, wenn nicht die „Erfindung“ der Evolution? Sein Verdienst war, dass er mit seinen Theorien erklärte, wie Evolution funktionierte. Erst die Entwicklung einer

Theorie macht Wissenschaft objektiv überprüfbar und entrückt sie damit dem Spekulativen. Ein Kernstück von Darwins Vorstellungen zur Veränderung der Arten ist seine Selektionstheorie: Dass jede Generation ein Übermaß an Nachkommen produziert. Dass die Ressourcen (zum Beispiel Nahrung und Raum) begrenzt sind, so dass nicht alle überleben können. Dass nicht alle Nachkommen gleich „gut" sind. Dass sich unter den Nachkommen nur die am besten Angepassten durchsetzen und fortpflanzen können (Darwin nannte das „survival of the fittest"). Und dass sich auf diese Weise Arten ganz allmählich verändern können. Seine durch zahlreiche Beispiele und viele Experimente gestützten Evolutionstheorien veröffentlichte er im Jahr 1859 („On the origin of species", Die Entstehung der Arten; siehe Seite 56) und untermauerte sie später immer weiter.

Kleine Ironie der Geschichte: Darwins Lebenswerk sorgte tatsächlich dafür, dass die Tatsache der Evolution weithin Anerkennung fand. Die Gegenwehr brach relativ schnell zusammen. Schließlich ist, um Victor Hugo zu zitieren, „nichts auf der Welt so mächtig wie eine Idee, deren Zeit gekommen ist." Darwins Selektionstheorie lehnten dagegen die meisten Zeitgenossen ab. Während der Durchbruch des Evolutionsgedankens selbst also tatsächlich „nur" noch des Anstoßes von Darwin und seinen Mitstreitern bedurfte, war der große Naturforscher mit seinen Ideen zum Mechanismus des Evolutionsgeschehens seiner Zeit um Jahrzehnte voraus.

DELFINe leben nur im Meer.
Delfine gehören zu den Walen und Wale schwimmen im Meer. Das stimmt – mit ganz wenigen Ausnahmen allerdings. In den großen Flusssystemen von Amazonas, Ganges,

Indus und Jangtsekiang leben die eigenartigen Flussdelfine. Sie haben typische Fischfresser-Gebisse. In den langen, schmalen Schnauzen stehen dicht an dicht die spitzen Zähne. Die Augen sind zurückgebildet, dem Gangesdelfin fehlt sogar die Linse. In den trüben, schlammigen Tieflandflüssen ist aber sowieso nichts zu sehen. Hier sind andere Sinnesorgane gefragt. Der Ganges- und der Indusdelfin schwimmen meist auf der Seite und fahren mit einer Vorderflosse am Untergrund entlang. Beim Fischfang hilft eine hoch entwickelte Ultraschall-Ortung. Fünf Arten von Flussdelfinen unterscheiden die Zoologen, von denen allerdings einer, der La-Plata-Delfin, die Gewässer der südamerikanischen Atlantikküste bewohnt und das Süßwasser meidet. Neben den Flussdelfinen gibt es nur noch eine Walart, die regelmäßig im Süßwasser vorkommt. Der Amazonas-Sotalia, der in die Familie der eigentlichen Delfine gehört, lebt sowohl an Küstengewässern als auch im Amazonas tausende Kilometer stromaufwärts. Nur sehr selten verirren sich auch andere Wale in Flüsse. Besonders bekannt wurde ein Weißwal, der sich im Frühjahr 1966 einen Monat im Rhein aufhielt und dabei immerhin Bad Honnef südlich von Bonn erreichte, bevor er kehrtmachte und wieder flussabwärts schwamm.

Was die eigentlichen Flussdelfine angeht: Lange werden diese merkwürdigen Wale vermutlich nicht mehr existieren. Wasserverschmutzung und Staudämme machen ihnen das Leben schwer. Der Chinesische Flussdelfin gilt als eines der seltensten Säugetiere der Erde und steht wegen der gewaltigen Dammprojekte am Jangtse vermutlich kurz vor dem Aussterben. Lediglich der Amazonasdelfin scheint noch ungefährdet.

DELFINe sind Fische.

Delfine gehören zu den Walen, sind also keine Fische, sondern Säugetiere im strömungsgünstigen Fischdesign. Wie alle Säugetiere atmen sie durch Lungen, wie (fast) alle bekommen sie lebende Junge, die sie (wieder wie alle) zunächst mit Muttermilch säugen. Einfachstes Erkennungsmerkmal der Wale (und damit auch der zu ihnen gehörenden Delfine): die waagerechte Schwanzfluke (siehe Seite 343). Die Schwanzflosse der Fische steht dagegen senkrecht.

Alle DINOSAURIER starben mit einem Schlag aus.

Wie konnten die Saurier vor 65 Millionen Jahren, als mit der Kreidezeit das Erdmittelalter zu Ende ging, so einfach verschwinden? Nach immerhin 150 Millionen Jahren erfolgreicher Existenz und nachdem noch kurz vorher so viele Gattungen wie nie zuvor gelebt hatten! Abenteuerliche Theorien ranken sich um den mysteriösen Untergang der Dinosaurier und Flugsaurier, der Paddelechsen und Mosasaurier, vieler Pflanzen und Wirbellosen (wie Ammoniten und Belemniten) und der überwiegenden Zahl des einzelligen Meeresplanktons. Seitdem an der erdgeschichtlichen Grenze zwischen Kreide- und Tertiärzeit weltweit an vielen Fundorten eine dünne Schicht entdeckt wurde, in der das auf der Erdoberfläche seltene, im Meteoritenstaub aber mehrere tausendmal häufigere

Element Iridium angereichert ist, haben wir eine Lieblingstheorie zur Erklärung des Massensterbens. Danach hat ein Himmelskörper die Erde getroffen. Die gewaltige Katastrophe wirbelte so viel Staub auf, dass der Himmel wohl monatelang verdunkelt war – und damit änderten sich die Lebensbedingungen so radikal, dass nicht nur die Dinosaurier, sondern auch sehr viele andere Lebewesen quasi von heute auf morgen ausstarben. Allerdings hat der Meteorit leider nicht alle Saurier-Probleme auf einen Schlag erledigt. Während das Meeresplankton tatsächlich mehr oder weniger schlagartig verschwand, gibt es nämlich auch Hinweise darauf, dass sich das Sterben der Riesen über einen langen Zeitraum hinzog. Die Ichthyosaurier, die Erfolgsmodelle im Meer, waren zum Beispiel schon viele Millionen Jahre vor dem big bang verschwunden, andere Formen schon selten geworden. Und an verwandten Reptilien schien das Ganze völlig vorbeigegangen zu sein: Krokodile, Schildkröten und Eidechsen zeigten sich von dem Untergang der Saurier wenig beeindruckt. Also: Die Katastrophen-Theorie ist zwar nach wie vor die beste, die wir haben. Im Detail bedarf sie jedoch der Nachbesserung.

DINOSAURIER lebten zeitgleich mit Steinzeitmenschen. Trotz

Fred Feuerstein, Arthur Canon Doyles bekanntem Roman „Verlorene Welt" oder Steven Spielbergs Jurassic Park: Menschen und Dinosaurier haben sich – leider oder Gott sei Dank – nie Auge in Auge gegenübergestanden. Für die Dinosaurier war am Ende der Kreidezeit vor 65 Millionen Jahren Schluss (siehe Seite 61). An den Menschen dachte damals noch keiner. Es ist gerade mal etwa fünf Millionen Jahre her, seit unsere noch sehr affenähnlichen Vorfahren begannen, auf zwei Beinen zu laufen. Verschiedene Arten von *Australopithecus* und *Paranthropus* lebten dann, teils zeitgleich, teils einander folgend in Afrika. Der Übergang zu unserer eigenen Gattung *Homo* erfolgte (ebenfalls in Afrika) vor über zwei Millionen Jahren. Lässt man als Menschen erst den gelten, der sich selbst *Homo sapiens* nennt und heute die ganze

Erde besiedelt, beginnt unsere Geschichte (vermutlich schon wieder in Afrika) vor nur wenig mehr als 100 000 Jahren.

DINOSAURIER waren die schwersten Tiere der Erde. In der Tat

reicht an die Riesen des Erdmittelalters kein heutiges Landtier heran. Neben *Brachiosaurus*, dem mit 26 Meter Länge und zwölf Meter Höhe größten und mit 50 Tonnen Gewicht auch schwersten vollständig ausgegrabenen Dinosaurier, wirkt selbst der mächtigste Afrikanische Elefantenbulle zierlich. Er erreicht „nur" 3,7 Meter Höhe und eine Masse von 7,5 Tonnen.

Im Meer liegen die Dinge allerdings anders. Lange sah es so aus, als könne dem Blauwal keiner das Wasser reichen. Mit bis zu 33 Metern maximaler Länge galt er als das größte Tier, das je auf Erden gelebt hat. In den letzten Jahren lassen neue Saurierfunde aber zunehmend daran zweifeln. *Paralititan*, *Supersaurus*, *Ultrasaurus*, *Seismosaurus* – schon die Namengebung scheint keine Grenzen zu kennen. Längen bis zu fünfzig Meter, Höhen bis zu zwanzig Meter,

Massen bis zu achtzig Tonnen werden genannt. Sie beruhen allerdings nur auf Schätzungen und Hochrechnungen, denn mehr als einige gewaltige Knochen hat man von diesen Mega-Sauriern (noch) nicht gefunden. Ungefährdet scheint die Rekordstellung des Blauwals einstweilen in puncto Masse: Mit hundert bis 130 Tonnen wiegt er mehr als die Riesensaurier, die ihn dank langer Hälse und Schwänze an Größe womöglich übertrafen.

Übrigens: Über der Jagd nach Rekorden wird oft übersehen, dass beileibe nicht alle Dinosaurier groß waren. Die kleinsten Arten hatten gerade mal Hühnerformat.

DINOSAURIER lassen sichaus Erbgutresten wiederherstellen.

Sie erinnern sich: Im „Jurassic Park", dem durch atemberaubende Saurierauftritte trotz wenig überzeugender Handlung unvergesslichen Film, gewannen Wissenschaftler die Erbsubstanz der riesigen Echsen aus dem Blut, das eine Stechmücke einem Saurier abgezapft hatte, kurz bevor sie in Harz eingeschlossen und in Bernstein konserviert wurde. Science oder Sciencefiction? Inzwischen traut man den Bio- und Gentechnikern ja fast alles zu. Aber die Erbsubstanz DNA ist ein höchst kompliziertes und überaus empfindliches Riesenmolekül. Es ist schon erstaunlich genug, dass es gelang, aus etwa 50.000 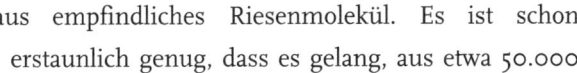 Jahre alten Neandertaler-Knochen genügend Spuren zu finden, um sie mit dem Erbgut des heutigen Menschen vergleichen zu können (siehe Seite 210). Um ins Zeitalter von *Tyrannosaurus rex* zu kommen, müssen wir aber etwa siebzig Millionen Jahre überbrücken. Das überdauert kein DNA-Stück, selbst nicht unter hervorragenden Erhaltungsbedingungen. Zwar genügen zum Vergleich verschiedener Arten Erbgut-Schnipsel. Bereits mit wenigen hundert „Buchstaben" langen DNA-Stücken lassen sich aussagekräftige Ergebnisse erzielen. Die „Buchstabenfolge" für die vollständige genetische Information eines Wirbeltiers füllt aber tausende von Buchseiten. Nur wenn ihre Abfolge exakt stimmt, ist der Bauplan eines Lebewesens lesbar. Und ohne sein komplettes Erbgut wird *T. rex* nie wieder auferstehen. Schade!?

DINOSAURIER
sind ausgestorben.

Es scheint eine Binsenweisheit zu sein: Vor 65 Millionen Jahren war Schluss mit der Herrschaft der Riesenreptilien – oder vielleicht doch nicht? Zwar sind die Zeiten von *Tyrannosaurus, Brachiosaurus, Triceratops* und wie sie alle heißen endgültig dahin. Ein kleiner Seitenast der Dinosaurier scheint sich aber bis in die Neuzeit gerettet zu haben: die Vögel. Ausgerechnet diese fragilen Leichtgewichte als Nachfahren der Giganten des Erdmittelalters? Allzu oft vergessen wir, dass es durchaus auch kleine Dinos gab. Der früheste bekannte Vogel, der Urvogel *Archaeopteryx,* hat ein Skelett, das dem eines kleinen Dinosauriers bis ins Detail verblüffend ähnelt. Irritierend nur, dass Schlüsselbeine bei allen in Frage kommenden Verwandten zu fehlen scheinen. Vögel dagegen haben welche. Sie sind zum Gabelbein verwachsen, dem V-förmigen Knochen in der Vorderbrust. Allerdings taugen Negativ-Nachweise nicht viel. In der Paläontologie beweist jeder Knochen- oder Spurenfund, *dass* hier etwas existiert hat. Aber wer will belegen, dass etwas *nicht* existiert hat? Die fossilen Befunde sind so lückenhaft, dass man immer wieder mit Überraschungen rechnen muss. Eine solche waren die Funde kleiner Dinosaurier *mit* Schlüsselbein, durch die viele Zweifel an dieser merkwürdigen Abstammung ausgeräumt wurden.

Ganz unumstritten ist sie allerdings immer noch nicht. Vor allem Ornithologen haben Vorbehalte gegen die Vorstellung, die Vögel stammten von einem bodenlebenden Saurier ab, der Federn bekam und abhob. Sowohl der Bau der Füße des Urvogels als auch seine schmalen, gebogenen, spitzen Krallen sprechen nämlich dafür, dass sich die frühesten bekannten Vögel auf Bäumen bewegten und der erste Flug eher von oben nach unten gleitend als von unten nach oben hopsend stattfand. Außerdem besteht ein kleines Zeitproblem: Die vogelähnlichen Dinos sind allesamt viele Millionen Jahre jünger als *Archaeopteryx*, können also unmöglich selbst seine Vorfahren sein.

Und so ist die spannende Verwandtschafts- und Abstammungsdiskussion bis heute nicht abgeschlossen und flammt bei jedem neuen Fossilfund wieder auf. Die Frage, ob Vögel befiederte Dinosaurier sind, wird die Wissenschaftler noch eine Weile beschäftigen.

DINOSAURIER waren
Reptilien, also wechselwarm. Die erste Aussage stimmt, die zweite ist ein – wie wir sehen werden – vermutlich voreiliger Schluss von heute lebenden Kriechtieren auf die Saurier. Aber lassen sich solche Fragen überhaupt noch beantworten, 65 Millionen Jahre nach dem Tod des letzten Sauriers, dessen Körpertemperatur in Abhängigkeit zur Außentemperatur wir hätten messen können? Die Paläontologen haben kriminalistischen

Spürsinn entwickelt, um Indizien zusammenzutragen. Zum Beispiel haben sie festgestellt, dass die Knochen kaltblütiger Tiere im warmen Sommer schneller wachsen als im kalten Winter. Dadurch entstehen Jahresringe in den Knochen, die den bekannten Warmblütern ebenso fehlen wie den Dinos. Auch in der intensiven Versorgung der Knochen mit Blutgefäßen ähneln die Dinosaurier eher den Säugetieren. Außerdem lebten manche Dinosaurier so weit nördlich oder südlich, dass sie als Wechselwarme den Winter in Kältestarre hätten verbringen müssen, was wir uns nur schlecht vorstellen können. Auch heute dringen nur wenige, kleine Reptilien weit nach Norden vor, während sich die großen Arten in den Tropen tummeln. Diese und weitere Argumente untermauern die Vorstellung vieler heutiger Wissenschaftler von den Dinosauriern als höchst beweglichen Warmblütern gegenüber älteren Rekonstruktionen, die äußerst träge Kaltblüter zeigen.

DINOSAURIER starben wegen der Eiszeit aus.

Vielleicht ist „Urmel aus dem Eis" für diesen Irrtum (mit)verantwortlich, dessen Mama unter Schneeflocken begraben das Zeitliche segnete, während ihr Sprössling im Ei tiefgekühlt bis in die Neuzeit überlebt. Nur ein Kinderbuch? Sicher, doch prägen solche nicht manche Vorstellungen bis ins hohe Alter? Sei's drum. Die Geschichte, die von unserer ewigen Sehnsucht zeugt, wenigstens einmal einer der Riesenechsen des Erdmittelalters lebendig zu begegnen, ist zu schön, um wahr zu sein. Die Zeit der Dinosaurier endete mit dem Erdmittelalter oder Mesozoikum vor etwa 65 Millionen Jahren. Vermutlich war es ein Meteorit, der die Lebensbedingungen auf der Erde kurzfristig umkrempelte und damit ein Massenaussterben auslöste. Das

D Eiszeitalter dagegen begann erst vor etwa zwei Millionen Jahren, als die Dinosaurier schon längst in die Sagenwelt der Drachen entrückt waren. Die Eisvorstöße hätten die Saurier übrigens vermutlich kalt gelassen – in globalem Maßstab betrachtet jedenfalls. Denn der Eispanzer überzog ja keineswegs die ganze Erde. Wenn es auch Belege dafür gibt, dass die drastischen Klimaumschwünge Auswirkungen bis in die Tropen hatten, haben dort doch zahlreiche Wärme liebende Pflanzen- und Tierarten überlebt. Allen der weltweit verbreiteten Sauriern hätte die Eiszeit deshalb vermutlich nicht den Garaus machen können.

Alle DINOSAURIER waren riesig.

Dino-Saurier heißt nichts anderes als Schreckens-Echse (griechisch deinos = schrecklich und sauros = Echse). Die schiere Größe war es, die der dominierenden Reptiliengruppe des Erdmittelalters im Jahr 1841 diesen Namen einbrachte. Der erste gut bekannte Dinosaurier war nämlich *Iguanodon*, ein harmloser Pflanzenfresser. Allerdings lagen damals auch schon Zähne und Skelettreste des großen Fleisch fressenden Dinosauriers *Megalosaurus* vor und damit eine Ahnung vom wahren Schrecken des Erdmittelalters, der sich heute vor allem mit dem Namen *Tyrannosaurus rex* verbindet. Allerdings wird nach wie vor diskutiert, ob *T. rex* wirklich so aktiv auftrat wie in „Jurassic Park" oder eher ein opportunistischer Aasfresser war, der sich allenfalls an Schwachen und Kranken vergriff.

Wie dem auch sei: Die Riesen mögen besonders faszinieren, aber beileibe nicht alle Dinosaurier waren riesig. Am anderen Ende der Größenskala finden sich Arten wie der patagonische *Mussaurus* (ins Deutsche übersetzt: die Mausechse), der diesem Namen zwar wohl nur als Jungtier Ehre machte, aber auch erwachsen vermutlich nicht größer wurde als ein kleiner Hund. Nicht vom anderen Ende der Welt, sondern aus deutschen Landen stammen zwei gut hühnergroße, zweibeinig laufende Raubdinosaurier, *Procompsognathus* und *Compsognathus*. Ihre Größe, mehr aber noch zahlreiche Skelettmerkmale lassen diese kleinen Dinos als Verwandte des Urvogels *Archaeopteryx* erscheinen und stützen die Theorie, dass die Dinosaurier in Wirklichkeit nicht ausgestorben sind, sondern bis heute existieren: als Vögel (siehe Seite 65).

Der Kanarische
DRACHENBAUM wird mehr
als 1000 Jahre alt. Diese Sage wird vor allem auf

Teneriffa gepflegt, wo ein besonders mächtiges Exemplar des Drachenbaums in der Ortschaft Icod steht. Er gilt als ältester aller kanarischen Drachenbäume und soll über tausend Jahre alt sein. Bei einem gewöhnlichen Baum lassen sich solch kühne Behauptungen durch eine Kernbohrung überprüfen. Dabei wird dem Baum ein hohler Bohrer bis ins Zentrum getrieben. Am Bohrkern lassen sich die Jahresringe dann einfach abzählen. Bei Drachenbäumen geht das nicht. Ihr Dickenwachstum verläuft sehr unkonventionell und erzeugt keine regelmäßigen Jahresringe. Man muss sich deshalb anders behelfen: Junge Pflanzen sind unverzweigt. Ihre geraden, grauen Stämme krönt ein grüner Schopf schwertförmiger Blätter. Wenn sie etwa zehn Jahre alt sind, blühen sie erstmals. Dann verzweigen sie sich gabelig. Später kommt es etwa alle fünfzehn Jahre zur Blüte und anschließenden Gabelung. Auf diese Weise lassen sich aus der Zahl der Gabelungen Rückschlüsse auf das ungefähre Alter ziehen. Danach ist der „tausendjährige" Drachenbaum von Icod etwa vierhundert Jahre alt.

DRAHTWÜRMER

sind Würmer.
Wer keinen Garten hat, wird sich unter einem Drahtwurm nicht viel vorstellen können. Gartenbesitzer schon. Drahtwürmer gehören zu den allzu vielen, bei denen auch einem ökologisch denkenden Menschen gelegentlich ein herzhaftes „Verdammte Schädlinge!" herausrutschen kann. Wenn der frisch gepflanzte Jungsalat oberirdisch noch einwandfrei aussieht, trotzdem aber sichtbar schwächelt, sollte man einen Blick auf das Wurzelwerk werfen. Dort wird man ihn finden, den Missetäter: zwei bis drei Zentimeter lang, glänzend hellbraun, durch eine sehr harte Oberfläche vor feindlichen Übergriffen wohl geschützt – daher der Name Drahtwurm. Er durchbeißt Wurzeln, bohrt sich in die Pflanzenbasis, in Blumenzwiebeln, Knollen oder Rhizome, was die betroffenen Pflanzen nicht selten das Leben kostet. Betrachten wir ihn genauer, wird schnell klar, dass auch dieser „Wurm", wie der im Apfel, kein Wurm, sondern eine Insektenlarve ist. Das verraten der harte Chitinpanzer, der deutlich erkennbare Kopf und die sechs kurzen Beinchen. Manche Drahtwürmer wandeln sich bereits nach einem Jahr zur Puppe um, aus dem später das erwachsene Insekt

schlüpft, andere Arten brauchen länger, im Extremfall fünf oder gar sechs Jahre. So oder so, heraus kommt ein Schnellkäfer, von denen es in Mitteleuropa allein etwa 170 Arten gibt. Alle sind schlank, lang gestreckt und tragen lange Fühler. Ihren offiziellen Namen wie auch die volkstümlichen Bezeichnungen „Schnapper" oder „Knipser" verdanken die Schnellkäfer nicht hohen Geschwindigkeiten, sondern ihrer besonderen Fähigkeit, sich aus der für Käfer fatalen Rückenlage mit einem deutlich hörbaren Klicken hochzuschnellen.

Das DROMEDAR hat zwei Höcker.

Um es gleich vorwegzunehmen: Ein Dromedar hat nur einen Höcker. Wer zwei Höcker trägt, heißt Kamel. Verwirrung entsteht allerdings immer wieder durch die doppelte Verwendung des Begriffs „Kamel". Im engeren Sinn ist ein Kamel das zweihöckerige Trampeltier der innerasiatischen Trockengebiete. Als Kamele im weiteren Sinn bezeichnen die Zoologen aber auch die ganze Familie. Sie besteht aus insgesamt vier Arten, die weit über den Erdball verstreut leben. In Zentralasien werden die zweihöckerigen Kamele oder Trampeltiere als Haustiere gehalten. Wild lebende Trampeltiere sind nahezu oder gar völlig ausgestorben, ein Schicksal, das die Vorfahren der einhöckerigen, langbeinigen, schlanken Dromedare Arabiens schon hinter sich haben. Dromedare gibt es nur noch als Haustiere oder, wie zum Beispiel in Australien, als verwilderte Nachkommen domestizierter Vorfahren. Wer nun endlich gelernt hat, das einhöckerige Dromedar und das zweihöckerige Kamel zweifelsfrei auseinander zu halten, wird verblüfft darüber sein, dass die Kamele selbst es mit dem kleinen Unterschied gar nicht so ernst nehmen. Ein brünftiger Dromedarhengst besteigt auch ohne zu zögern eine Kameldame (und das

Kamel eine Dromedarstute) – und aus diesen unstatthaften Verbindungen entspringen Fohlen, die ihrerseits wieder durchaus fruchtbar sind: Für Biologen ein Indiz dafür, dass hier noch keine deutliche Trennung in verschiedene Arten stattgefunden hat, und Anlass zur Überlegung, ob denn das Dromedar überhaupt eine eigenständige Art oder nicht doch ein durch Zuchtwahl entstandener Abkömmling der Trampeltiere ist. So verschieden sind die beiden ja doch nicht und schließlich brauchen wir nur die Hunde anzuse-

hen, um eine leise Ahnung davon zu bekommen, wie stark sich das Erscheinungsbild von Tieren durch gezielte Züchtung innerhalb kurzer Zeit verändern lässt. Bleibt nachzutragen, dass die Nachkommen von Kamel und Dromedar nicht eineinhalb Höcker haben, sondern nur einen einzigen, allerdings ziemlich langgezogenen. Völlig ohne sind übrigens die Kleinkamele Südamerikas, das zierliche Vikunja und das etwas robustere Guanako, von dem die beiden Haustierformen Lama und Alpaka abstammen.

Die Beeren der EBER-ESCHE sind giftig.

Die orangeroten, in großen Scheindolden stehenden Beeren der Ebereschen werden volkstümlich meist als Vogelbeeren bezeichnet und gelten zwar als gutes Vogelfutter, das aber für Menschen ungenießbar oder gar giftig sei. Ohne Zweifel: Vögel mögen die Beeren, und zwar so sehr, dass unsere Altvorderen diese bevorzugt als Köder benutzten, wenn sie Vögel fangen wollten (was früher sowohl für den Käfig als auch für die Pfanne gang und gäbe war). *Sorbus aucuparia* lautet der wissenschaftliche Name der Vogelbeere, wobei *aucuparia* sich von *aves capere* = Vögel fangen ableiten lässt.

Im Unverstand (das heißt: in großen Mengen) roh genossen, sorgen Vogelbeeren für Durchfall und Erbrechen. Aber das schafft man ja auch mit einer Überdosis Kirschen. Zudem schrecken der bittere Geschmack und die Mundschleimhaut zusammenziehende Stoffe von übermäßigem Konsum ab. Kocht man die Beeren, wird die Parasorbinsäure, die Ursache der Bitterkeit, zerstört. Unser Tipp: nach dem ersten Frost ernten, weichkochen, durch die Flotte Lotte passieren, mit Zucker versetzen und dann als ebenso leckere wie gesunde Marmelade aufs Frühstücksbrot.

Wenn wir schon dabei sind, den guten Ruf der Eberesche wieder herzustellen, können wir sie auch gleich noch von dem Verdacht befreien, sie habe etwas mit männlichen Schweinen. Früher hieß sie Aber-Esche, was soviel bedeutet wie „falsche Esche". Ihre gefiederten Blätter ähneln nämlich denen der richtigen Esche, die aber zu einer ganz anderen Verwandtschaft (Ölbaumgewächse) gehört als die Eberesche selbst, ein Rosengewächs.

Vor EICHEn muss man weichen, Buchen muss man suchen.

„Vor den Eichen sollst Du weichen, und die Fichten wähl' mitnichten, auch die Weiden musst Du meiden, aber Buchen sollst Du suchen", mahnten schon unsere Großeltern, wenn ein Gewitter drohte. Um es gleich vorneweg zu sagen: Trotz der weiten Verbreitung solcher Merksprüche ist nichts dran. Dem Blitz ist die Botanik nämlich völlig egal. Ausschlag- (oder vielmehr einschlag-)gebend ist nicht die Baumart, sondern der Standort. Steht ein Baum allein in der Feldmark oder überragt er andere, ist er stärker gefährdet. Aber auch in unserer Bauernregel steckt ein Fünkchen Wahrheit. Eichen weisen tatsächlich wesentlich häufiger deutlich erkennbare Blitzschäden auf. Dreierlei spielt dabei eine Rolle. Erstens: Eichen werden viel älter als Buchen, und wer lange lebt, erlebt auch mehr. Zweitens: Eichen stehen häufiger als Einzelbäume frei und sind dadurch stärker gefährdet. Drittens – und das ist das wichtigste Argument: Vom Blitz getroffene Eichen werden stärker geschädigt, weil ihre zerklüftete, flechten- und moosbewachsene Borke mit Regenwasser getränkt ist. Beim Einschlag verdampft es explosionsartig, dabei zerreißt die Rinde. An der glatten Buchenborke dagegen läuft das Regenwasser außen ab. Der Blitz wird in den Boden geleitet, ohne dass der Baum sichtlichen Schaden erleidet.

EICHENHOLZ ist das härteste heimische Holz.

Das härteste Holz im deutschen Wald? Das kann nur von der deutschen Eiche stammen, Sinnbild für Härte, Widerstandsfähigkeit und Langlebigkeit. Aber die Wissenschaft ist unbestechlich und verweist die Eiche auf die Ränge. Spitzenreiter sind die Buche und die Hain- oder Weißbuche. Wie Härte gemessen wird, hat sich ein Ingenieur namens Brinell ausgedacht. Zum Dank wurde die Härte-Einheit nach ihm getauft. Und so funktioniert's: Eine Stahlkugel mit zehn Millimeter Durchmesser wird mit einer Kraft von 500 Newton 15 Sekunden lang ins gut getrocknete Holz gedrückt, 30 Sekunden dort belassen und innerhalb von 15 Sekunden wieder entfernt. Danach wird der Eindruck gemessen und über eine etwas komplizierte Formel daraus die Brinellhärte berechnet. Ein paar Werte gefällig, sortiert von hart nach weich, vielleicht als kleine Hilfe beim nächsten Möbelkauf oder der Parkettauswahl? Buche 72/34 Newton pro Quadratmillimeter, Hainbuche 71/32, Walnuss 70/52, Esche 65/40, Eiche 64/41, Bergahorn 62/27, Apfelbaum 56/30, Birke 49/23, Kiefer 40/19, Schwarzerle 35/17, Fichte 32/12 (erster Wert: Druckfestigkeit längs zur Faser, zweiter Wert quer dazu).

Hainbuche ist übrigens nicht nur härter, sondern mit 598 Kilogramm/Kubikmeter auch schwerer als Eiche (577 Kilogramm pro Kubikmeter). Aber Härte, Gewicht und Zähigkeit sind eben nicht alles. Hainbuche ist sehr schwer zu verarbeiten und reißt beim Trocknen leicht. Um für die Ewigkeit zu bauen, bleiben wir da doch lieber bei der deutschen Eiche.

Etwas außer Konkurrenz (weil keine „richtigen" Bäume) sind zwei andere einheimische Holzgewächse die Sieger aller Klassen: Der bis zu zwölf Meter hohe Buchsbaum (112/58), der in mitteleuropäischen Gefilden aber eher klein bleibt, und ein Strauch, die Kornelkirsche. Ihr extrem hartes Holz wird gerne zum Drechseln verwendet. Aus Kornelkirschenholz wurden früher Werkzeuggriffe und Stifte für hölzerne Zahnräder gefertigt.

EICHHÖRNCHEN
sammeln vor strengen Wintern mehr
Vorräte. Auch Eichhörnchen sind keine Wetterpropheten. Wie groß ihre Wintervorräte ausfallen, hängt in erster Linie vom Angebot ab. Viele Nüsse, Bucheckern und Eicheln können sie

dann einbunkern, wenn es viele gibt, in so genannten Mastjahren also. Wenn die Bäume wenig angesetzt haben, muss sich der kleine Nager mehr anstrengen. Gelingt es nicht, genügend Vorsorge für schlechte Zeiten zu treffen, bleiben im Winter wenigstens die Zapfen der Nadelbäume, die auch in der kalten Jahreszeit noch Futterquellen bieten. Reich bestückte Vorratskammern erleichtern aber das Überleben bis weit ins zunächst noch karge Frühjahr hinein erheblich. Dann ist der Nahrungsbedarf mit 80 Gramm pro Tag nämlich sehr viel höher als im Winter. Da kommt das Eichhörnchen mit 35 Gramm Nahrung pro Tag aus. Aber auch die will erst gesammelt sein. Mehrere tausend Nüsse, Bucheckern, Eicheln und Zapfen kann ein einziges Eichhörnchen im Herbst einlagern, eine Arbeit, die einen erheblichen Teil seiner Zeit in Anspruch nimmt. Nicht ganz unberechtigt, der alte Spruch: „Mühsam ernährt sich das Eichhörnchen ...".

Unbefruchtete EIer können sich nicht weiter entwickeln. (Fast alle) Tiere

haben in jeder Zelle einen doppelten Erbgutsatz. Vater und Mutter steuern je eine komplette Ausstattung bei. Bei der Befruchtung werden diese beiden einfachen Erbgutsätze kombiniert. Die mütterlichen und die väterlichen Chromosomen nehmen zusammen ihre Arbeit auf. Fehlt das Erbgut eines Partners, läuft normalerweise gar nichts. Und dennoch: Bei „niederen Tieren" (also Nicht-Wirbeltieren) ist es gar nicht so ungewöhnlich, dass aus unbefruchteten Eiern wieder Leben entsteht. Für Rädertiere und Wasserflöhe, beide im Plankton des Süßwassers oft sehr häufig, ist diese Art der Vermehrung ebenso normal wie für Blattläuse. Jungfernzeugung gibt es also tatsächlich! Ein Spezialfall sind die Hautflügler, zu denen Bienen, Wespen und Ameisen zählen. Bei ihnen werden aus unbefruchteten Eiern Männchen mit einfachem Chromosomensatz, aus befruchteten Eiern Weibchen mit (wie es sich für Tiere eigentlich gehört) doppeltem Chromosomensatz. Bei der Honigbiene entscheiden darüber hinaus dann Pflege und Diät, ob ein Weibchen zu einer unfruchtbaren Arbeiterin oder zur Königin wird.

EINHÖRNER
hat es wirklich gegeben.
Angesichts der fast weltweiten Verbreitung der Einhornsagen in vielen Kulturkreisen ist man geneigt, einen gewissen Wahrheitsgehalt zu unterstellen. Die frühesten Berichte stammen aus China und sind 4 700 Jahre alt. Im Mittelalter und der frühen Neuzeit erlangte das Einhorn bei uns als Symbolgestalt die verschiedensten Bedeutungen. Häufig wird es als wildes Tier dargestellt, das beim Anblick einer Jungfrau zahm wird und sich in ihren Schoß bettet. Und schließlich begegnen wir dem zauberhaften weißen Pferd mit dem langen Horn auf der Stirn reichlich in Märchen, in der modischen Fantasy-Literatur und natürlich auch bei Harry Potter.

Tatsächlich hat die Einhornsage nicht nur einen, sondern sogar zwei wahre Kerne. Es gibt sie nämlich wirklich, die langen, geraden, spiralig gedrehten Hörner. Nur sind es keine Hörner, sondern Zähne. Genauer: der bis 2,7 Meter lange, im linken Oberkiefer verankerte, linksgewundene Stoßzahn der Bullen des arktischen Narwals. Nach Europa gelangten die ersten Narwalzähne wohl im Anschluss an die Besiedlung Grönlands durch die Wikinger ums Jahr 1000. Als Hörnern des sagenhaften Einhorns maß man den Zähnen einen ungeheuren Wert bei: das Zehnfache ihres Gewichts in Gold. Magische Kräfte sollte das „Horn" haben. Es half bei allen möglichen Krankheiten, heilte Hühneraugen und Sodbrennen, machte Gift unschädlich und Frauen gefügig. Erste Versuche des Mediziners Ambroise Paré (1510 bis 1590), der einen pulverisierten Narwalzahn mit Arsen mischte und an Tauben verfütterte (worauf die leider den Geist aufgaben), erschütterten den Glauben an die Zauberkräfte des „Horns" schon bevor der Däne Ole Worm im Jahr 1638 den Narwal als *Unicornu marinum* (Meer-Einhorn) erstmals abbildete. Die zweite Quelle der Einhornlegende nannte sich *Unicornu fossile* (Erd-Einhorn). Meist waren es Stoßzähne ausgestorbener Elefanten, die dem Fabelwesen an die Stirn gedichtet wurden.

EINTAGSFLIEGEN

leben nur einen Tag. Das eigentliche Leben der Ein-

tagsfliegen ist die Kindheit. Meist ein, bei manchen Arten aber auch zwei oder gar drei Jahre dauert ihre Larvenzeit, die sie im Wasser verbringen. Schließlich schlüpft eine flugfähige Form, die sich wenig später – einmalig bei Insekten – nochmals häutet. Die nunmehr erwachsene Eintagsfliege ähnelt trotz ihres Namens einer Fliege nicht. Sie hat einen langen, schlanken Körper mit meist drei langen Schwanzfäden und vier durchsichtige, reich geäderte Flügel, die beim ruhenden Insekt über dem Körper zusammengeklappt sind. Tatsächlich leben Eintagsfliegen jetzt nur noch wenige Stunden oder allenfalls Tage – Zeit genug, um nächtlich schwärmend den Partner für den kurzen Lebensabend zu finden und für den Fortbestand der

Art zu sorgen. Nicht mal fürs Fressen bleibt Muße. Nahrungsaufnahme ist nicht mehr vorgesehen, klar ersichtlich an den verküm-
merten Mundwerkzeugen und dem luftgefüllten Darm, der das
Gewicht verringert und dadurch den Hochzeitsflug erleichtert.

Nimmt man die „Eintagsfliegen" ganz wörtlich, hat man recht:
Tatsächlich fliegen die erwachsenen Insekten nur einen Tag. Aber
angesichts ihrer langen Kindheit lässt sich nun wirklich nicht
behaupten, Eintagsfliegen hätten nur ein kurzes Leben.

EISBÄREN und Pinguine
leben gemeinsam an den kalten Polen.

Auch wenn sie beide ein Faible für die unwirtlichen Eiskappen der
Erde haben: In freier Wildbahn werden sie sich nie begegnen. Eis-
bären und Pinguine treffen sich allen-
falls im Zoo. Während die Bären
die Gebiete rund um den Nord-
pol unsicher machen, ist die
Antarktis Pinguin-Land. Wer
in der Schule (oder im späteren
Leben) mit Griechisch traktiert
wurde, braucht keine Eselsbrücke, um
sich zu merken, an welchem Pol der Bär los ist.
Denn das griechische Wort „arktos" heißt nichts anderes als Bär.

Der EISVOGEL fühlt sich
besonders wohl in Eis und Schnee. Im

Gegenteil: Sind Bäche und Seen über längere Zeit vereist, wird die
Nahrung für die spezialisierten Fischjäger knapp. In sehr harten

Wintern verhungern sogar zahlreiche Eisvögel. Eigentlich müsste der in tropischer Farbenpracht prangende Vogel „Eisenvogel" heißen, seiner leuchtend stahlblauen Oberseite wegen.

ELEFANTen gehen zum Sterben auf einen Friedhof.

Die geheimnisumwitterten Elefantenfriedhöfe in versteckten, unzugänglichen Sümpfen, in die sich die Dickhäuter zum Sterben zurückziehen sollen, haben die Fantasie immer wieder beflügelt. Vielleicht, weil ein würdevoller Tod im Stillen zu den respektheischenden grauen Riesen passt. Vielleicht auch, weil die Gier nach Elfenbein dort eine wahre Goldgrube vermutet. Wie dem auch sei: Elefanten sterben meist unterwegs, auf einer ihrer oft über weite Strecken führenden Wanderungen. Der wahre Kern der Legende: Uralte Elefanten trennen sich manchmal von ihrer Herde und fressen ihr einsames Gnadenbrot in großen Sumpfgebieten. Dort wachsen weichere Pflanzen, die sie mit ihren abgekauten Zähnen (siehe nächster Abschnitt) leichter zermahlen können. Kein Wunder, wenn dann in der Umgebung eines solchen „Elefantenaltersheims" mehr Elefanten sterben als anderswo.

ELEFANTen werden hundert Jahre alt.

Große Tiere werden im Allgemeinen älter als kleinere. Für den mächtigsten Säuger des Landes scheinen 100 Jahre demnach noch kein Alter, und doch sind

Elefanten mit 60 Jahren schon an der Schwelle zum Greisen-
alter. 69 Jahre alt wurde der älteste Asiatische Elefant – im Zoo allerdings.

Im Freiland dürfte ein solches Alter kaum erreicht werden. Das
hängt nicht zuletzt mit den Zähnen zusammen. Ein Elefant hat in
jeder Kieferhälfte sechs Backenzähne, allerdings nicht gleichzeitig,
sondern nacheinander. Während am Vorderrand der Zähne durch
Abnutzung immer wieder scheibchenartige Lamellen abbrechen
und der Zahn dadurch allmählich immer kleiner wird, schiebt sich
der folgende Zahn von hinten nach. Die ersten drei Zähne sind
Milchzähne und werden im Lauf der ersten neun Lebensjahre verbraucht. Der vierte Zahn ist dann bis zum Alter von 20 bis
25 Jahren im Dienst, der sechste und letzte erscheint, groß wie ein
Ziegelstein, wenn der Elefant etwa 45 Jahre alt ist, und hält ungefähr
20 Jahre. Dann ist Schluss mit Zähnen. Bei 150 Kilogramm Nahrung, die täglich durchgekaut werden müssen, geht das nicht lange
gut, sodass die zahnlos gewordenen Elefanten körperlich meist
schnell verfallen.

ELEFANTen vergessen
nichts. Menschen, denen das sprichwörtliche „Elefanten-
gedächtnis" nachgesagt wird, vergessen nie und begleichen alte
Rechnungen noch nach Jahrzehnten. Das passt zu zahlreichen
Geschichten, die über Elefanten im Umlauf sind, zum Beispiel
die vom indischen Mahout (Elefantenwärter), der dem Elefanten
eines Kollegen nach getaner Arbeit unter die Belohnungs-Süßig-
keiten einen ähnlich aussehenden Kieselstein mischte. Wochen
später, als sich Elefant und Mensch zum ersten Mal wieder trafen,
holte der Dickhäuter mit dem Rüssel den so lange aufbewahrten

Kiesel aus den Backentaschen und schleuderte ihn dem Missetäter entgegen.

Wissenschaftler dürfen sich natürlich nicht nur auf Anekdoten verlassen, sondern brauchen harte Fakten. Bei einem ihrer Versuche brachten sie einem Elefanten bei, Töne (nach der Tonhöhe) und ganze Tonfolgen zu erkennen, und danach einen Futterautomaten auszulösen. Zwölf solche Dressurtöne beherrschte das Tier schließlich, davon waren nach eineinhalb Jahren ohne Übung immerhin neun noch präsent. Bei einem anderen Versuch wurde ein Elefant auf die Unterscheidung von Bildpaaren trainiert, indem immer die Wahl des richtigen Bildes belohnt wurde. Bei einer falschen Wahl blieb die Belohnung dagegen aus. Nachdem der Elefant dreizehn solcher Bildpaare sicher beherrschte, wurden die Versuche eingestellt und nach einem Jahr wiederholt. Ergebnis: Zwölf von dreizehn Bildpaaren wurden noch richtig zugeordnet – eine erstaunliche Leistung! Nach der nächsten Trainingsrunde konnte der Elefant vierzig Bilder eindeutig und konstant als „gut" oder „schlecht" erkennen. Dieses Mal ließen die Forscher eine wesentlich längere Zeit verstreichen, bevor sie ihren Test wiederholten. Erst 32 Jahre später besuchten sie „ihren" mittlerweile etwa vierzigjährigen Elefanten wieder. Das Wiedersehen ließ keinen Zweifel daran, dass der Elefant seine Lehrer noch kannte. Ebenso erinnerte er sich an den Ablauf der Versuche. Dagegen scheiterte er an der Aufgabe, die „guten" von den „schlechten" Motiven zu unterscheiden.

Vergleicht man das mit den Erinnerungen, die man selbst aus seiner Grundschulzeit mitbringt, kann man das gut nachvollziehen. Besser als das Erinnerungsvermögen der Menschen scheint das Gedächtnis der Elefanten demnach nicht zu sein – aber auch nicht schlechter.

ELEFANTen sind

trampelig.
Die kolossale Masse des Elefanten und seine massiven Säulenbeine nähren die Vorurteile, dass die grauen Riesen wenig sensibel durch die Gegend stampfen. Als „Dickhäuter" werden sie bezeichnet, ein Ausdruck, der auf Menschen übertragen deren trampelige und für zarte Andeutungen wenig empfängliche Wesenszüge charakterisiert. Solche Zeitgenossen benehmen sich notfalls auch „wie ein Elefant im Porzellanladen".

Natürlich kann ein Elefant, wenn er sich bedroht fühlt, enorme und zerstörerische Kräfte entfalten. Im Normalfall aber trampeln Elefanten keineswegs alles nieder, was ihnen im Weg ist. Zunächst dient der Rüssel in unbekanntem Gelände als überaus empfindliches Tastorgan, das die Lage im Vorfeld sondieren hilft, bevor der Fuß aufgesetzt wird. Und auch dabei können die massigen Säuger überraschend zart vorgehen. Der legendäre Frankfurter Zoodirektor Bernhard Grzimek, der unbedingt wissen wollte, wie es sich anfühlt, wenn einem ein Elefant auf dem Fuß steht, hatte große Mühe, sein zahmes Zootier dazu zu überreden. Das Ergebnis dieses Selbstversuchs: Begeht man nicht den Fehler, seinen Fuß unter die mit Hufen bewehrte Vorderkante des Elefantenfußes zu bringen, passiert gar nichts. Eigentlich sind Elefanten Zehenspitzengänger. Das Gewicht des mächtigen Tieres wird aber durch ein keilförmiges und sich bei Belastung die Auftrittsfläche noch wesentlich vergrößerndes „Fußpolster" verteilt. Dadurch üben viertausend Kilogramm schwere Elefanten lediglich einen Druck von

600 Gramm pro Quadratzentimeter Fußfläche aus. Ist der Boden nicht allzu weich, hinterlassen Elefantenherden deshalb erstaunlich wenig Spuren.

ELEFANTen haben Angst vor Mäusen.

Das schlimmste, was einem Elefanten widerfahren könne, so liest man immer wieder, sei, dass eine im Futterheu versteckte Maus versehentlich in seinen Rüssel krieche, dort bis ins Gehirn hinaufklettere und den Elefanten dadurch zum Wahnsinn und in den Tod treibe. Daher rühre die instinktive Angst der grauen Riesen vor den grauen Zwergen. Bernhard Grzimek, vormals Zoodirektor in Frankfurt, machte die Probe aufs Exempel, setzte seinen Elefanten Mäuse vor und wartete auf Panikattacken. Nichts dergleichen geschah. Der Elefant beschnüffelte das kleine (und sicher vor Angst beinahe vergehende) Pelztier mit seinem Rüssel und – zertrat es. Nun neigen verängstigte Mäuse dazu, ins nächste dunkle Loch zu fahren, so dass schon denkbar wäre, dass sie sich, die Flucht nach vorne antretend, zufällig in der Rüsselnase zu verstecken suchten. Ein kräftiger Schnäuzer des Elefanten würde die Maus aber sofort rückwärts herauspusten. Und schließlich: Der Rüssel führt keineswegs ins Gehirn, sondern endet, wie bei Säugern üblich, im hinteren Rachenraum. Eigene Erfahrungen mit eingeatmeten Krümeln lassen vermuten, dass spätestens hier die Maus durch einen heftigen Hustenreiz kräftig beschleunigt durch den Mund herausfliegen würde.

Elefanten wurden in historischen Zeiten immer wieder als Kriegs-gerät missbraucht und als „lebende Panzer" eingesetzt. Besonders spektakulär war der von Elefanten begleitete Kriegszug des kartha-gischen Feldherrn Hannibal über die Alpen (218 v. Chr.). Hannibal war aber nicht der erste, der Elefanten gegen die Römer in die Schlacht führte. Vorher hatte das bereits der (durch seine katastro-phalen Siege sprichwörtlich gewordene) griechische König Pyrrhus mit einigem Erfolg im Jahr 280 v. Chr. getan. Fünf Jahre später – die nächste Schlacht stand an – hatten die Römer eine Gegenwaffe entwickelt: Sie bestrichen Schweine mit Fett und Pech, zündeten sie an und jagten die in Todesangst laut quiekenden Tiere den Ele-fanten entgegen, die darob in Panik gerieten und flohen: ein spek-takulärer „Sieg" der Kleinen über die Großen und vielleicht der Ursprung der Mär von den grauen Riesen, die sich vor viel kleine-ren Tieren fürchteten.

ELEFANTENBABYS
trinken Muttermilch mit Hilfe ihres Rüssels. 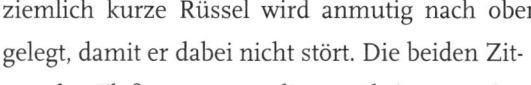 Elefantenbabys trinken, wie alle kleinen Säuge-tiere, mit um die Zitze geschlossenen Lippen. Der zunächst noch ziemlich kurze Rüssel wird anmutig nach oben gelegt, damit er dabei nicht stört. Die beiden Zit-zen der Elefantenmutter liegen übrigens zwi-schen den Vorderbeinen. Auch ein erwachsener Elefant trinkt nicht mit dem Rüssel, son-dern benutzt die lang gezo-gene Multifunktionsnase ledig-lich dazu, Wasser hochzuziehen

und sich anschließend in den Mund zu spritzen. Ohne Rüssel wäre der Abstand zum Wasser auch schlecht zu überbrücken. Schließlich fehlt den Elefanten der lange schlanke Hals der Giraffen (der aber auch nur bis nach unten reicht, wenn die Giraffe in die Grätsche geht, eine ebenso unelegante wie gefährliche Haltung). Dieses Problem haben kleine Elefäntchen nicht: Mutters Zitze befindet sich fast genau in Mundhöhe.

ELEFANTENWEIBCHEN haben keine Stoßzähne. Das
stimmt nur, wenn man den Blickwinkel auf den Indischen oder Asiatischen Elefanten verengt. Bei ihnen sind die Weibchen stoßzahnlos oder haben allenfalls winzige Ansätze. Beim größeren und schwereren Afrikanischen Elefanten tragen dagegen beide Geschlechter Stoßzähne, wenn auch die der Bullen länger und dicker werden als die der Kühe.

ELEKTRISCHE Fische töten ihre Beute mit einem Stromstoß.
Zitteraal, Zitterrochen und Zitterwels haben das Image der elektrischen Fische nachhaltig geprägt. Entgegen der landläufigen Meinung töten alle drei Hochspannungs-Fische ihre Beute aber nicht per Stromstoß, sondern betäuben sie meist nur. Danach lässt sie sich bequem einsammeln. Hochspannung ist dabei durchaus wörtlich zu verstehen: Beim südamerikanischen Zitteraal, der auf den schönen wissenschaftlichen Namen *Electrophorus electricus* hört, können das über 800 Volt sein. Dabei werden Stromstärken von einem Ampere erzeugt. Klar, dass man sich damit aber auch gut

verteidigen kann. Zitteraal-Schläge sind zwar für
Menschen nicht tödlich, setzen uns aber erst-
mal sehr wirkungsvoll außer Gefecht.

Neben den wenigen Fisch-Arten, die Elek-
troschocks verteilen, gibt es eine größere
Zahl, die Strom sanft einsetzt. Nilhechte
zum Beispiel senden dauernd schwache
elektrische Impulse und bauen damit ein elek-
trisches Feld um sich auf. 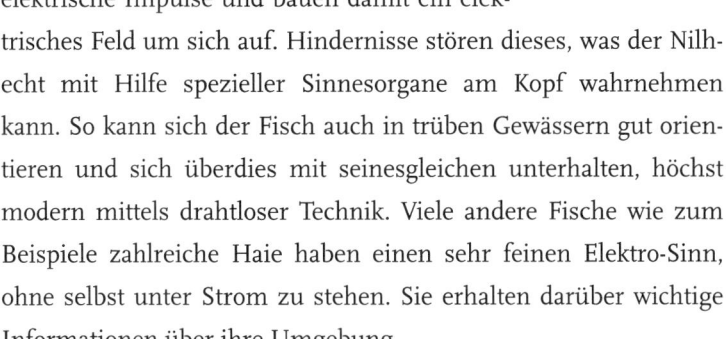 Hindernisse stören dieses, was der Nilh-
echt mit Hilfe spezieller Sinnesorgane am Kopf wahrnehmen
kann. So kann sich der Fisch auch in trüben Gewässern gut orientieren und sich überdies mit seinesgleichen unterhalten, höchst
modern mittels drahtloser Technik. Viele andere Fische wie zum
Beispiele zahlreiche Haie haben einen sehr feinen Elektro-Sinn,
ohne selbst unter Strom zu stehen. Sie erhalten darüber wichtige
Informationen über ihre Umgebung.

Nur Elefantenstoßzähne bestehen aus ELFENBEIN.

Kunstvolle Elfenbeinschnitzereien am Rande des Eismeers? In den Iglus
der arktischen Jäger wurde damit natürlich keine erfolgreiche Ele-
fantenjagd gefeiert, sondern der Tod eines Walrosses, dessen lange
Hauer ebenfalls aus Elfenbein bestehen. Vielleicht ist es ihnen
auch gelungen, einen Narwal zu erlegen und dessen einzigen
Zahn, den bis zu 2,7 Meter langen, links gewundenen Stoßzahn
im linken Oberkiefer des Bullen, zu verarbeiten. Es könnte aber
auch sein, dass die Inuit bei einem Landausflug ein tiefgefrorenes
Mammut entdeckt haben oder wenigstens ein paar Stoßzähne der
ausgestorbenen Riesen des Eiszeitalters. Seit der Handel mit Ele-

fanten-Elfenbein streng reglementiert ist, wird immer mehr fossiles Elfenbein verarbeitet, das im nördlichen Sibirien zum Teil in großen Mengen zu finden ist. Der vierte im Bunde der unfreiwilligen Lieferanten des „weißen Goldes" ist das Flusspferd. Hier sind es die gewaltigen Eckzähne der Bullen, die hoch geschätzt werden, weil sie (sobald man den harten Schmelzüberzug mittels Säure entfernt) weicher und leichter zu bearbeiten sind als Elefanten-Elfenbein und überdies nicht vergilben.

Und schließlich gibt es noch pflanzliches „Elfenbein": Die in den amerikanischen Tropen wachsende Elfenbeinpalme *Phytelephas macrocarpa*, was ungefähr mit „großfrüchtiger Pflanzenelefant" zu übersetzen wäre, bildet steinharte Früchte von ungefähr vier Zentimetern Durchmesser, aus denen überwiegend Knöpfe hergestellt werden.

Seinen Namen verdankt das begehrte Material übrigens nicht seiner elfenhaft weißen Farbe. Das althochdeutsche Wort helfantbein bedeutet nichts anderes als Elefantenknochen – ein deutlicher Hinweis darauf, dass schon damals die Elefantenstoßzähne als das „eigentliche" Elfenbein betrachtet wurden.

ELSTERn im Garten
vernichten alle Brutvögel. Spektakel im Garten:

Je lauter das Amselpaar zetert, desto neugieriger durchsucht die Elster das Gebüsch. Schließlich wird sie fündig. Das Amselnest wird geplündert ... Nachdem der Sperber endlich seine Rolle als „Vogelmörder" losgeworden ist, haben wir einen neuen Feind. Selbst manche Naturschützer wollen der Elster endlich zu Leibe rücken. Tatsache ist: Elstern, eigentlich Vögel der offenen, mit Gehölzen durchsetzten Landschaft, sind im Lauf der letzten Jahrzehnte immer mehr in die Siedlungen eingewandert. Außerhalb der Ortschaften neh-

men die Bestände dagegen nicht etwa zu, sondern oft sogar ab. Tatsache ist auch, dass Elstern, was das Fressen angeht, Opportunisten sind. Eier und Jungvögel bereichern im Frühjahr ihren Speisezettel, wenn auch nicht als Hauptgang, so doch als Dessert. Damit können Elstern in einigen Gebieten ganz schön abräumen. Besonders die Amseln leiden unter ihnen. Aber gerade sie gehören ja in den Siedlungen nicht zu den seltenen und abnehmenden Arten – ganz im Gegenteil! Bevor Entscheidungen über Leben oder Tod der Elster getroffen werden, sollte man die Emotionen beiseite packen, die in solchen Fällen äußerst schlechte Ratgeber sind, und sich stattdessen auf die Wissenschaft verlassen. Volkszählungen, über viele Jahre in einer norddeutschen Stadt durchgeführt, haben ergeben, dass bei stetig wachsendem Elsterbestand die Singvogeldichte keineswegs zurückging, sondern sogar ebenfalls zunahm. Dass mancher Vogelfreund einen Rückgang beklagt, liegt wohl meistens einfach daran, dass viele Singvögel nicht mehr offen auf der Platte brüten, sondern es ein bisschen heimlicher tun. Fazit: Kein Grund zur Panik und zum Elstern-Mobbing.

ELSTERn sind diebisch. Es gibt kaum ein hartnäckigeres Vorurteil als dieses. Die „diebische Elster" ist zu einem stehenden Begriff geworden und fester Bestandteil des Volksglaubens. Selbst die höheren Künste, Literatur und Musik, bedienen sich dieses Klischees. La gazza ladra, die diebische Elster, heißt zum Beispiel eine bekannte Oper von Gioacchino Rossini, uraufgeführt in Mailand im Jahr 1817, was belegt, dass die Mär vom räuberischen Vogel schon alt ist und keineswegs auf Mitteleuropa beschränkt. Dabei geht es in stundenlangen Verwicklungen um einen Diebstahl silbernen Bestecks, der einem Dienstmädchen untergeschoben wird, bis sich die Wertgegenstände im Nest einer Elster wiederfinden. Fotos von solchen Nestern, in denen die Eier zwischen lauter Silberlöffeln kaum zu sehen sind, belegen solches Verhalten scheinbar. Wer auf der Suche nach genaueren Beschreibungen von Durchführung, Sinn und Zweck dieser Kleinkriminalität die gängigen ornithologischen Handbücher wälzt, wird aber schmählich enttäuscht. Das ‚Handbuch der Vögel Mitteleuropas‘, die Bibel der deutschen Vogelkundler, schweigt sich fast völlig aus, von der Bemerkung abgesehen, dass bei der Kontrolle von etwa fünfhundert Nestern keinerlei glänzende Gegenstände gefunden wurden. Und im ‚Handbook of the Birds of Europe, the Middle East and North Africa‘, dem englischen Pendant, findet sich im achten Band auf Seite 60 lediglich die lapidare Bemerkung: „Contrary to popular belief, wild birds never seen to hoard anything inedible." [Anders als allgemein angenommen wurden Wildvögel nie dabei beobachtet, wie sie irgend etwas nicht Essbares versteckten.]

Also alles Lug und Trug? Fast, aber nicht ganz. Denn der Satz enthält zwei interessante Hinweise. Erstens den, dass Elstern (wie viele Arten aus ihrer Rabenvogel-Verwandtschaft) in Zeiten des Überflusses gerne Vorräte verstecken, um später etwas zu haben. Im mitteleuropäischen Handbuch lesen wir: „Versteckt werden vor allem Objekte aus dem Umfeld des Menschen (Vogel- und Tierfutter, Fleisch, Käse, Hundekot usw.), sowie Pflanzenzwiebeln (aus Maulwurfshaufen oder Gartenbeeten), aber weit seltener andere natürliche Nahrung (z.B. Eicheln)." Dabei verhält sich die Elster äußerst Verdacht erregend, als habe sie ein schlechtes Gewissen. „Sie hält nach Corviden [Rabenvögeln] Ausschau, die das Versteck ausheben könnten, späht nach einem günstigen Versteck, schlägt mit dem Schnabel ein Loch in die Grasnarbe, legt den Vorrat hinein und deckt ihn wie alle Corviden mit Erde oder pflanzlichem Material so zu, dass er vor Sicht geschützt ist." Dieses Verhalten dürfte dem Gerücht von der diebischen Elster wenn nicht zu Grunde liegen, so doch Nahrung gegeben haben. Allerdings liegen die Nahrungsverstecke meist am Boden, nie im Nest. Sie werden gewöhnlich innerhalb weniger Tage wieder aufgesucht, schließlich enthalten sie meist verderbliche Ware. Ein wahrhaft erstaunliches Ortsgedächtnis sorgt dafür, dass die Elster ihre eigenen Verstecke ohne Probleme wiederfindet.

Der zweite Hinweis ist der auf die Wildvögel. Denn zahme Vögel können sich anders verhalten. Aus berufenem Munde, nämlich dem des württembergischen Ornithologen Richard von Koenig-Warthausen, wird das mit einer netten Anekdote bestätigt: „Ich besass vor Jahren eine überaus zahme Elster, welche überall frei aus und ein gieng ...; als nun im Dorfe Ruggericht war, flog sie nach dem Rathaus und durch's offene Fenster direct auf den Tisch; eine Spritz-Salve aus dem Tintenfass über das Protocoll und schleuniger Rückzug auf demselben Wege unter Mitnahme einer dem verblüfften Beamten entfallenen Schreibfeder war das Werk eines Augenblicks. Das gespannte Verhältnis zwischen Elster und Regierung hätte nicht drastischer dargestellt werden können." Das schrieb Koenig-Warthausen im Jahr 1887 in einem Aufsatz ‚Über die Schädlichkeit und die Nützlichkeit der Raben-Vögel'. Ähnliche Erfahrungen mit ihren Zöglingen konnten schon viele machen, die einen der überaus gelehrigen, neugierigen und spielfreudigen Rabenvögel großgezogen haben. Besonders fasziniert sind diese oft von glänzenden Gegenständen und spiegelnden Flächen, mit denen sie sich stundenlang spielerisch beschäftigen können. Hier liegt wohl die zweite Quelle für die Mär von der diebischen Elster. Und die Fotos der schmuckübersäten Elsternnester? Alles Lug und Trug. Die Fotografen hatten die Löffel selber drapiert, bevor sie auf den Auslöser drückten.

Der ENZIAN blüht in kräftigem Blau.
Aus den alpenländischen Brotzeithütten ist er nicht wegzudenken, der berühmte Enzian-Schnaps. Schon das Etikett mit den tiefblauen Blütenkelchen zeigt, was drin ist. Und doch ist es eine Mogelpackung. Denn die Grundlage des Schnapses ist nicht der auf den Flaschen prangende Stängellose Enzian, sondern sein viel unbekannterer Verwandter, der Gelbe Enzian. Mit über einem Meter Höhe ist er bei weitem der größte heimische Vertreter seiner Gattung. Seine gelben Blüten aber sind klein und damit wenig werbewirksam – Fernwirkung für bestäubende Insekten erhalten sie nur durch die Zusammenfassung in Blütenständen. Überdies haben die Blüten sowieso nichts mit dem Schnaps zu tun. Der wird nämlich aus dem Wurzelstock gewonnen.

ERBSEn und Bohnen haben Schoten.
Eines der zahlreichen Beispiele dafür, dass der wissenschaftliche Jargon von dem der Marktleute abweicht. Bohnen und Erbsen haben per definitionem wie alle anderen Schmetterlingsblütler keine Schoten, sondern Hülsenfrüchte. Ganz klar wird das spätestens, wenn's ans Enthülsen geht. Schließlich hat

noch niemand Erbsen „entschotet". Schoten werden die Früchte der Kreuzblütler genannt. Dazu zählen zum Beispiel Raps, Senf und Rettich. Was für den Laien ganz ähnlich aussieht – eine langgezogene Frucht, die innen eine Reihe von Samen enthält – stellt sich dem Botaniker ganz anders dar. Hülsen entstehen aus einem einzigen Fruchtblatt. Öffnet man eine Hülse, findet man die Samen in einer Reihe liegend und auf einer Seite angewachsen. Schoten dagegen werden aus vier Fruchtblättern gebildet. Sie öffnen sich (wie auch viele Hülsen) oft von alleine. Dann klappt beiderseits ein Fruchtblatt ab; stehen bleibt ein von zwei weiteren Fruchtblättern gebildeter „Rahmen", in dem beiderseits Samen angewachsen sind.

ERDBEEREn sind Beeren.

Bei einer Beere umschließt ein mehr oder weniger saftiges Fruchtfleisch die Samen. Klassische Beispiele sind Stachel-, Johannis- oder Heidelbeere, aber auch Gurke, Kürbis und Banane sind Beeren. Die Erdbeere dagegen trägt ihren Namen zu Unrecht. Hier gilt unsere Begierde gar nicht der Frucht selbst, sondern dem nach der Blüte saftig-rot anschwellenden Blütenboden. Die eigentlichen Früchtchen sitzen als kleine grüne Körnchen außen drauf. Eine Erd„beere" ist also keine einzelne Frucht, sondern eine Sammelfrucht, genauer: eine Sammelnussfrucht, weil die Botaniker die Erdbeer-Früchtchen wegen ihrer harten, miteinander verwachsenen Fruchtschalen als Nüsschen bezeichnen.

Der ERLKÖNIG verdankt seinen Namen der Erle.

Der Dichter und Philosoph Johann Gottfried Herder (1744 bis 1803) ist der Vater des Erlkönigs. Bei der Übertragung des Gedichtes „Herr Oluf" aus dem

Dänischen ins Deutsche machte er aus dem Elfenkönig (dänisch elverkonge, ellerkonge) einen Erlenkönig. Glatter Fehler oder dichterische Freiheit? Ein Irrtum jedenfalls lag nahe, denn die Erle heißt im Niederdeutschen Eller. Und so könnte aus dem Ellerkonge ganz einfach ein Erlkönig entstanden sein. Richtig populär wurde die Herdersche Wortschöpfung dann durch seinen Dichterfreund und Kollegen Johann Wolfgang von Goethe mit seiner unheimlichen Ballade vom Erlkönig: „Wer reitet so spät durch Nacht und Wind ...?"

Die ERPEL der Stockente tragen das ganze Jahr über ein prächtiges Gefieder.

Die farbenfrohen Männchen der Stockenten unterscheiden sich von ihren tarnfarbig braunen Weibchen so stark, dass der Urvater der Namensgebung und Ordnung der Tiere, der schwedische Biologe und Mediziner Carl von Linné (1707–1778), ihnen zunächst sogar zwei verschiedene wissenschaftliche Namen gab.

Wer ein Auge auf die Enten im Park hat – meist Stockenten, darunter immer auch einige gescheckte, die aus Verbindungen von Wildenten mit Hausenten entsprangen – kann beobachten, wie sich das Verhältnis von bunten zu braunen Vögeln im Jahresverlauf ändert. Beginnen wir im Winter. Jetzt bemühen sich die bunten Erpel emsig um die Weibchen, die Balz ist in vollem Gange. Immer mehr Pärchen sondern sich ab. Im Frühjahr verschwinden die Weibchen dann von der Bildfläche. Gut getarnt sitzen sie auf ihren Nestern. Sich jetzt öfter als nötig blicken zu lassen, kann gefährlich werden. Zu kurz gekommene Erpel jagen manchmal gleich hordenweise hinter einzelnen Weibchen her. Bei den dann oft folgenden Massenvergewaltigungen kann es sogar vorkommen, dass das Opfer ihrer Begierde ertrinkt. Im Sommer, die Brut wird allmählich flügge, scheinen dann die Erpel verschwunden. Sie sind es aber nicht, sie haben sich lediglich umgezogen und ihr Prachtkleid mit einem Schlichtkleid vertauscht, das dem der Weibchen ähnelt. Meist (aber nicht immer) lassen sie sich bei genauerem Hinschauen aber noch an der rotbraunen Brust und ihrem olivgrünen Schnabel identifizieren. So getarnt, lässt sich die schwierigste Phase im Entenleben wohl besser bewältigen: Der gleichzeitige Abwurf aller Schwungfedern und ihre anschließende Erneuerung, die eine Ente für etwa einen Monat ihrer Flugfähigkeit beraubt. Ist die Schwingenmauser abgeschlossen, wechselt der Erpel im Herbst wieder ins Prachtkleid, um erneut sein Glück bei den Weibchen zu versuchen.

ESEL sind dumm. Dummer Esel,

dummer Hund, dumme Gans – solche Beschimpfungen sind wohlfeil, solange niemand sagen kann, wie Dummheit oder Klugheit eigentlich zu messen sind. Was ist schon Intelligenz? Nach einer halb ernst gemeinten Definition das, was Intelligenztests messen. Nur: Wer entwickelt einen solchen Test für Esel und Gans?

Wenn nur intelligent ist, wer vorausschauend handeln und verschiedene Möglichkeiten gegeneinander abwägen kann, dürfte man allenfalls Menschenaffen Anflüge von Intelligenz zubilligen. Tiere verhalten sich überwiegend nicht überlegend, sondern instinktgesteuert. Manchen ist etwas mehr Flexibilität angeboren, den neugierigen Ratten etwa. Andere sind, wie Pferde, Gewohnheitstiere, die ungewohnten Situationen mit Misstrauen begegnen und sich ihnen notfalls durch Flucht entziehen.

Natürlich gibt es Unmengen von Anekdoten, die Tieren einsichtiges Verhalten unterstellen. Ganze Fernsehserien von Lassie bis Flipper leben davon. Insgesamt aber gilt: An Tiere ähnliche Maßstäbe anzulegen wie an Menschen, ist nicht besonders klug.

Um auf die Esel zurückzukommen: Das eseltypische Beharrungsvermögen, von wütenden Eseltreibern als Sturheit beschimpft, dürfte mit ein Grund sein, warum Esel für dumm und unflexibel gelten. Dabei gibt es oftmals gute Gründe dafür. Wer ist klüger: Einer, der wie befohlen über den schwankenden Steg marschiert, oder einer, der trotz aller Schläge lieber abwartet, bis jemand anderer vorausgeht?

EULEn sind am Tag blind, sehen aber in stockdunkler Nacht. Wie bei

unseren stehen auch in der Netzhaut der Vogelaugen verschiedene Typen von Sinneszellen. Zapfenförmige sind für das Farbsehen zuständig. Weil sie einzeln verschaltet sind, ergeben sie ein sehr scharfes Bild. Ihr Nachteil: Sie arbeiten nur bei genügend Helligkeit. Wenn's dunkelt, versagt die Farbwahrnehmung, wie jeder aus eigener Erfahrung weiß. In der Dämmerung übernehmen stäbchenförmige Sinneszellen das Sehen. Weil hier oft sehr viele (bis über tausend) zusammengeschaltet werden, arbeiten sie wie ein Restlichtverstärker, was aber natürlich auf Kosten der Schärfe geht. Während überwiegend dämmerungs- und tagaktive Eulen wie der vogeljagende Sperlingskauz auch Zapfenzellen haben und damit Farben sehen können, setzen die nachtaktiven wie der Waldkauz oder die Waldohreule auf Stäbchen. Diese echten Nachteulen, die in ihrer Netzhaut überwiegend Stäbchen besitzen, sind aber bei Tag mitnichten blind. Sie können allerdings, auch wenn es hell ist, kaum vom eher etwas unscharfen Schwarzweiß-bild zum schärferen Farbbild umschalten.

Eulenaugen verbessern die Lichtausbeute zusätzlich durch eine stark vergrößerte, gekrümmte Hornhaut und eine große Linse. Das Auge des Waldkauzes ist damit wenigstens zweieinhalbmal licht-empfindlicher als unseres, bei anderen nachtaktiven Eulen ist die Dämmerungssehleistung sogar bis zehnmal besser. Für den nächt-lichen Beutefang spielt der Gesichtssinn aber trotz dieser Anpas-sungen eine untergeordnete Rolle. Ist es zappenduster, ist nämlich auch für die Eule Schluss mit Sehen. Hier ist dann vor allem ihr un-glaublich scharfes Ohr gefragt. Machen wir bei der Gelegenheit auch noch Schluss mit einer weiteren Legende: Eulenaugen leuch-ten im Dunkeln nicht. Ihnen fehlt die Reflektor-Schicht, die Raub-tieraugen im Scheinwerferlicht „erglühen" lässt (siehe Seite 253).

EULEn fliegen nur nachts.

Nicht alle Eulen gehen tagsüber schlafen. Unter den einheimischen Arten ist es die Sumpfohreule, der man in ausgedehnten Feuchtwie-sen oder Dünenlandschaften bei Tag begegnen kann. Sie jagt bevor-zugt abends und am frühen Morgen, ist die Nahrung knapp aber selbst am helllichten Tag. Auch die kleinste europäische Eule, der Sperlingskauz, liebt die Dämmerung. Er ist auch mitten am Tag un-terwegs, während er nachts oft schläft – vielleicht eine Vorsichtsmaß-nahme, denn Sperlingskäuze stehen auf dem Speisezettel anderer Eulen. Lediglich in mondhellen Nächten hält es auch den Sperlingskauz nicht. Dann lässt er nachts seinen Gesang erschallen. In den Wäldern des Nordens schließlich späht die Sperbereule tagsüber von Baumwipfeln nach Beute. Der Schnee-Eule bleibt oft gar nichts anderes übrig, als am Tage zu jagen. In ihrem polaren Brutgebiet geht die Sonne im Sommer lange Zeit überhaupt nicht unter.

EVOLUTION: Durch Anpassung entstehen vollkommene Lebewesen.

In Amerika, wo der Kreationismus (die schlichte Verleugnung der Tatsache der Evolution also) fröhliche Urstände feiert, sinnierte der Evolutionsbiologe Stephen J. Gould, die Existenz der Evolution könne man gerade daran erkennen, dass eben *keine* vollkommenen Lebewesen entstünden (und unterstellt dabei, Gott hätte in einem evolutionslosen Schöpfungsakt sicherlich für absolut perfekte Anpassung gesorgt). Hintergrund dieses Gedankens ist, dass Evolutionsprozesse durch natürliche Auslese gekennzeichnet sind, bei der die besser Angepassten überleben und sich wieder fortpflanzen. „Survival of the fittest", das Überleben des Bestangepassten, nannte das Charles Darwin, der Vater der Evolutionstheorie – und sorgte mit diesem Superlativ für ein kleines Missverständnis. Denn man muss nicht der Bestangepasste sein, sondern nur der besser Angepasste. Außerdem machte Gould darauf aufmerksam, dass kein Lebewesen sich immer neu erfinden kann. Jeder schleppt seine Geschichte mit sich herum, die in neuen Lebenssituationen zum Ballast werden kann: Der Wal die Lunge, obwohl er mit Kiemen nicht dauernd auftauchen müsste. Und wir die Bandscheibenschäden, weil unser Körper eigentlich auf einer Grundkonstruktion beruht, die nicht für unsere aufrecht gehende und sitzende Lebensweise gemacht wurde.

Insekten sehen mit ihren
FACETTENAUGEN sechs-
eckige Mosaike.
Die großen Facettenaugen der Insekten bestehen aus vielen, manchmal Tausenden von Einzelaugen. An der Oberfläche des Gesamtauges bilden diese Einzelaugen ein Wabenmuster aus winzigen Sechsecken. Nehmen Insekten ihre Umwelt also wie durch ein sechseckiges Gitter wahr? Wohl kaum. Schließlich zeichnet das Wabenmuster die wahrnehmungsfreien Grenzflächen der Einzelaugen nach. Jedes dieser Einzelaugen ist im Normalfall gegen seine Nachbarn optisch isoliert und hat einen eigenen optischen Apparat. Dieser besteht aus einer Linse und einem darunter sitzenden Kristallkegel, der das eingefangene Licht zu den Sehzellen weiterleitet. Weil jede einzelne Linse (wie die in unserem eigenen Auge) hinter sich ein umgekehrtes und stark verkleinertes Bild der Umgebung entstehen lässt, wird der Blick durchs Insektenauge in Film und Comic, gelegentlich aber auch in ernster zu nehmender Literatur, immer wieder als Kaleidoskop aus zahlreichen sechseckigen und jeweils etwas gegeneinander verschobenen Einzelbildchen dargestellt. Das allerdings würde voraussetzen, dass im Hintergrund eines jeden Einzelauges eine sehr leistungsfähige Netzhaut das von der Linse gelieferte Bild fein gerastert ans Insektengehirn weitermelden würde. Dem ist aber nicht so. Im Einzelauge sitzen lediglich einige wenige Sehzellen, von denen in der Regel nur eine einzige vom einfallenden Licht angeregt wird. Die Folge: Jedes Einzelauge liefert nur einen einzigen Bildpunkt (Computerfachleute würden von einem „Pixel" sprechen). Auch wenn die einzelnen Augen also selbstständige Module sind, entsteht der Bildeindruck erst aus den zusammengesetzten Helligkeits- und Farbmeldungen der alle in verschiedene Richtungen blickenden Einzelaugen. Nur das ganze Facettenauge liefert also das Gesamtbild. Dieses

ist umso schärfer, je mehr Bildpunkte es zusammensetzen. (Wieder hilft der Vergleich mit den Pixeln der Computerbilder.) Das ist der Grund, weshalb die Libellen, rasante Luftjäger, die auf einen guten Gesichtssinn angewiesen sind, so riesige Augen haben. Bis zu 30 000 Einzelaugen sorgen für einen scharfen Blick.

FAULTIERE sind die faulsten Tiere der Welt.

Die Faulheit der Faultiere ist so provozierend, dass der Spott nur so auf sie herabprasselt. Ein unvollendetes Werk sei das Faultier, ein Spaß der Natur gar, bei der sie versucht habe, etwas möglichst Unvollkommenes und Groteskes zustande zu bringen. Der Urwaldforscher Beebe meinte vor knapp hundert Jahren, das Faultier sei besser auf dem Mars aufgehoben, wo das Jahr sechshundert Tage habe ... Und so weiter.

Hier soll ausnahmsweise kein Irrtum aufgeklärt werden. Faultiere sind wirklich sagenhaft faul. Aber die Faulheit hat Methode, denn auch das Leben im tropischen Regenwald Südamerikas ist nur scheinbar üppig und strotzend. In Wirklichkeit sind Nährstoffe knapp und der haushälterische Umgang mit ihnen ist sinnvoll. Das Faultier erweist sich als wahres Energiespar-Tier, denn nicht nur die Bewegung, sondern auch die Verdauung und damit der gesamte Stoffwechsel laufen in Zeitlupe ab. Auch an der Heizung wird gespart. Die Körpertemperatur liegt bei 24 bis 33 Grad Celsius. Wer selbst bei Lebensgefahr nur Zentimeter für Zentimeter fortkommt, braucht allerdings gute Tarnung. Die liegt zum Teil in der Faulheit selbst. Wer sich nicht bewegt, wird auch schlecht gesehen. Den anderen Teil besorgen in kleinen Haarrissen und Hohlräumen lebende winzige Cyanobakterien (Blaualgen), die dem Fell einen grünlichen Farbton verleihen. Und der Erfolg gibt den Faultieren Recht: In Amazonien zählen sie zu den häufigsten Säugern ihrer Größenklasse.

Noch ein anderes Tier mit ähnlicher Strategie wird der Faulheit bezichtigt: der Koala. Bevor er zum Symbol der Niedlichkeit wurde, nannte man ihn auch Beutelfaultier oder australisches Faultier, weil er fast den ganzen Tag zusammengekauert in seiner Astgabel sitzt.

FEUERSALAMAN-DER löschen die Glut, wenn sie ins Feuer geworfen werden. „Der Salamander, ein Tier von Eidechsengestalt ...,

lässt sich nur bei starkem Regen sehen und kommt bei trockenem Wetter nie zum Vorschein. Er ist so kalt, dass er wie Eis durch bloße Berührung Feuer auslöscht. Der Schleim, welcher ihm wie Milch aus dem Maule läuft, frisst die Haare am ganzen menschlichen Körper weg; die befeuchtete Stelle verliert die Farbe und wird zum Male. Unter allen giftigen Tieren sind die Salamander die boshaftesten ... Wenn er auf einen Baum kriecht, vergiftet er alle Früchte, und wer davon genießt, stirbt vor Frost; ja wenn von einem Holze, welches er nur mit dem Fuß berührt hat, Brot gebacken wird, so ist auch dieses vergiftet, und fällt er in einen Brunnen, das Wasser nicht minder." Der römische Schriftsteller Plinius vermischt hier munter Dichtung und Wahrheit. Wahr ist, dass die Lurche gern im Regen spazieren gehen, während sie allerdings nie auf einen Baum steigen, und wie alle Amphibien eine feucht-kühle Haut haben. Es stimmt auch, dass Salamander giftig sind. Die Giftdrüsen sitzen in dicken Schwellungen hinter dem Auge. Fressfeinde werden durch das Gift sehr wirkungsvoll abgeschreckt. Ein 30 Gramm schwerer Salamander enthält über 20 Milligramm des Salamandergiftes Samandarin. Die Aufnahme von 0,3 Milligramm pro Kilogramm Körpergewicht genügt, um mit fünfzigprozentiger Wahrscheinlichkeit zu sterben. Anders ausgedrückt: Die 20 Milligramm Gift reichen, um 66 Kilogramm Feind weitgehend außer Gefecht zu setzen. Angesichts dessen ist vom Salamanderverzehr dringend abzuraten. Solange das Gift nicht mit Schleimhäuten oder Wunden in Berührung kommt, ist es aber ziemlich harmlos. Bei ihrer doch erheblichen Giftigkeit ist es den ansonsten völlig wehrlosen Salamandern hoch anzurechnen, dass sie mit ihrer schwarz-gelben Signalfarbe jeden davor warnen, sie zu belästigen. Vermutlich sind die feuergelben Streifen oder Flecken auch der Grund, weshalb sie mit dem Feuer in Verbindung gebracht wurden, dessen trockene Hitze Amphibien meiden wie der Teufel das Weihwasser.

FISCHADLER können
ihre Beute nicht mehr loslassen und werden von großen Fischen in die Tiefe gezogen. Für diese Geschichte habe ich vor vielen Jahren sogar einen beeindruckenden Fotobeleg gesehen (wo, weiß ich leider nicht mehr): Im vernarbten Rücken eines uralten, riesigen Karpfens staken zwei Fänge. Der Rest des Adlers war bereits der Verwesung anheim gefallen. Das und die inzwi-

schen teilweise eingewachsenen Krallen belegten, dass die dramatische Attacke bereits eine ganze Weile zurücklag. Der Text zum Bild führte diesen Fall als einen weiteren Beweis dafür an, dass Fischadler, wenn sie einmal zugegriffen hätten, ihre Fänge nicht mehr lösen könnten, sondern sie sozusagen freifressen müssten. Verschätzten sie sich in der Größe ihrer Beute, zögen sie unweigerlich den Kürzeren. Das ist natürlich nicht so. Wenn das Fischadler-Männchen seine Beute dem Weibchen übergibt, das dann die Nestlinge füttert, lässt sich klar beobachten, dass sie durchaus freiwillig loslassen können. Wie aber kommen dann die Fänge in den Karpfenrücken? Die ornithologische Literatur kennt tatsächlich einige wenige solcher Fälle, in denen frisch tote Adler oder Skelette an dicken Hechten, Karpfen oder Brachsen hingen, die zu schwer waren, um aus dem Wasser gezogen zu werden. Ob hier unerfahrene Adler nicht schnell genug reagiert hatten (junge Fischadler müssen mühsam üben, bevor sie sicher zustoßen können)? Oder ob die spitzen und sehr stark gekrümmten Klauen so tief in dicke Schuppen oder Knochen eingedrungen waren, dass sie tatsächlich von diesen festgehalten wurden, ähnlich wie ein tief in ein Brett geschlagener Nagel fest sitzt? Oder ob – und das wurde in Einzelfällen tatsächlich nachgewiesen – den früher unbarmherzig verfolgten „Fischräuber" die Kugel des erbosten Teichwirts in dem Augenblick traf, als er sich mit einem besonders dicken Brocken abmühte?

FISCHBEIN stammt von Fischen.

Im Vor-Plastik-Zeitalter war Fischbein ein begehrtes Material. Es ist sowohl sehr stabil als auch äußerst elastisch, eine seltene Kombination unter Naturstoffen. Jahrhundertelang hielt Fischbein, in Korsagen eingearbeitet, die vornehme Damenwelt in Form. Die Bezeichnung „Fischbein" ist doppelt falsch. Weder stammt es vom Fisch noch besteht es aus Bein (einer altertümlichen Bezeichnung für Knochen). In Wirklichkeit handelt es sich um die Barten von Walen, Säugetieren also (siehe Seite 343). Diese Hornplatten, bei Glattwalen bis zu vier Meter lang, hängen beiderseits dicht an dicht am Oberkiefer der Bartenwale und dienen dazu, Plankton aus dem Wasser zu filtern.

FISCHe gibt es nur im Wasser.

Natürlich ist das Wasser das eigentliche Element der Fische. Manche machen aber auch Landausflüge. Dem Aal kann man zum Beispiel auch mal nachts auf nassen Steinen oder in der feuchten Wiese begegnen, wenn er bei seiner Wanderung flussaufwärts (siehe Seite 7) auf zu Wasser nicht überwindbare Hindernisse stößt, wie etwa den Rheinfall. Die südamerikanischen Kiemenschlitzaale kriechen weite Strecken durch den Regenwald Amazoniens, um von einem Gewässer ins andere zu gelangen. Der aus Südasien stammende Froschwels kann auch an der Luft atmen. So entkamen in Florida in Fischteichen für Aquarien gezüchtete Froschwelse ihrem übervölkerten Gefängnis, gestützt auf Dornen in den Brustflossen, über Land und breiteten sich auf eigene Faust aus. Und schließlich kann man selbst dort auf Fische stoßen, wo weit und breit kein Wasser ist. Der Afrikanische Lungenfisch gräbt sich, wenn sein sumpfiger Lebensraum austrocknet, in den Schlamm ein und überdauert hier vier bis sechs Monate, von einer verdunstungshemmenden Schleimhülle geschützt, die nur den atmenden Mund freilässt. Die einsetzende Regenzeit befreit ihn aus seiner engen Schutzhaft. Im Labor saßen Lungenfische auch schon ein ganzes Jahr auf dem Trockenen. Bleibt zu erwähnen, dass man Fischen sogar in der Luft begegnen kann. Die Luftsprünge der berühmten Fliegenden Fische sind aber keine besonderen Höhenflüge. Sie führen nur wenige Meter über den Meeresspiegel und enden meist schon vor der Hundert-Meter-Marke (der Rekord liegt bei 400 Metern). Dazu beschleunigt der Fisch im Wasser auf etwa 70 Kilometer/Stunde und gleitet dann auf seinen ausgebreiteten Brust- und Bauchflossen durch die Luft.

FISCHe haben keine Nase.

Für uns ist die Nase in erster Linie zum Atmen da. Wozu also sollten Fische eine haben, wenn sie doch unter Wasser leben und ihren Sauerstoffbedarf dort über Kiemen decken? Die ursprüngliche Aufgabe der Nase jedoch ist nicht das Luftholen, sondern das Riechen. Erst später, bei der Besiedlung des Landes durch die ersten Landwirbeltiere, erhielt die Nase einen Durchbruch zum Mundraum und diente fortan auch zum Atemholen, ohne ihre bisherige Aufgabe, das Riechen, aufzugeben. Riechen funktioniert auch unter Wasser und gibt Hinweise, zum Beispiel auf Nahrung, Artgenossen oder Feinde. Lachse finden mit Hilfe ihrer Nase sogar auf große Entfernung ihren Heimatfluss, in dem sie einst aus dem Ei geschlüpft sind und in den es sie nach jahrelangem Aufenthalt im Meer auch wieder zurückzieht, um ihrerseits zu laichen. Die typische Fischnase besteht aus paarigen Gruben zwischen Maul und Auge. Die mit Riech-Sinneszellen ausgekleideten Gruben haben eine Ein- und eine Ausströmöffnung, sodass sie immer von Wasser durchflossen werden.

In den eisigen Polarmeeren können keine FISCHe leben, weil sie erfrieren würden.

Wenn die Fischdampfer auf Fang ausfahren, suchen sie überwiegend kalte Gewässer auf. Dort ist die Nährstoffversorgung meist sehr viel besser als in tropischen Gefilden. Deshalb können dort mehr Fotosynthese betreibende Plankton-Algen wachsen. Der höhere Input wird in die marinen Nahrungsketten eingespeist und sorgt schließlich für einen höheren Fangertrag. Wie aber sieht es in den wirklich polaren Gebieten aus? Erfrieren die Fische in Wasser, das wegen seines Salzgehalts sogar Minusgrade aufweisen kann, bevor es zu Eis wird? Schließlich gefriert ein Fisch gewöhnlich bei etwa -0,6 bis -0,8 Grad Celsius. Die Temperatur der Polarmeere weist aber, wenn eine Eisdecke vorhanden ist, -1,86 Grad auf. Wie polare Fische dieses Problem lösen, ist uns aus der Technik wohl bekannt: Frostschutzmittel sorgen für eine Erniedrigung des Gefrierpunktes. Bei antarktischen Eisfischen, über hundert Arten, die in den Gewässern um den südpolaren Kontinent oft einen großen Teil der Fischfauna stellen, verhindern Glykoproteine (also Zucker-Eiweiß-Verbindungen) im Blut und den Gewebsflüssigkeiten, dass tödliche Eiskristalle in den Zellen wachsen. Bei einigen arktischen Fischen spielen kohlenhydratfreie Polypeptide dieselbe Rolle und belegen dadurch, dass diese Art des Frostschutzes bei Fischen mehrfach unabhängig voneinander entwickelt wurde. Die Eisfische der Antarktis können durch ihren chemischen Frostschutz noch in Wasser mit einer Temperatur von -2,5 Grad Celsius leben. Mehr Probleme bereiten ihnen hohe Temperaturen. Steigt die Wassertemperatur auf über sechs Grad, droht bereits der Hitzetod.

FISCHe sind taub und

stumm. Im alten China wurden die Goldfische schon mit Glöckchen an die Futterstellen gelockt, als hierzulande noch jeder davon ausging, dass Fische nicht hören könnten. Die Wissenschaft ließ sich dann von dem Verhaltensforscher Karl von Frisch vom Gegenteil überzeugen: Sein Zwergwels gehorchte auf Pfiff. Zwar fehlt den Fischen eine äußere Ohröffnung. Trotzdem ist es aber auch bei ihnen wie bei allen Wirbeltieren das Innenohr, das die Töne wahrnimmt. Bei zahlreichen Arten arbeitet die Schwimmblase, deren Hauptaufgabe die Regulation des Auftriebs

ist, als Schallverstärker. Sie wird von den Tönen zu Schwingungen angeregt, bildet also eine Art inneres Trommelfell. Entweder werden diese Schwingungen durch Membranen und Flüssigkeiten auf das Innenohr übertragen, oder, wesentlich effektiver, über eine Reihe kleiner Knöchelchen.

Und wie steht es mit der Lauterzeugung? Mehrere hundert Fisch-Arten sind nicht „stumm wie der Fisch". Der Knurrhahn etwa trägt seinen Namen nicht umsonst. Sein Knurren erzeugt er mit Hilfe der Schwimmblase, die von Muskeln in schnelle Schwingungen versetzt wird. Ähnlich machen das auch viele Adlerfische oder Trommler, bei denen die Männchen erstaunlich laute schnarchende, grunzende, trommelnde oder quakende Geräusche hervorbringen. Noch ungewöhnlicher sind die Grunzer, die mit den Zähnen knirschen, was wieder durch die Schwimmblase zu einem deutlich hörbaren Gegrunze verstärkt wird.

FISCHe sind tot, wenn sie bauchoben schwimmen.

Der Rücken-
schwimmende Kongowels ist eine Ausnahme von dieser Regel: Er
frisst Algen und kleine Wirbellose, die auf der Unterseite der Blätter
von Wasserpflanzen leben, oder Insekten, die auf der Wasseroberfläche notgelandet sind. Dazu schwimmt er – sein Name sagt es
schon – meist auf dem Rücken. Während Fische gewöhnlich aus
Gründen der Tarnung oben dunkel und unten hell sind, hat der Kongowels (aus demselben Grund) einen dunklen Bauch.

Alle FISCHe sind wechselwarme Kaltblüter.

Nur Vögel und Säu-
getiere sind warmblütig. Für alle anderen gilt: Ihre Körpertemperatur
hängt von der Temperatur der Umgebung ab. Allenfalls besteht die
Möglichkeit, sich gezielt der Sonne auszusetzen, um Wärme zu sammeln. So machen es viele Schlangen und Echsen. Auch Fische sind
wechselwarm und haben im Prinzip dieselbe Temperatur wie das
Wasser, in dem sie schwimmen. Einige Ausnahmen gibt es aber von
dieser Regel. Große aktive Schwimmer wie der Thunfisch, der
Schwertfisch oder der Weißhai produzieren so viel Bewegungs-
wärme, dass ihnen tatsächlich richtig warm wird. Ihre Kerntempe-
ratur übersteigt die des Wassers um mehr als zehn Grad. Das ist
natürlich ein großer Vorteil, denn ein warmer Körper ist sehr viel re-
aktionsschneller und leistungsfähiger als ein kalter. Um möglichst
wenig Wärme ans Wasser zu verlieren, wird das in den Kiemen stark
abgekühlte Blut zunächst nach dem Gegenstromprinzip unter der
Haut vorgewärmt, bevor es ins Körperinnere gelangt. Dabei gibt warmes Blut, das Richtung Kiemen unterwegs ist, um wieder Sauerstoff
zu tanken, seine Wärme an das kühle sauerstofffreie Blut ab.

FLECHTEn sind eigenständige Pflanzen.
Flechten sind ein gutes Beispiel dafür, dass enge Kooperation etwas völlig Neues schafft. Die Flechte ist nämlich gar keine Pflanze, sondern eine Partnerschaft zwischen einem Pilz und mindestens einer Alge. Symbiose nennt man solche festen Beziehungen, von der beide Partner profitieren. Der Vorteil ist bei den Flechten offensichtlich. Über 20 000 verschiedene Arten sind in der Lage, äußerst unwirtliche Gegenden in großen Beständen zu besiedeln, in denen keiner der Partner alleine existieren könnte. Die arktischen Kältewüsten und Tundren sind ebenso Flechtenhochburgen wie die Gipfel der Alpen oder die tropischen Nebelwälder. Die grünen Algen bringen ihre Fotosynthese-Produkte in die Beziehung ein. Der Pilzpartner holt sich die Zuckerverbindungen durch Saugfäden, mit denen er in die Algenzellen dringt. Er ist für die äußere Form zuständig und vermindert die Austrocknungsgefahr. Vermutlich unterstützt er die Alge auch mit Wasser und anorganischen Mineralstoffen.

FLEDERMÄUSE fliegen in die Haare.
Besonders in den 1950er Jahren, als Fledermäuse noch häufig waren und die Frisurenmode abenteuerlich hoch getürmte Haargebilde empfahl, grassierte die Angst vor der unheimlichen nächtlichen Begegnung. Ein berechtigter Albtraum? Schon im Jahr 1793 hatte der italienische Naturforscher Spallanzani bemerkt, dass sich auch geblendete Fledermäuse mühelos orientieren können. Seine Vermutung, das Gehör spiele dabei eine überragende Rolle, wurde erst wieder nach der Erfindung des Ultraschallmikrofons des Echolots im 20. Jahrhundert aufgegriffen. Seither versucht man, mit immer genaueren Messmetho-

den und ausgeklügelten Versuchen die Echoortung der Fledermäuse zu enträtseln. Früh schon hat man mit quer durch dunkle Flugräume gespannten Fäden experimentiert. Viele Arten können problemlos 0,08 Millimeter dicke Fäden als Hindernis erkennen und elegant umfliegen. Damit liegen wir schon im Bereich der Haaresbreite von 0,05 bis 0,1 Millimeter. Wenn man bedenkt, dass eine Frisur normalerweise nicht aus einzelnen Haaren, sondern aus vielen Haarsträhnen besteht, sollte ihre Vermeidung für Fledermäuse also kein Problem darstellen. Zwar gibt es Beispiele von Fledermäusen, die auf vertrauten Wegen einfach den Sonar ausgestellt haben, so wie unsereiner den Weg nach Hause blind findet, und dann mit Hindernissen zusammenprallten, die sie eigentlich hätten orten können. Vermutlich aber befanden sich die Angst auslösenden Fledermäuse einfach auf der Jagd, die sie manchmal bedenklich nahe um die Köpfe der Menschen schwirren lässt, wenn dort ein leckerer Brummer unterwegs ist.

FLEDERMÄUSE
fliegen nur in der Nacht. Fledermäuse gelten als

Nachtgespenster. Manche fliegen in der Dämmerung los, andere erst in tiefster Nacht. Zumindest einer ist aber auch am helllichten Tag unterwegs. Der Abendsegler, eine unserer größten heimischen Arten, jagt vor allem im Herbst schon am Tag. Dann kann man ihn in schönstem Sonnenschein, manchmal zusammen mit den Schwalben, hoch in der Luft fliegen sehen. Nur der typische Fledermaus-Flugstil, sehr schnell flatternd mit abrupten Richtungswechseln, verrät ihn sofort.

FLEDERMÄUSE sind
Blut saugende Vampire. Fast tausend Arten von

Fledertieren flattern durch die Lüfte aller Kontinente (die eiskalte
Antarktis natürlich ausgenommen). Bei uns braucht man sich vor
keiner Fledermaus zu fürchten, die einheimischen Arten haben es
nur auf Schmetterlinge, Käfer und Mücken abgesehen. In den im-
merfeuchten Tropen, wo Früchte und Nektar ganzjährig verfügbar
sind, haben sich Fledermäuse und Flughunde auch auf solche Nah-
rungsquellen spezialisiert. Manche sind sogar unter die Raubtiere
gegangen und erbeuten Frösche, andere ergreifen mit ihren scharf
bekrallten Füßen im Tiefflug Fische, wieder andere fangen sogar
Mäuse. Und, fast hätten wir's vergessen, ganze drei südamerikanische Arten haben mit ihrem Blutdurst das Negativ-Image der
ganzen Gruppe geprägt (siehe Seite 330).

FLEISCH fressende Pflan-
zen ernähren sich allein von Fleisch.

Unscheinbar sähen die kleinen, kreisrunden Blätter des Sonnentaus
aus, funkelten sie nicht im Sonnenlicht wie mit kleinen Diamanten
übersät. Das lockt auch eine neugierige Fliege. Schließlich sondern
manche Pflanzen Wasser ab, das durstige Insekten gerne aufnehmen,
oder auch, noch besser, süße nektarhaltige Tröpfchen. Dieser Fliege jedoch wird ihr Interesse zum Verhängnis. Es ist Klebstoff, der auf der
Spitze vieler kleiner, die Blätter bedeckenden haarartiger Fortsätze glitzert. Einmal festgeklebt gibt es keine Rettung für das geleimte Insekt.
Langsam beugen sich alle Tentakel über seinen immer erschöpfter
sich wehrenden Körper, dann schließt sich das ganze Blatt über dem
kleinen Kadaver. Die Verdauung beginnt. Spezielle Drüsen sondern

Verdauungsenzyme ab, die das Insekt teilweise auflösen. In Einzelbausteine zerlegt wird es über die Blattfläche aufgenommen. Übrig bleibt eine leere Chitinhülle. Wie die meisten Fleisch fressenden Pflanzen – in der heimischen Flora beispielsweise noch Fettkraut und Wasserschlauch – ist auch der Sonnentau grün, kann also wie andere Pflanzen Fotosynthese betreiben. Er ernährt sich also nicht nur von Fleisch. Warum also der Aufwand? Ein Blick in die Umgebung bringt uns der Lösung dieser Frage näher. Der Rundblättrige Sonnentau wächst im Hochmoor, einem mächtigen, weit über das Grundwasserniveau hinausgewachsenen Torfkörper, der sich allein aus Regenwasser speist – und das ist eine magere Speise. Für Hochmoorpflanzen ist Mangel chronisch, und zwar speziell der an einigen Mineralien und an Stickstoffverbindungen. Und da Not bekanntlich erfinderisch macht, hat sich der Sonnentau ebenso wie einige andere Arten eine Zusatzversorgung gesichert, die reichlich Stickstoff enthält. Insekten sind also für Fleisch fressende Pflanzen kein Grundnahrungsmittel, sondern eine zusätzliche Quelle für knappe Rohstoffe in einer mageren Umwelt. Immerhin deckt der Sonnentau knapp ein Fünftel seines Stickstoffbedarfs auf diese Weise.

Getrost in die Welt überbordender Fantasie verweisen können wir Berichte über Menschen fressende Bäume, die vor allem aus Mittelamerika und Madagaskar vorliegen. Den äußerst blumigen Beschreibungen diverser Spezies und ihrer gruseligen Fangmethoden zum Trotz ist es bis heute nie gelungen, solche Kannibalenbäume wirklich aufzutreiben. Verfechter ihrer Existenz meinen: Botaniker, die sie entdeckt und (zu) genau untersucht haben, seien wohl nicht mehr im Stande gewesen, darüber zu berichten ...

FLIEGEn und Mücken sind das Gleiche.

In der Umgangssprache wird nicht sauber unterschieden. Was landläufig als „Fliegen" bezeichnet wird – Prototyp ist die Stubenfliege –, läuft in Süddeutschland unter dem Namen „Mucken". Und was sagen die Entomologen dazu? Zunächst einmal, dass Fliegen und Mücken tatsächlich Verwandte sind. Gemeinsam bilden sie die Insektenordnung der Diptera, zu deutsch: Zweiflügler. Sie haben nämlich im Gegensatz zu fast allen anderen Insekten nicht vier, sondern nur zwei Flügel. Das hintere Flügelpaar wurde zu kleinen keulenförmigen Schwingkölbchen umgebildet, die während des Fluges mitschwingen und ihn stabilisieren. Ansonsten aber wird säuberlich geschieden zwischen Mücken und Fliegen.

Die Mücken werden wissenschaftlich als Nematocera bezeichnet. Das heißt „Fadenfühler" und nennt damit ein wichtiges Merkmal, die lang ausgezogenen, dünnen Antennen nämlich. Viele Mücken sind eher ätherische Gestalten. Erinnert sei nur an die Stechmücken und Schnaken. Mit 35 mm Körperlänge ist die einheimische Riesenschnake sogar der größte Vertreter der Zweiflügler weltweit. Nun zu den Fliegen, den Brachycera oder „Kurzfühlern". Sie sind oft wesentlich kompakter gebaut. Bekannte Vertreter sind Stubenfliegen, Schmeißfliegen oder Schwebfliegen. Auch die Essigfliege *Drosophila*, beliebtes Versuchsobjekt der Genetiker, gehört zu dieser Gruppe.

FLIEGENDE Fische fliegen übers Meer.

Zum richtigen Fliegen gehört mehr, als ein paar Meter durch die Luft zu sausen. Ein Flieger muss sich aus eigener Kraft in der Luft halten können. Vögel, Fledermäuse oder Insekten schaffen das, Fliegende Fische nicht. Sie holen

Schwung, indem sie unter Wasser enorm beschleunigen, dann mit hoher Geschwindigkeit (etwa 50 bis 70 Kilometer pro Stunde) die Wasseroberfläche durchbrechen und anschließend auf ihren flügelartig ausgebreiteten Brustflossen – manche Arten nehmen zusätzlich auch noch die Bauchflossen zu Hilfe – durch die Luft gleiten. Geht der Schwung aus, landet der Fisch wieder in den Wellen: kein Flieger also, sondern ein Gleiter. Dreißig bis vierzig Meter weit führen solche Gleitsprünge über die Meeresoberfläche meist; ausnahmsweise wurden auch schon einmal vierhundert Meter gemessen.

Echte fliegende Fische gibt es dagegen im Süßwasser. Die südamerikanischen Beilbäuche, nur wenige Zentimeter lange Fischchen aus der Verwandtschaft der Salmler, haben einen stark vorgewölbten Bauch. Er birgt einen riesigen Knochenkamm. An diesem sitzt eine enorm starke Brustmuskulatur, mit der die langen, schmalen Brustflossen bewegt werden. Zum Schwimmen brauchen sie diese Ausrüstung kaum. Im Wasser zeigen sich die Beilbäuche nämlich wenig dynamisch; sie pflegen weitgehend bewegungslos knapp unter der Oberfläche zu lauern und anfliegende Insekten zu erbeuten. Damit sie aber nicht selbst zur Beute werden, gehen sie bei Gefahr in die Luft. Mit deutlichem Schwirrgeräusch starten sie, heftig mit den Brustflossen schlagend, zum Höhenflug. Mit dem Bauch das Wasser pflügend schießen die kleinen fliegenden Fische davon; manche Arten schaffen es tatsächlich sogar, von der Wasseroberfläche abzuheben. Auch wenn sie so nur wenige Meter zurücklegen, um aus der Gefahrenzone zu flüchten, sind Beilbäuche echte Flieger. Ihren Schwung verdanken sie nicht einem gewaltigen Anlauf wie die „Fliegenden" Fische der Meere, sondern dem „Flügelschlag" ihrer Brustflossen. Sie zahlen allerdings dafür einen hohen Preis: Der Flugapparat mit kräftigen Muskeln macht ein Viertel ihres Körpergewichts aus.

FLIEGENPILZE

locken Fliegen an. Nicht Fliegen haben eine beson-

dere Vorliebe für den allbekannten roten Pilz mit den weißen Punkten, sondern fliegende Hexen. Fliegerpilz wäre deshalb vielleicht der
passendere Name, obwohl die Fliege (lat. *Musca*) sogar im wissenschaftlichen Namen *Amanita muscaria* verewigt ist, wohl, weil frühe
Kräuterbücher den Pilz als Fliegentöter anpreisen. Eines der alten
Rezepte: In Milch zerstampfte Pilzstückchen bringen naschenden
Fliegen einen plötzlichen Tod – als natürliches Insektizid fanden
(und finden?) die Giftpilze also tatsächlich bei der Bekämpfung von
Fliegen Verwendung. Fliegenpilze enthalten einen Giftcocktail, bei
dem weniger das Muscarin als die Ibotensäure eine wichtige Rolle
spielt, ein Stoff, der Halluzinationen hervorruft. Mit anderen Wor-
ten: Der Fliegenpilz kann als Droge ge- oder missbraucht werden
und spielt als solche schon seit langer Zeit eine gewichtige Rolle. In
Sibirien wurde er in vielen Gegenden von den Schamanen benutzt
und manche kräuterkundige „Hexe" des dunklen Mittelalters verschaffte sich wohl per Fliegenpilz einen rauschhaften „Ausflug".
Wenn sie auch nicht mit dem Besen aus dem Kamin fuhr, so sorgte
die Pilzdroge doch für psychische Höhenflüge. Immer wieder wird
auch gemunkelt, die sprichwörtliche Wut der Berserker, eines skandinavischen Volksstammes, sei aus dem Konsum von Fliegenpilzen
erwachsen und Folge eines kollektiven Drogen-
trips. Im Zeitalter der Kriminalisierung der
meisten psychoaktiven Drogen hat sich
heute wieder mancher auf legale Alterna-
tiven besonnen und mit dem Fliegenpilz
experimentiert. Hier wird der Konsum
getrockneter Fliegenpilze empfohlen,
wahlweise das Rauchen der abgezogenen

F

Huthaut oder das Trinken von Urin einer Person, die gerade einen waschechten Fliegenpilzrausch überlebt hat. Erlebnisberichte lassen aber vermuten, dass es sinnvoller ist, die Finger vom Fliegenpilz zu lassen – wie von allen Drogen.

FLUSSPFERDE
schwitzen Blut. Eine fünf Zentimeter dicke Schwarte

sorgt dafür, dass ein Flusspferd im Wasser nicht friert und in der Sonne nicht zu heiß wird. Wenn die afrikanische Sonne dem riesigen Paarhufer doch mal zu heftig auf die nackte Haut brennt, sondert er zur Abkühlung aus Drüsen ein klebriges, salzhaltiges, rotbraunes Sekret ab. Zwar wurde dieses anscheinend noch nie im Reagenzglas aufgefangen und chemisch analysiert. Wer traut sich schon an schwitzende Flusspferde heran – sie haben immerhin mehr Tote auf dem Gewissen als Löwen, Elefanten und Büffel zusammen? Soviel ist aber klar: Die rötliche Farbe stammt nicht von Blut. Wenn einer „Blut und Wasser schwitzt", dann also bestimmt nicht das Flusspferd. Hat es auch gar nicht nötig, schließlich haben erwachsene Flusspferde keine Feinde, wie immer vom Menschen mal abgesehen.

FLUSSPFERDE
sind mit den Pferden verwandt. Auch

wenn der deutsche Name „Flusspferd" eine genaue Übersetzung des wissenschaftlichen Namens *Hippopotamus* ist, landet man auf der Suche nach den nächsten Verwandten der wasserliebenden Dickhäuter nicht bei den Pferden, sondern bei den Schweinen. Beide gehören zur Ordnung der Paarhufer – Flusspferde haben vier be-

hufte Zehen an jedem Fuß – und bilden innerhalb dieser umfangreichen Verwandtschaft die kleine Gruppe der Nichtwiederkäuer. Die Pferde stehen dagegen nur auf einem Huf (dem des Mittelfingers), sind also unzweifelhaft Unpaarhufer, ebenso wie die (wenigstens hinten) dreizehigen Tapire und die Nashörner.

FRESSEN und gefressen werden ist das Gesetz der Natur. Diesem

Missverständnis, das den Kampf aller gegen alle legitimiert, verdankt die Evolutionslehre ihre Diskreditierung bei zahlreichen Gesellschaftswissenschaftlern. Aus dem scheinbar offensichtlichen Naturgesetz leiteten manche Politiker nämlich gleich Regeln zur Organisation menschlichen Zusammenlebens ab, die aufgeklärte Zeitgenossen als „Sozialdarwinismus" geißeln und ablehnen.

Zu kurz gedacht. Denn das Gesetz der Natur heißt mindestens ebenso oft: Kooperation statt Konfrontation. Mehr oder weniger enge Zusammenarbeit ist keine menschliche Erfindung, die uns über die Natur hinaushebt.

Bei zahlreichen Tierarten profitieren Individuen von der Gemeinschaft einer sozialen Gruppe. Genauso häufig ist zwischenartliche Zusammenarbeit, die so

eng sein kann, dass ein Partner ohne den anderen kaum existieren kann. Solche Symbiosen bestehen zum Beispiel zwischen vielen Pflanzen und sie bestäubenden Insekten, zwischen Riff bildenden Korallen und Algen, zwischen Pilzen und Bäumen oder zwischen Algen und Pilzen (im letzteren Fall nennen wir das Ergebnis der Symbiose Flechte). Erfolgreiche Beziehungen werden im Lauf der Zeit pausenlos verbessert. Co-Evolution, eine Art positives Wettrüsten, sorgt dafür, dass sich die Bedürfnisse der Symbiosepartner im Lauf der Zeit immer intensiver verzahnen. Schließlich kann es sogar zum endgültigen Zusammenschluss kommen. Es gibt gute Argumente dafür, dass sich sämtliche Eukaryoten, die Lebewesen mit echtem Zellkern, zunächst aus einem Teamwork verschiedener Einzeller entwickelt haben. Die Energielieferanten der Pflanzenzelle, die Chloroplasten, verfügen ebenso wie die Kraftwerke der Zellen, die Mitochondrien, über eigene Erbgutreste – Hinweise darauf, dass sie einst selbstständige Organismen waren, die ihre speziellen Fähigkeiten in eine immer enger werdende Symbiose mit anderen Zellen einbrachten. Wer wollte da nicht beipflichten, dass Kooperation *das* Erfolgsprinzip der Natur ist? Schließlich gehören außer den Bakterien und den Archaeen (früher Archaebakterien genannt) alle heutigen Lebewesen zu den Eukaryoten: die Einzeller, die Pilze, die Pflanzen, alle Tiere und damit natürlich auch wir.

FRÖSCHE können zur Wettervorhersage benutzt werden. Nichts

scheint uns Menschen mehr zu fuchsen als die Unberechenbarkeit des Wetters. Das lässt uns nicht in Ruhe. Wenigstens ein kleines bisschen in die Zukunft wollen wir sehen können. Deshalb die Fernsehgemeinde, die sich allabendlich vor dem Bildschirm trifft, um den blumigen Ausführungen des Dienst habenden Meteorologen zu lauschen. Wetterfrösche nennt man dieselben, und tatsächlich sind ihre Vorhersagen oft kaum zuverlässiger als die der klassischen Wetterfrösche. Die Laubfrösche, die in kleinen Einmachgläsern auf Holzleitern sitzend ein trauriges Leben fristeten, wussten es auch nicht besser. Kletterten sie nach oben, taten sie das nicht, weil sich ein Hochdruckgebiet näherte, sondern weil der Sauerstoff im engen, warmen Behälter knapp wurde. Überdies steigen Laubfrösche auch in freier Wildbahn im Gezweig umher, wenn sie auf Beute aus sind, ganz egal wie das Wetter ist. Quakten sie, dann nicht, weil sie Regen vorhersagten, sondern weil sie trotz mieser Umstände in Balzstimmung gerieten. Besonders intensiv rufen Frösche nämlich, wenn es zu regnen beginnt. Wer die Zeichen der Natur zu deuten versteht, findet draußen weit bessere Wetterpropheten als den armen Frosch: tief fliegende Schwalben zum Beispiel, schwärmende Ameisen oder die Farbe des Abendhimmels.

FUCHS du hast die Gans

gestohlen ... Jeder weiß, dass Füchse Gänse zum Fressen gerne haben. Das klassische Kinderlied singt es uns ins Ohr, Janosch lässt in seinem nicht weniger klassischen Bestseller ‚Oh wie schön ist Panama' den Fuchs mit der Gans zur Beerdigung gehen (zu ihrer, versteht sich), Akka von Kebnekajses mit Nils Holgerson reisende Gänseschar muss mit seinen ständigen Attacken aus dem Hinterhalt rechnen. Es sei hier nicht in Abrede gestellt, dass sich Füchse gelegentlich eine Gans holen. Füchse sind Opportunisten und nehmen, was sie kriegen. Im Stuttgarter Zoo dezimierte ein exotischen Spezialitäten nicht abgeneigter Stadtfuchs sogar die Flamingos. Doch eine ausgewachsene Gans ist, ebenso wie ein gesunder Feldhase, für einen Fuchs ein großer, oft zu großer und zudem recht wehrhafter Brocken. Eine Graugans wiegt immerhin fünf bis acht Pfund, eine weniger fürs Fliegen als für die Bratröhre gezüchtete Hausgans noch einiges mehr. Bei einem Fuchs-Eigengewicht von sechs bis zehn Kilogramm spielt das schon eine Rolle. Nein, des Füchsleins Lieblingsnahrung sind Mäuse. Insbesondere Wühlmäuse – zu dieser Familie gehören zum Beispiel die Feldmäuse und die Rötelmäuse – jagt er oft stundenlang und höchst erfolgreich. Und selbst noch kleineres wird nicht verschmäht, vom Maikäfer bis zum Regenwurm.

GÄMSEN tragen am Kinn den Gamsbart.

Den Gamsbart, den sich die zünftigen Jäger an den alpenländischen Hut stecken, tragen die Gämsen nicht am Kinn, sondern auf dem Rücken. Für einen besonders prächtigen Gamsbart müssen sogar mehrere Gämsen herhalten. Den frisch erlegten Tieren werden die Haare dafür nicht abrasiert (wie man das bei einem Bart eigentlich annehmen sollte, selbst wenn er am Rücken wächst), sondern ausgezupft. Schließlich gilt: Je länger die Mannespracht, desto besser, und da wird auf kein Millimeterchen verzichtet. Gehobene Ansprüche werden auch an die Farbe gestellt. Möglichst dunkel müssen die Haare sein. Die Spitzen dagegen, der „Reif", sind hell.

GALLÄPFEL sind eine
bitter schmeckende Apfelsorte. Um die

zweitausend verschiedene Apfelsorten listen die Züchter auf, aber
der Gallapfel ist keiner davon. Galläpfel wachsen auf Eichen, und
zwar auf der Unterseite der Blätter, dort, wo die winzige, nur drei bis
vier Millimeter große Eichengallwespe (*Cynips quercusfolii*) ein Ei ins
Gewebe gelegt hat. Sie ruft damit als Reaktion der Pflanze eine spe-
zifisch geformte Wucherung hervor, die wegen ihrer kugelrunden
Form mit bis über zwei Zentimeter Durchmesser als Gallapfel bezeichnet wird. Im Inneren des zuerst grünen, später gleich echten
Äpfeln rot angehauchten Gallapfels entwickelt sich die Larve. Was
den Geschmack dieser Äpfelchen anbelangt: Schmecken muss es in
erster Linie der Larve, die seine Innenwand benagt. Es ist aber anzu-
nehmen, dass der Gallapfel tatsächlich ziemlich bitter ist; schließlich wächst er auf Eichen, die sehr gerbstoffreich sind. Die Gallen
mehrerer Gallwespen-Arten wurden früher vor allem in den Mittelmeerländern in großem Maßstab zur Gerbstoffgewinnung verwendet. Bereits die alten Römer nutzen ihre Inhaltsstoffe auch als Medizin. In Wein gelöst wirken sie adstringierend und helfen so zum Beispiel bei Darmerkrankungen.

Es gibt zahlreiche Arten von Gallwespen, die ganz verschiedene
Pflanzen oder Pflanzenteile befallen und dort als
Kinderstuben jeweils arttypische Gallen entstehen lassen. Bekannt sind zum Beispiel auch
die bis zu fünf Zentimeter großen, mit wu-
scheligen roten Haaren bedeckten Gallen
der Rosengallwespe, die im Volksmund als
Rosenkönige oder Schlafäpfel bezeichnet
werden. Unters Kopfkissen gelegt sollen sie
für ruhigen Schlaf sorgen.

G

GECKOs halten sich mit Saugnäpfen an der Decke.

Die kleinen Echsen scheinen der Schwerkraft mühelos zu trotzen, wenn sie glatte Wände hoch huschen oder gar kopfunter über die Zimmerdecke flitzen. Saugnäpfe an den Füßen? Hierfür gibt es in der Natur immerhin bereits ein Vorbild: die Kraken. Sie erzeugen mit runden Saugnäpfen an der Unterseite ihrer Fangarme einen Unterdruck, mit dem sie einerseits Beute festhalten können, andererseits sich selbst, wenn sie unter Wasser durch Felsen oder Riffe klettern. Geckofüße zeigen unterseits allerdings keine runden Saugnäpfe, sondern eine mikroskopisch feine Behaarung. Beim Tokee, einer asiatischen Gecko-Art, wurde das genauer untersucht: Jeder Fuß weist etwa eine halbe Million Härchen auf, die circa einen Zehntel Millimeter lang sind und zehnmal dünner als das Haar eines Menschen. Diese Härchen sind selbst noch einmal gefiedert. Jedes trägt mehrere hundert Fortsätze, deren Spitzen spatelförmig zu Endplatten verbreitert sind. Zählt man alle vier Geckofüße zusammen, kommt man auf etwa eine Milliarde solcher Endplättchen! Was das mit dem An-der-Decke-Laufen zu tun hat? Ganz einfach: Der Gecko verlässt sich weder auf Klebstoffe noch auf Unterdruck, wenn er kopfunter unterwegs ist, sondern auf Adhäsionskräfte. Diese beruhen auf Wechselwirkungen zwischen den Molekülen verschiedener Stoffe, die wirksam werden, wenn große Flächen in genügend nahen Kontakt miteinander gebracht werden. Und das ist der Trick des Geckos: Durch die extrem feine Auffiederung seiner Fußhärchen schafft er eine enorme Zahl von Kontaktpunkten mit dem Untergrund. An jedem einzelnen entstehen winzige anziehende Kräfte zwischen Untergrund und Echse – in der Summe sind diese Kräfte stark genug, das Tier zu halten. Verstärkt wird das durch eine spezielle Technik, den Fuß aufzusetzen. Er wird nicht einfach auf den Boden gepatscht, sondern „ausgerollt". Anschließend werden die Zehen leicht nach hinten gerückt. Dadurch werden die Endplättchen parallel ausgerichtet, so dass die Adhäsionskräfte maximal wirksam werden. Wenn der Gecko weiterlaufen will, kann er den Fuß nicht einfach heben. Dazu sind die haltenden Kräfte zu stark. Also muss er ihn wieder abrollen, um die adhäsive Bindung an den Untergrund auf diese Weise allmählich so weit zu verringern, dass sich der Fuß problemlos lösen lässt.

Das GEHIRN des Menschen ist das schwerste unter allen Tieren. „Das Denken sollte man den Pferden überlassen." Das

alte Sprichwort basiert auf einer einfachen Gleichung: großer Kopf = großes Hirn. Trotz aller Ironie gar nicht so falsch. Die größten Gehirne haben wirklich die Großkopfeten. Der Blauwal kommt auf eine Hirnmasse von 4700 Gramm, der Elefant sogar auf fast fünf Kilogramm. Da nehmen sich die durchschnittlich 1500 Gramm des Menschen fast bescheiden aus. (Das Pferd hat übrigens 590 Gramm – vergessen wir also das Sprichwort!) Etwas anders sieht es aus, wenn man Hirn- und Körpermasse in Relation setzt. Hier schneidet der Blauwal, dessen Hirn nur 0,007 Prozent des Körpergewichts ausmacht, so schlecht ab, dass man geneigt ist, über „viel Muskeln und wenig Hirn" zu spotten. Der Elefant liegt mit 0,08 Prozent schon besser. Menschen könnten auf ihre zwei bis zweieinhalb Prozent stolz sein, gäbe es nicht die Maus, die auf 3,2 Prozent kommt. Zum Glück haben wir aber noch den Cerebralisationsindex, der einen Wert liefert, der unserer Ausnahmestellung endlich gerecht wird. Dabei wird die Masse des „modernsten" der fünf Teile des Wirbeltierhirns, des Großhirns, mit der der anderen vier Teile verglichen. In der Großhirnrinde sitzt, sehr grob vereinfacht, der Grips. Und hier sind wir endlich einsame Spitze. Mit einem Cerebralisationsindex von 170 lassen wir Delfin (121), Elefant (104) und Eichhörnchen (6,2) weit hinter uns. Allzu weit sollten wir den Gewichts- und Volumenfetischismus aber nicht treiben. Im 19. Jahrhundert beschäftigten sich namhafte Anatomen damit, aus Messwerten beim Menschen die Überlegenheit der Weißen über die Farbigen und der Männer über die Frauen wissenschaftlich zu belegen. Aber schon wer die Entwicklung der Computer in den letzten Jahren verfolgt hat, weiß, dass schiere Größe mit Leistungsfähigkeit nicht unbedingt zu tun hat. Dank immer kleinerer Bauelemente und besserer Verschaltung steckt heute schon in einem Taschenrechner die Potenz eines zimmerfüllenden Großcomputers der 1970er Jahre.

Menschen mit größerem GEHIRN sind intelligenter.

Als der Mensch zum Menschen wurde, begann er zunächst, auf zwei Beinen zu gehen. „Lucy", die berühmteste Vormenschenfrau, marschierte vor drei Millionen Jahren bereits aufrecht durch ostafrikanische Gefilde. Zwischen den Schultern aber trug die kleine Dame einen Affenkopf: große Schnauze, kleines Gehirn. Ihre etwa 450 Kubikzentimeter Schädelinhalt entsprachen ungefähr den Werten heutiger Schimpansen. Im Verlauf der nächsten drei Jahrmillionen veränderte sich der menschliche Schädel stark. Das Gehirnvolumen verdreifachte sich auf durchschnittlich 1.350 Kubikzentimeter und es ist sicher nicht falsch, unsere gestiegenen intellektuellen Fähigkeiten im Zusammenhang mit der Zunahme der Gehirnkapazität zu sehen. Da scheint der Umkehrschluss von der Gehirngröße auf die Intelligenz auf der Hand zu liegen. In der Tat bemühten sich Anatomen des 19. Jahrhunderts intensiv, einen solchen Zusammenhang nachzuweisen. Mit mehr als leichter Beklemmung liest man in Stephen Jay Goulds Buch „Der falsch vermessene Mensch" (1981, deutsch 1983), wie die Elite der damaligen Wissenschaft im Bestreben, die bestehende Weltordnung mit exakten Daten zu rechtfertigen und zu untermauern, eben diese sträflich fälschte. Dabei vermutete Gould, der viele Messungen nachvollzog, dass die meisten Fälschungen gar nicht absichtlich geschahen, sondern „aus Versehen" unterliefen, um ein gewünschtes und von vornherein nicht angezweifeltes Ergebnis zu erhalten. Und was sollte nachgewiesen werden? Dass Männer mehr Hirn hätten als Frauen, Weiße mehr als andere Menschengruppen, kurz: dass die Herrschaft der Weißen über die Farbigen und des Mannes über die Frau Teil einer natürlichen Weltordnung sei.

Wären die Folgen dieser Weltanschauung nicht so erschreckend, man käme in Versuchung, über diese wissenschaftliche Diskussion zu schmunzeln. Denn bei allen Messungen der Hirngröße wurde eines viel zu wenig bedacht: Dass das Hirnvolumen allenfalls eine sehr pauschale Aussage über die Intelligenz zulässt. Neanderthaler hatten im Durchschnitt ein größeres Schädelvolumen als heutige Menschen. Waren sie intelligenter? Warum aber haben sie dann das evolutionäre Rennen gegen uns verloren? Überdies: Normale menschliche Hirne können zwischen etwa 1000 und 2000 Gramm wiegen. Am oberen Ende der Skala lag lange mit 1820 Gramm das von George Cuvier (1769–1832), dem wir als glänzendem Naturwissenschaftler und Begründer der Paläontologie (der Wissenschaft von den vorzeitlichen Tieren und Pflanzen) sicherlich große Intelligenz zubilligen können. Er wurde später von dem russischen Schriftsteller Iwan Turgenjew (2 000 Gramm) sogar noch übertroffen. Am unteren Ende, anscheinend aber trotzdem kein Dummerchen, erscheint der Schriftsteller Anatole France (Literaturnobelpreisträger 1921), dessen Gehirn gerade mal 998 Gramm auf die Waage brachte.

Alle Versuche, das Genie Albert Einsteins und anderer Koryphäen aus ihren Gehirnmassen zu erklären, blieben vergeblich. Und so landete die Theorie von einer allzu direkten Beziehung zwischen Gehirngröße und Intelligenz dort, wo sie hingehört: auf dem Müllhaufen der Wissenschaftsgeschichte.

Alle GEIER fressen Aas.
Der Prototyp eines Geiers, der Gänsegeier, frisst nichts als Aas. Andere nehmen auch mal was Lebendiges, wenn es sich bietet, sei es einen vorwitzigen, vom Kadavergeruch angelockten Aaskäfer wie den Totengräber oder auch eine Schildkröte. Ganz ungeiermäßig ernährt sich nur der kleinste aller Geier, der plumpe, kurzhalsige Palmgeier: Er ist Vegetarier und liebt besonders die Früchte der Ölpalmen. Nur nebenher frisst er auch Fleisch, wie sich das für einen Greifvogel gehört: Fische, Krabben oder Schnecken. Auch sein einziges Junges füttert er mit den Früchten der Öl- oder Raphiapalme.

GEPARDen sind hauptsächlich durch Inzucht gefährdet.
Der Gepard, der schnellste Kurzstreckensprinter, den es auf der Erde gibt, ist selten geworden. Die Bestände der schlanken, langbeinigen Raubkatze mit dem einstmals riesigen Verbreitungsgebiet von Südafrika bis in den Mittleren Osten und nach Indien sind auf etwa

12 000 Tiere geschmolzen. Mitte der 1980er Jahre wurden die Naturschützer durch die Meldung aufgeschreckt, der Gepard sei womöglich durch Inzucht stärker gefährdet als durch die „klassischen" Faktoren Lebensraumverlust und direkte Verfolgung. Grundlage dieser ernsten Warnung waren genetische Untersuchungen, die angestrengt wurden, weil sich gefangene Geparden nur schwer züchten lassen. Lediglich fünfzehn Prozent der Wildfänge vermehren sich in Gefangenschaft und die Jungensterblichkeit ist mit über dreißig Prozent in den ersten Lebensmonaten hoch (im Freiland überleben nur etwa fünf Prozent der Jungen bis zur Geschlechtsreife). Will man den Gepardenbestand durch Nachzuchten stützen oder gar retten, sind solche Werte ungenügend.

Stellt sich kein oder zu wenig Nachwuchs ein, ist Ursachenforschung durch Reproduktionsmediziner angesagt. Diese diagnostizierten bei Geparden eine, verglichen mit der Hauskatze, stark verminderte Spermakonzentration und -qualität: ein erstes Alarmzeichen. Daraufhin wurden genetische Untersuchungen durchgeführt, bei denen eine ungewöhnlich starke Ähnlichkeit des Erbguts der fünfzig verglichenen Tiere nachgewiesen wurde (normalerweise sind viele Gene von Tier zu Tier nicht völlig identisch, sondern zeigen eine gewisse, wenn auch geringe Variabilität). Einige weitere Indizien im Knochenbau und die Feststellung, dass Geparden Hauttransplantate nicht verwandter Artgenossen besser vertrugen als üblich – ebenfalls ein Hinweis auf ungewöhnliche genetische Ähnlichkeit – stützten die Diagnose: Verlust der genetischen Vielfalt durch Inzucht, entstanden vermutlich durch „Flaschenhälse" in der Evolution des Geparden. Damit ist das Schrumpfen von Populationen auf nur wenige Individuen gemeint, auf deren eingeschränkter Gen-Ausstattung die gesamte, sich später wieder erholende, dann aber genetisch verarmte Population aufbaut.

Der Gepard – ein Opfer der Inzucht, unrettbar verloren infolge genetischer Verarmung? Dem ersten Schreck auf diese Diagnose folgte eine intensive Diskussion. Gegenargumente kamen auf den Tisch: „Schlechte Gene" seien in der Serengeti kaum für die hohe Kindersterblichkeit verantwortlich, drei Viertel der Todesfälle gingen dort auf das Konto von Löwen und Hyänen. Fehlt deren Einfluss, wie in Namibia, wo Löwen und Hyänen durch Viehzüchter weitgehend ausgerottet sind, geht es mit den Geparden aufwärts. Auch unterscheidet sich die Erfolgsrate bei der Gepardenzucht in Zoos kaum von der anderer Katzen-Arten wie Löwe, Tiger, Irbis oder Serval; allerdings erschweren Raumansprüche und Sozialsystem die artgerechte Haltung von Geparden, eine Voraussetzung für die erfolgreiche Zucht. Die große Zahl defekter Spermien scheint jedenfalls kein Hindernis für eine hohe Befruchtungsrate zu sein, wenn sie denn ermöglicht wird.

Auch wenn die Debatte noch nicht abgeschlossen ist: Alle Beteiligten gehen inzwischen davon aus, dass auch beim Geparden Inzucht nicht die ausschlaggebende Rolle spielt, wie zunächst angenommen oder befürchtet. Nach wie vor liegen die größten Gefahren in der Einengung der Lebensräume. Diese Probleme zu lösen, wird schwierig genug ...

Das GESCHLECHT wird bei der Befruchtung festgelegt. An diese

Regel halten sich fast alle Tiere. Die Krokodile allerdings fallen aus der Rolle. Hier entscheidet die Temperatur im Nest über das Geschlecht. Die meisten Krokodile häufen Hügel aus Pflanzen und Erde auf, in die sie ihre Eier legen. Sechzig bis hundert Tage vergehen, bis die jungen Krokodile schlüpfen. Weitgehend unabhängig von der Außenwelt beträgt die Temperatur in einem solchen Bruthügel immer etwa dreißig Grad Celsius. Dafür sorgen einerseits verrottende Pflanzen, die Wärme erzeugen, andererseits die Brutpflege der Weibchen. Die Krokodilmutter muss sicherstellen, dass die Temperatur nie längere Zeit unter 27 Grad Celsius sinkt oder über 34 Grad Celsius steigt, da sonst die Embryonen absterben. Aber die Temperatur im Nesthügel hat noch viel weiter gehende Auswirkungen. Beim Mississippi-Alligator ebenso wie bei einigen anderen daraufhin untersuchten Arten entstehen bei Nesttemperaturen unter 31 Grad Celsius in den ersten Wochen der Ei-Entwicklung lauter Weibchen, bei Temperaturen über 32 Grad Celsius Männchen. Liegt die Temperatur dazwischen, schlüpfen beide Geschlechter. Bei einigen anderen Krokodil-Arten werden die Babys unter 31 Grad Celsius und über 33 Grad Celsius weiblich, bei Zwischentemperaturen ist auch mit Männchen zu rechnen.

Welcher biologische Sinn hinter diesem merkwürdigen Phänomen steckt, ist noch unklar. Vermutet wird ein Zusammenhang mit dem Paarungssystem der Krokodile. Bei vielen Arten gelangen durch eine strenge soziale Rangordnung nur die größten Männchen zur Paarung, während die Weibchen alle eine Fortpflanzungschance haben. Vielleicht entstehen Männchen vor allem dann, wenn optimale Temperaturen auch eine Chance zu optimalem Wachstum geben. Mickrige Männchen sind nämlich vom familienplanerischen Standpunkt aus eine Fehlinvestition, kleiner gewachsene Weibchen dagegen nicht.

Das GESCHLECHT
kann nicht gewechselt werden. Unser Geschlecht ist unser Schicksal. Im Augenblick der Befruchtung wird festgelegt, ob wir unser weiteres Dasein als Mädchen oder als Knäb-

chen fristen dürfen. So ist das bei den meisten Tieren. Zwitter oder Hermaphroditen sind aber gar nicht so selten, bei den Schnecken etwa oder bei vielen parasitischen Würmern. Hermaphroditos war der Sohn der griechischen Götter Hermes und Aphrodite, der, als er eine in ihn verliebte Nymphe abblitzen ließ, von den Göttern mit ihr zu einem Doppelwesen – halb männlich, halb weiblich – zwangsvereinigt wurde. Hermaphroditen produzieren sowohl Ei- als auch Spermazellen.

Was für Tiere die Ausnahme ist, ist für Pflanzen die Regel: Die überwiegende Mehrzahl aller Samenpflanzen bildet Staub- und Fruchtblätter auf einem Individuum, meist sogar in einer Blüte. Viel ungewöhnlicher ist es, wenn einer im Lauf des Lebens vom Männchen zum Weibchen (oder andersrum) mutiert, sein Geschlecht also wechselt. So machen das die Pantoffelschnecken (die nach ihrer Form so genannt werden). Seit 1934 kommt die ursprünglich amerikanische Art auch an der deutschen Nordseeküste vor. Oft bilden mehrere Schnecken übereinander sitzend eine Paarungskette. Wer bei den Pantoffelschnecken unter dem Pantoffel steht, ist klar: Die unteren, größeren Tiere sind Weibchen, oben sitzen kleine Männchen und dazwischen mittelgroße Schnecken, die sich mitten in der Umwandlung von Letzteren zu Ersteren befinden. Konsekutivzwitter nennen die Biologen solche Geschlechterwechsler. Auch bei manchen Fischen gibt es das. Blaukopf-Lippfische werden überwiegend als Weibchen geboren (dann sind sie gelb) und wachsen später zu blauen Männchen heran. Ein Verwandter, der Lippfisch *Labroides dimidiatus*, bekannt als Betreiber von Putzerstationen im Riff, lebt in Harems aus einem Männchen und mehreren Weibchen. Verschwindet das Männchen, übernimmt entweder ein anderes die herrenlosen Weibchen oder eine der Haremsdamen wandelt sich innerhalb weniger Tage zum neuen Boss.

Der Mensch unterscheidet vier GESCHMACKSKATE-GORIEN.

Fragen Sie mal einen Gourmet, wie viel unterschiedliche Geschmacksempfindungen ein Mensch haben kann. Fast unendlich viele, so scheint es wenigstens dem Kenner und Liebhaber der exquisiten Küche. Und doch lässt sich alles in ganz wenige Grundkategorien einteilen. Vier sind es nach herkömmlicher Anschauung: salzig, süß, bitter und sauer. Auf jede diese Grundgeschmacksqualitäten reagieren die Sinneszellen auf der Zunge anders. Zu diesen altbekannten Vieren kam erst Ende der 1990er Jahre, von japanischen Forschern entdeckt, ein fünfter, der in den Sinneszellen ebenfalls eine spezifische Reaktion hervorruft. Im Japanischen nennt man diesen neuen Grundgeschmack „umami" – den Deutschen fehlt ein entsprechendes Wort leider, sodass es uns ziemlich schwer fällt, damit etwas zu verbinden. „Umami" ist der Geschmack von Aminosäuren (den Grundbausteinen der Proteine) bzw. deren Salzen. Dazu gehört zum Beispiel das von der Lebensmittelindustrie als „Geschmacksverstärker" eingesetzte Glutamat. Er ist vor allem mit sehr proteinreicher Nahrung wie Fleisch oder Soja verbunden. Wenn sich nicht ein besserer Ausdruck dafür findet, wird „Umami" eines Tages vielleicht als „Fleischgeschmack" populär. Das japanische Wort umami bedeutet neben „fleischartig" aber auch „wohlschmeckend" oder „würzig".

GETREIDEKÖRNER sind Grassamen.

Bei der erfolgreichsten Pflanzengruppe der Welt, den Bedecktsamern, sind die Samen in Früchte verpackt. Diese dienen einerseits dem Schutz der empfindlichen Samenanlage, andererseits helfen sie später oft bei einer effektiven Verbreitung durch leckeres, Tiere anlockendes Fruchtfleisch, durch Flugeinrichtungen, Klett- oder Schleudermechanismen und Ähnliches mehr. Dabei geben sie die Samen frei. Bei Gräsern allerdings (und dazu gehören die Getreide-Arten) sind Samen und Fruchtwände untrennbar miteinander verwachsen. Das Getreidekorn ist also kein nackter Samen, sondern eine (Achäne genannte) Frucht. Als Schutz dienen die nicht zur Frucht gehörenden Spelzen, die mit ihren oft langen Grannen auch bei der Verbreitung der Achänen helfen.

GEWÜRZNELKEN
sind die Samen umgezüchteter Gartennelken. Wenn man sie riecht, denkt man sofort an Weihnachten. Lebkuchen oder Glühwein sind ohne sie nicht denkbar. Auch bei der Likör- und Parfümherstellung werden sie verwendet. Aber im heimischen Garten lassen sich Gewürznelken nicht anbauen. Mit unseren Nelken haben sie nur den Namen gemein, den sie ihrer Form verdanken. Sie gleichen einem kleinen Nagel (= Nägelin = Nelke). Dabei bilden die vier zu einer kleinen Kugel aufgewölbten und von den Kelchblättern gesäumten Blütenblätter den Kopf, der Fruchtknoten die Spitze des Nagels. Das Ganze wächst auf einem zehn bis zwölf Meter hohen, immergrünen tropischen Baum, dem Gewürznelkenbaum, und ist eine getrocknete Blütenknospe. Blühen die Bäume, ist es zur Ernte zu spät, denn der Gehalt an ätherischen Ölen (überwiegend Nelkenöl) geht dann stark zurück.

Schlangen sind die GIFTIGsten Tiere. Vorweg: Wie stark ein Gift wirkt, lässt sich eigentlich nur im (Tier-)Versuch ermitteln und dann auf den Menschen übertragen. Dabei müssen wir uns aber im

Klaren darüber sein, dass nicht alle Gifte gleich stark auf verschiedene Arten wirken und dass auch nicht alle Individuen gleich reagieren. Während ein Bienenstich normalerweise nur eine leichte juckende Schwellung hinterlässt, müssen manche Allergiker den Tod befürchten.

Als stärkstes Gift gilt nicht das einer Schlange, sondern das des südamerikanischen Baumsteigerfrosches *Phyllobates terribilis*, der seinen Artnamen *terribilis* (= schrecklich) nicht umsonst trägt. 0,00001 Gramm seines Giftes können einen mittelgroßen Mann umbrin-gen, der Giftgehalt eines einzigen Frosches reicht für zehn Menschen oder 20 000 Labormäuse – ein Ergebnis, das, so wollen wir hoffen, nur mit dem Stift auf dem Papier errechnet wurde. Allerdings scheint der Frosch sein die Funktion der Nerven blockierendes Gift gar nicht selbst herzustellen. Er verdankt es vielleicht Bakterien, die ihm nur im natürlichen Lebensraum zur Verfügung stehen. Nachzuchten im Terrarium verlieren nämlich ihre Giftigkeit. Die Baumsteigerfrösche werden von südamerikanischen Indianern als Pfeilgiftlieferanten benutzt. Für Menschen besteht beim Hantieren mit den Fröschen keine Gefahr, solange sie keine offenen Wunden oder Kratzer haben. Denn die Frösche greifen niemals an – ihre Hautgifte dienen wie die aller Amphibien der passiven Verteidigung. Todesfälle sind deshalb auch selten. Zudem warnen die meisten der hoch giftigen Lurche durch auffällige Farbkombinationen.

Schlangen, die sich bedroht fühlen, gehen dagegen oft in die Offensive. Viele Giftschlangen haben mit ihren Zähnen auch äußerst wirkungsvolle Mittel, ihr Gift zu injizieren. Und schließlich sind sie meist größer als die Giftfrösche; selbst wenn das Gift etwas schwächer sein sollte, macht's dann die Dosis. Das Gift einer einzigen Kobra genügt, um über fünfzig Menschen ins Jenseits zu befördern.

Schon dadurch fallen den Schlangen wesentlich mehr Menschen zum Opfer als den Amphibien. Auf etwa 50 000 pro Jahr wird die Zahl der Schlangenbisse mit Todesfolge weltweit geschätzt.

Auch Spinnen kosten zahlreichen Menschen alljährlich das Leben. Besonders berüchtigt ist die südamerikanische Kammspinne *Phoneutria*, die gelegentlich mit Obst auch nach Europa gelangt ("Bananenspinne"). Die bis fünf Zentimeter lange Spinne gilt als äußerst aggressiv, springt einem vermeintlichen Feind mit einem bis zu fünfzig Zentimeter weiten Satz entgegen, rennt dann blitzschnell weiter und beißt mehrmals zu, oft mit tödlichen Folgen (siehe Seite 335).

GIRAFFEn haben von allen Säugetieren die meisten Halswirbel.

Was bei anderen Tiergruppen stimmt – je länger der Hals, desto mehr Wirbel – gilt für Säugetiere nicht. Hier haben fast alle Arten sieben Halswirbel, vom gedrungenen Maulwurf bis zur langhalsigen Giraffe. So sind der Beweglichkeit des Giraffenhalses Grenzen gesetzt. Die schlangenhafte Eleganz eines wirbelreichen Schwanenhalses wird er nie erreichen. Ganz wenige Ausnahmen von der Siebener-Regel gibt es übrigens doch: Die zu den Seekühen gehörenden Manatis haben sechs Halswirbel, ebenso wie das Zweifinger-Faultier. Dafür hat das Dreifinger-Faultier neun.

GLÜHWÜRMCHEN

sind Würmer. Wie so oft sind auch diese „Würmchen" Insekten. Anders als die „Würmer" im Apfel (siehe Seite 21) sind sie aber keine Larven, sondern erwachsene Tiere. Die Weibchen der drei heimischen Leuchtkäfer-Arten sehen allerdings nicht so aus, wie es sich für einen ordentlichen Käfer gehört – die Männchen dagegen schon. Die Weibchen gleichen auch erwachsen noch den flügellosen Larven. Abends stellen sie ihre Lichter an. Grüne Laternen sollen Männchen anlocken. Bei den drei heimischen Glühwürmchen geben sie ein Dauerlicht ab, während viele tropische Leuchtkäfer arttypische Morsesignale aussenden. Bei manchen Arten leuchten auch die Männchen, die Larven und selbst die Eier. Erzeugt wird das Licht in einer kalten chemischen Reaktion, bei der 95 Prozent, also fast die gesamte frei werdende Energie, als Licht abgestrahlt wird – ein Wirkungsgrad, von dem Ingenieure nur träumen können. Bei der konventionellen Glühbirne dienen gerade mal fünf Prozent der eingesetzten Energie der Erleuchtung.

GRIZZLYs sind die größten Bären. Zunächst einmal: Der Grizzlybär ist keine eigene Art, sondern die nordamerikanische Unterart des Braunbären, der auf der Nordhalbkugel der Erde weit verbreitet ist. Einer ökologischen Regel gemäß sind bei warmblütigen Tierarten, die in sehr unterschiedlichen Klimazonen vorkommen, die in wärmeren Gegenden lebenden Individuen kleiner als die in kälteren. Der Grund:

Große Tiere haben eine im Verhältnis zum Körpervolumen kleinere Oberfläche, verlieren also weniger Wärme. Diese Regel bestätigt sich auch beim Braunbären. Solche aus Syrien übertreffen mit einer Schulterhöhe von 90 Zentimetern große Hunderassen nur unwesentlich. Auch die wenigen verbliebenen Alpenbären sind nicht viel größer. Bei einer Körperlänge von etwa 1,7 Metern wiegen sie um die 70 Kilogramm. Nordeuropa weist dagegen schon ganz stattliche Exemplare auf (2,2 Meter, 250 Kilogramm). Um den Titel der größten Braunbären streiten sich die Kodiakbären aus Alaska und die Kamtschatkabären aus Ostasien. Beide übertreffen den Grizzly deutlich. Schulterhöhen von 120 Zentimetern und eine Gesamtlänge von drei Metern sind keine Seltenheit. Ein Höchstgewicht von 800 Kilogramm ist verbürgt, von über eine Tonne wiegenden Kamtschatkabären wird gemunkelt.

Soweit zu den Braunbären, unter denen der Grizzly also keineswegs der größte ist. Zumindest bis ein über tonnenschwerer Kamtschatka-Braunbär tatsächlich nachgewiesen wird, halten aber die weißen Vettern der braunen Petze den Rekord. Der größte und schwerste je gemessene und gewogene Eisbär hatte eine Körperlänge von 3,65 Meter und wog 1002 Kilogramm.

GORILLAs sind besonders gefährliche Affen.

Schon die schiere Größe ist beeindruckend. Fast zwei Meter groß und zweihundert Kilo schwer wird ein erwachsener Gorillamann. Furchtein-

flößend sind seine Drohgebärden. Wenn
der Gorilla sich aufrichtet und mit beiden
Händen auf die Brust trommelt oder
wenn er gar laut schreiend auf einen
Widersacher (oder einen störenden
Menschen) zuprescht, kann man
schon nervös werden, selbst wenn
man weiß, dass der Gorilla nicht an-
greifen, sondern nur Eindruck schinden
will. Dieses Ziel erreicht er fast immer, und
mehr ist auch nicht nötig. Nachdem Jahrhun-

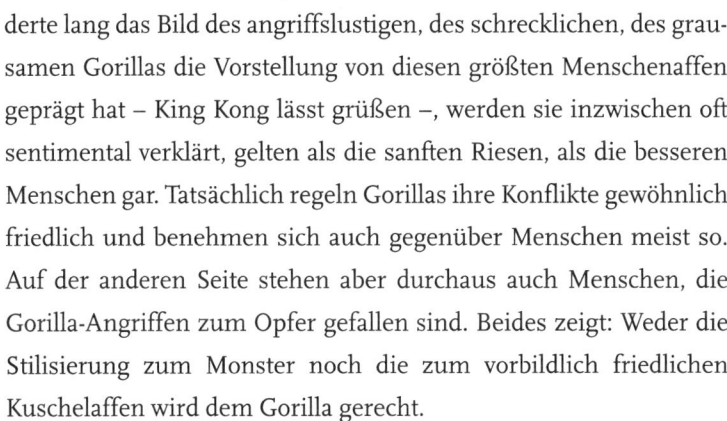

derte lang das Bild des angriffslustigen, des schrecklichen, des grau-
samen Gorillas die Vorstellung von diesen größten Menschenaffen
geprägt hat – King Kong lässt grüßen –, werden sie inzwischen oft
sentimental verklärt, gelten als die sanften Riesen, als die besseren
Menschen gar. Tatsächlich regeln Gorillas ihre Konflikte gewöhnlich
friedlich und benehmen sich auch gegenüber Menschen meist so.
Auf der anderen Seite stehen aber durchaus auch Menschen, die
Gorilla-Angriffen zum Opfer gefallen sind. Beides zeigt: Weder die
Stilisierung zum Monster noch die zum vorbildlich friedlichen
Kuschelaffen wird dem Gorilla gerecht.

GOTTESANBETE-RINNEN fressen ihre Männchen während der Paarung.

Sex and crime üben seit je-
her eine enorme Faszination aus. Kein Wunder, dass das Liebesgeb-
aren der Gottesanbeterin immer wieder mit lüsternem Grusel in allen Einzelheiten ausgebreitet wird. Wie das große Weibchen,
sphinxhaft unbeweglich und dadurch ebenso wie durch seine grüne

Färbung hervorragend getarnt, auf Beute lauert, die es blitzschnell mit seinen lang bedornten Fangarmen zuschlagend erbeutet. Wie sich das viel kleinere Männchen langsam von hinten anpirscht, um schließlich schnell auf den Rücken seiner Partnerin zu springen, sich dort festzuklammern und sie mit den Fühlern zu streicheln. Wie sich die Enden der Hinterleiber finden. Und wie, grausiger Höhepunkt, nach stundenlanger Paarung die Fresslust des Weibchens die Oberhand über die geschlechtliche gewinnt (falls Insekten dergleichen empfinden) und es, mit dem Kopf beginnend, den Ehepartner noch während der Vereinigung zu verspeisen anfängt ... Dergleichen kommt vor, doch lange nicht so regelmäßig wie früher angenommen. Wenig Chancen haben die Männchen allerdings im kleinen Beobachtungsterrarium des Insektenforschers. Hier lassen sie ihr Leben ungleich häufiger als in freier Wildbahn, wo sie sich nach vollzogenem Akt besser in die Büsche schlagen können.

GRÄSER sind immer klein.

Verkehrte Welt: In Bambuswäldern wandelt man nicht auf dem Rasen, sondern käfergleich zwischen den Gräsern. Ansonsten gleichen die bis zu 25 Meter hohen, über hundert verschiedenen Bambus-Arten ihren kleinen Verwandten sehr. Ihre Stängel sind zwar aus Stabilitätsgründen stark verholzt, aber ebenso durch Knoten gegliedert wie die der Gräser unserer Wiesen. Auch die Blätter sind typische Grasblätter, lang und schlank, mit parallel verlaufenden Blattadern. Selbst die Eigenart, in Monokulturen zu wachsen, erinnert an einen englischen Rasen. Die (natürlich ebenfalls grastypischen) unauffälligen Blüten erscheinen erst nach Jahren oder gar Jahrzehnten. Dann allerdings blühen riesige Bestände gleichzeitig, um anschließend abzusterben – Katastrophen für einen der exklusivsten Liebhaber des Bambus, den nicht von ungefähr auch Bambusbär genannten Großen Panda. Wer nicht nach Asien reisen will, um Riesengräser zu sehen, kann sich ein Pampasgras in den Garten pflanzen. Oder in einem Schilfmeer untertauchen – auch hier wachsen einem die Gräser über den Kopf.

GRASMÜCKEN sind im Gras lebende Insekten.

Dass sich hinter diesem Namen kein Insekt, sondern ein Vogel verbirgt, bringt erst die linguistische Feinanalyse an den Tag. Nicht von Gras und Mücke leitet sich die Bezeichnung ab, sondern von gra (= grau) und dem mittelhochdeutschen Wort smucka (= schmiegen). Und schon haben wir den kleinen grauen Singvogel, der sich unauffällig durchs heimische Gebüsch drückt. Aber gar so schlecht passt auch die Mücke nicht zur Grasmücke. Schließlich ernähren sich die meisten Grasmücken-Arten ganz überwiegend von Insekten.

Je größer der HAI, desto gefährlicher ist er.

Haie gibt es in Größen zwischen fünfzehn Zentimetern und vierzehn Metern. Dass man sich vor den kleinsten nicht besonders fürchten muss, liegt auf der Hand. Aber wie sieht es mit dem anderen Ende der Größenskala aus? Ein Blick auf den Walhai, den bei weitem größten lebenden Fisch, lässt uns gleich alle Vorurteile begraben, schiere Größe bedeute große Gefahr. Er gehört zwar nicht verwandtschaftlich, aber ökologisch in eine Gruppe mit den großen Bartenwalen. Wie sie ernährt er sich von Plankton und Kleinfischen, die er mit einem wahrhaft riesigen Maul auffängt. Nicht viel anders macht es der bis knapp zehn Meter lange

Riesenhai, dessen zu Reusen umgebaute Kiemen Nahrung aus dem durchströmenden Wasser filtern. Und auch der Riesenmaulhai, trotz etwa fünf Metern Länge erst 1976 entdeckt, lebt von Plankton. Umstritten ist übrigens die Größe, die ein Walhai erreichen kann. Sicher verbürgt sind die oben erwähnten vierzehn Meter. Ob man Größenangaben bis 21,4 Meter ernst nehmen oder als Anglerlatein abtun muss, ist unklar. Angriffe auf Menschen – selbst auf lästige Taucher – wurden nie beobachtet. Gelegentlich kommt es aber zu Unfällen mit Booten, meist, weil die Schiffe die sonnenbadend vor sich hindösenden Haie rammen.

Wo liegen dann die Gefahren für Schnorchler und Schiffbrüchige? In der oberen Mittelklasse. Der Weißhai (vier bis sechs Meter Länge), der Blauhai (bis vier Meter), der Gemeine Grundhai (bis dreieinhalb Meter) oder der Tigerhai (bis sechseinhalb Meter, meist aber kleiner) sind neben ein paar noch kleineren Arten die Haupt-Missetäter. Allerdings wird die Gefahr, in einem Hai zu enden, angesichts der alljährlich nur wenigen Unfälle mit Todesfolge maßlos übertrieben.

HAIe greifen gern Menschen an.

Als blutrünstiges Monster geistert vor allem der Weißhai oder Menschenhai durch Fantasie und Film. Die Wirklichkeit sieht dagegen anders aus. Zwar steht der bis sechs Meter lange Weißhai (zusammen mit dem Schwertwal, der einen ähnlich schlechten Ruf hat) an der Spitze der Nahrungsketten im Meer. Er jagt nicht nur Fische, sondern auch Robben und Delfine. Angriffe auf Menschen sind aber selten. Sie gehen vielleicht einfach darauf zurück, dass man dem Hai zu nahe getreten ist, was er auch bei Artgenossen recht übel nimmt. Möglich auch, dass Schwimmer und Surfer im Umriss seiner Meeressäuger-Beute etwas ähneln und ganz respektlos als Appetithappen betrachtet werden. Viele angegriffene Menschen zeigen aber eher Verletzungen, die auf eine etwas ruppige Neugierde zurückgehen. Haie untersuchen interessante Gegenstände nämlich oft mit geöffnetem Maul. Ihre rasiermesserscharfen Zähne hinterlassen allerdings auch bei diesem feinfühligen Vorgehen schwere Wunden.

Inzwischen ist aus dem Jäger ein Gejagter geworden. Zwar haben Weißhaie ein riesiges Verbreitungsgebiet. Sie leben weltweit in den wärmeren Meeren (auch im Mittelmeer), sind aber überall selten. Da sie erst mit bis zu zwölf Jahren geschlechtsreif werden und jeweils nur wenige, weit entwickelte Junge zur Welt bringen, sind sie durch Fischerei und Andenkenjäger gefährdet. Für die mit furchterregenden Zahnreihen bestückten Kiefer ausgewachsener Tiere werden hohe Summen bezahlt. In manchen Ländern steht der Weißhai deshalb schon unter Schutz.

Bleibt anzumerken, dass es nur ganz wenige Hai-Arten sind, auf deren Konto die jährlich etwa dreißig Angriffe mit tödlichem Ausgang gehen. Neben dem Weißhai sind es vor allem Tigerhai und Gemeiner Grundhai, die dem Menschen gefährlich werden können.

Die meisten der etwa 340 Hai-Arten sind aber völlig harmlos. Viele kleine Haie machen auf der Schwanzspitze kehrt, sobald sie einen Menschen sehen. Und der riesige Walhai (mit bis vierzehn Meter Länge der größte Fisch überhaupt) ist ebenso wie der bis zehneinhalb Meter lange Riesenhai ein friedlicher Planktonfresser.

HAINBUCHEN sind Buchen.

Die klassische Buche, die echte, wenn man so will, ist die Rotbuche (*Fagus sylvatica*), der man die Hainbuche als Weißbuche beigesellt hat. Selbst oberflächliche Betrachtung enthüllt sofort, dass hier wohl keine allzu enge Verwandtschaft vorliegt. Die silbrige glatte Borke der hochgewachsenen Rotbuche ist ebenso unverwechselbar wie der mit unregelmäßigen Längsstreifen und -wülsten versehene Stamm der Hainbuche. Den eiförmigen Buchenblättern stehen die der Hainbuche gegenüber, die einen fein doppelt gesägten Rand haben. Besonders deutlich unterscheiden sich die Blütenstände und die Früchte, bei der Buche die bekannten dreieckigen Bucheckern, bei der Hainbuche kleine Nüsschen, die von einem dreilappigen geflügelten Blättchen mit dem Wind verdriftet werden. Der nächste heimische Verwandte der Hainbuche ist die Haselnuss, während die Buche mit der Eiche und Esskastanie eine Familie bildet.

Als Nutzholz hat die Buche der Hainbuche den Rang abgelaufen. Letztere, deren Holz schwerer ist als das der Eiche, war einst sehr begehrt an Stellen, an denen es hart zuging: Hackklötze, Mühlräder, Holzschrauben, Werkzeugschäfte waren aus Hainbuchenholz. Nach wie vor dient sie, weil sie sich, ganz anders als die Rotbuche, hervorragend in Form schneiden lässt, als Hecke. Die allenthalben gepflanzten Buchenhecken sind also gar keine.

Die HASELMAUS ist eine Maus.

Der „Mäuselook" ist so unüblich nicht bei kleinen Säugetieren. Es gibt Insektenfresser, die so daherkommen (Spitzmäuse) und sogar mit den Kängurus verwandte Beutelmäuse. Verglichen mit diesen gehören die Haselmäuse sogar in die nähere Verwandtschaft der richtigen Mäuse, sind sie doch beide Nagetiere.

Innerhalb dieser erfolgreichsten Säugetiergruppe der Welt aber trennen Haselmaus und Maus Welten. In der Sprache des zoologischen Systematikers ausgedrückt, der die Vielfalt des Lebens in ein streng hierarchisches System einordnet: Was wir hierzulande gemeinhin als Maus bezeichnen, gehört entweder in die Familie der Echten Mäuse (Muridae) – Beispiele sind Hausmaus, Waldmaus und Wanderratte – oder in die der Wühler (Cricetidae) – zum Beispiel Feldmaus oder Schermaus. Beide Familien werden mit zahlreichen anderen wieder in einer höheren Kategorie zusammengefasst, in der Gruppe der Mäuseverwandten (Myomorpha) innerhalb der Nagetiere. Die Haselmaus aber gehört in die Gruppe der Bilchverwandten (Glirimorpha), die wesentlich weniger artenreich lediglich eine einzige Familie einschließt, die der Bilche (Gliridae). Bilche werden auch als Schlafmäuse bezeichnet. Abgesehen davon, dass dieser Name schon wieder die irreführende Maus ins Spiel bringt, ein Hinweis darauf, dass die Bilche überwiegend nachtaktiv sind. Die Haselmaus ist die kleinste heimische Art, der Siebenschläfer die größte. Daneben gehören noch Garten- und Baumschläfer zu den Bilchen.

HASEn schlafen mit offenen Augen.
Abwarten bis die Gefahr vorübergeht, heißt die bewährteste Hasentaktik. Bewegungslos in die Sasse gekauert, scheint der Hase mit offenen Augen zu schlafen. Das aber täuscht: Er hat die Situation genau im Rundumblick. Die seitlich am Kopf sitzenden Augen garantieren, dass sich auch von hinten nie-

mand heimlich anschleichen kann. Erst wenn klar ist, dass Flucht wirklich der einzige Ausweg ist, sprintet der Hase los. Schon vorher hat er den Motor auf Touren gebracht, der Puls steigt auf den doppelten Ruhewert. Bereits sein Blitzstart – in kürzester Zeit von null auf achtzig Kilometer pro Stunde – verblüfft den Verfolger und bringt wertvolle, vielleicht lebensrettende Sekunden. Übrigens: Wenn Hasen wirklich schlafen, machen sie die Augen zu. Sollte sich dann jemand in böser Absicht nähern, wird's gefährlich. Viel Chancen hat er aber nicht: Ein paar Minuten Tiefschlaf am Tag reichen dem Hasen.

HAUSWURZ auf das Dach gepflanzt wehrt den Blitz ab.

Jupiters Bart, Donars- oder Thorsbart wurde die Hauswurz im Mittelalter genannt und allerorten auf die Dächer gepflanzt. Zu den Fähigkeiten der namengebenden Gottheiten gehörte das Schleudern von Blitzen. Die Hauswurz sollte dieselben abhalten. Der Ursprung dieses Glaubens liegt im Dunkeln; möglicherweise wurzelt er in germanischen Vorstellungen. Leider hat er keinerlei naturwissenschaftlichen Hintergrund und auch Technikskeptikern, die hier einen ökologischen Ersatz für den metallenen Blitzableiter wittern, muss abgeraten werden. Eine Funktion erfüllten die dichten Rosetten und das verfilzte Wurzelwerk der Kälte, Hitze und Trockenheit trotzenden Hauswurz vielleicht aber doch: als Befestigung des Lehmfirstes auf soden- oder strohgedeckten Dächern.

HEILPFLANZEN las-

sen sich stets unbedenklich anwen-

den. „Ist ja rein pflanzlich!" Für viele Konsumenten von Medikamenten ist das die Unbedenklichkeitsgarantie schlechthin. Risiken und Nebenwirkungen erwarten sie nur aus den Hexenküchen der pharmazeutischen Industrie, nicht aber aus der Apotheke von Mutter Natur. Zu kurz gedacht. Die Natur hat zahlreiche Gifte entwickelt, die den synthetischen in nichts nachstehen. Auch für pflanzliche Arzneien gilt der alte Merkspruch der Apotheker: Die Dosis macht's. Die Wirkstoffe des Fingerhuts etwa, in äußerst geringer Konzentration hoch wirksame Herzmedikamente, sind in höherer Dosierung tödlich. Wobei der Begriff „höhere Dosierung" sehr relativ ist: Zwei bis fünf Tausendstel Gramm Wirkstoff, enthalten in zweieinhalb Gramm Fingerhutblättern, gelten bereits als Dosis letalis.

Der HERINGSKÖNIG

ist der König der Heringe. Heringe leben in rie-

sigen Schwärmen, in denen alle gleichberechtigt sind. Einen König brauchen sie nicht. Der Heringskönig, ein bis knapp siebzig Zentimeter langer, hochrückiger, aber extrem schlanker Fisch, heißt so, weil er sich gerne in der Nähe von Herings- oder Sardinenschwärmen aufhält. Dort wirkt er durch seine eindrucksvolle Größe, als sei er der Herrscher der kleinen Fische, die sich aber nicht weiter um ihn kümmern – wenn er sie nicht gerade jagt, denn er frisst Sardinen! Ein auffallendes Merkmal des Heringskönigs sind zwei schwarze

Flecken, einer auf jeder Seite. Nach der Legende sind das die Fingerabdrücke des Heiligen Petrus, der, bevor er ein Jünger Jesu wurde, im ersten Beruf Fischer war. Er hinterließ sie, als er den Fisch mit Daumen und Zeigefinger aus dem See Genezareth zog (wo er allerdings nicht vorkommt). Daher auch der Zweitname Petersfisch.

Ein HIRSCH ist so alt wie die Zahl seiner Geweihspitzen. Um es

gleich vorab zu klären: Geweihe wachsen im Gegensatz zu Hörnern (eines Steinbocks etwa) nicht lebenslänglich. Schon das macht unwahrscheinlich, dass die Spitzenzahl das Alter genau widerspiegelt. Das Geweih der männlichen Hirsche – nur bei den Rentieren tragen auch die Damen Kopfschmuck – wird Jahr für Jahr neu gebildet. Solange es noch mit Haut und Haaren, dem Bast, überzogen ist, lebt und wächst es. Funktionsfähig wird das Geweih aber erst, wenn der Bast gefegt wird und der blanke Knochen zum Vorschein kommt. Hat das Geweih nach der Paarungssaison seine Schuldigkeit getan, fallen die beiden verzweigten Stangen ab. Zur nächsten Hochzeit gibt's wieder neue.

Sein erstes Geweih schiebt der Junghirsch im Jahr nach seiner Geburt. Er beginnt seine Karriere als „Spießer" mit zwei einfachen Stangen. Dann wächst ihm meist von Jahr zu Jahr ein größeres Geweih. Im zweiten Jahr wird er zum Gabler (mit zwei Enden pro Geweihstange) oder gar schon zum Sechsender. Wie schnell er zulegt, hängt von seiner genetischen Ausstattung und seiner Konstitution ab. Das Geweih zeigt nicht zuletzt die Fitness seines Besitzers und ist so ein wichtiges Mittel der sexuellen Selektion. Erst im Alter von fünf Jahren beginnen sich die Junghirsche bei der Brunft zu engagieren. Nur die tüchtigsten Hirsche schaffen es, gekrönt von bis zu 24 Geweihspitzen (einer Last, die fünfzehn Kilogramm wiegen kann), zum Platzhirsch mit dem alleinigen Paarungsrecht mit allen Hirschkühen seines Rudels aufzusteigen. Die endlosen Auseinandersetzungen mit Rivalen, die sich damit nicht abfinden wollen, machen gegen Ende der Saison aus einem kraftstrotzenden Hirsch einen völlig ausgepumpten, der es oft kaum schafft, den Winter zu überleben, und seinen Rang im nächsten Jahr meist nicht wieder erkämpfen kann. Er zählt nun zum alten Eisen, was auch deutlich an den kleineren Geweihen der Greise ablesbar ist. Am Beispiel Hirsch wird die Macht der Gene überdeutlich: Maßstab des Erfolgs ist eben nicht das schiere Überleben, sondern die Zahl der Nachkommen.

Bei den HIRSCHen haben nur männliche Tiere ein Geweih.

Von dieser Regel gibt es nur eine einzige Ausnahme: das Rentier. Hier tragen beide Geschlechter ein Geweih – jedenfalls meist. Denn bei den im Wald lebenden Rentieren, einer besonders großen Form, kommen auch geweihlose Weibchen vor. Normalerweise dienen Geweihe bei Hirschen zum Angeben. Die Tiere, die sich große Geweihe „leisten" können, sind meist auch die leistungsfähigsten. Sie haben die besten Fortpflanzungschancen. Nach der Brunftzeit im Spätherbst hat das Geweih als Ausweis männlicher Potenz seine Schuldigkeit getan. Es wird abgeworfen. Weibliche Rentiere behalten ihren Kopfschmuck dagegen länger und werfen die Stangen erst im Frühjahr ab, wenige Tage nach der Geburt ihrer Kälber. Damit verschaffen sie sich wohl einen Wettbewerbsvorteil an den Löchern, die Rentiere mit ihren besonders großen und breiten Hufen der Vorderbeine in den Schnee scharren, um sich die winterliche Flechtennahrung zu erschließen.

HIRSCHe: Männliche Tiere erkennt man immer am Geweih.

Das trifft keinesfalls immer zu. Begleiten wir einen Rothirsch durch das Jahr, so sehen wir ihn im Spätwinter geweihlos. Nur die „Rosenstöcke", die Sollbruchstelle, an der die Geweihstangen abgeworfen worden sind, sind aus unmittelbarer Nähe zu entdecken. Wenig später beginnen hier die neuen Stangen zu wachsen. Rund hundert Tage dauert das. Im Hochsommer ist das Wachstum abgeschlossen, jetzt wird die schützende Haut (der „Bast") vom Knochen gefegt, das Geweih ist funktionstüchtig. Seine Aufgabe, zu imponieren und notfalls im Rivalenkampf eingesetzt zu werden, erfüllt es während der herbstlichen Hirschbrunft. Kurz nach dem Jahreswechsel sorgen dann, von Hormonen gesteuert, Knochenfraßzellen oberhalb der Rosenstöcke für eine schmerzlose Trennung von dem prächtigen Kopfschmuck. Schmerzhafter ist vielleicht der Verlust des damit verbundenen sozialen Status – ein geweihloser Hirsch fällt in der Rangordnung sofort hinter alle zurück, die noch eines tragen. Aber dabei handelt es sich meist nur um Tage ...

Stets gänzlich geweihlos, auch im männlichen Geschlecht, sind neben den in eine eigene Familie gestellten Hirschferkeln nur zwei kleine, nicht näher miteinander verwandte ostasiatische Hirsch-Arten, das Moschustier und das Chinesische

Wasserreh. Beide kompensieren diesen Mangel durch hauerartig verlängerte obere Eckzähne. Auf die andere Ausnahme, die Rentiere, bei denen auch die Frauen Geweih tragen, wurde bereits hingewiesen (siehe Seite 147).

HÖCKERSCHWÄNE
ernähren sich von Fischen. Der Höckerschwan

reiht sich in die lange Liste der zu Unrecht als Fischereischädlinge verunglimpften Arten ein. Er ist ziemlich strikter Vegetarier, dem – wie auch einem menschlichen Salatesser – höchstens mal aus Versehen eine kleine Schnecke oder ein Wurm in den Schnabel kommt. Nur ausnahmsweise wird auch mal eine Kaulquappe oder ein (vorher schon toter?) kleiner Fisch gefressen. Ansonsten bilden Wasser- und Uferpflanzen die Hauptnahrung. Zum Grasen verlassen die Schwäne oft sogar das Wasser.

Ein HOLZAPFEL ist ein
holziger Apfel. Viele unserer Kulturpflanzen stammen

ursprünglich aus fremden Landen. Nicht so der Apfel. *Malus sylvestris*, zu deutsch: der Waldapfelbaum, lautet der wissenschaftliche Name einer der Stammarten des Kulturapfelbaums, von dem inzwischen mehr als zweitausend verschiedene Sorten beschrieben sind. Seine beiden heute gebräuchlichen Populärnamen: Wildapfel und Holzapfel. Noch heute wachsen wilde Apfelbäume an unseren Waldrändern, wenn auch

H nicht sehr häufig, denn die sparrigen Gewächse fallen dort, wo intensiv Forstwirtschaft betrieben wird, oft der Säge zum Opfer. Im Waldesinneren wird man den lichthungrigen Ur-Apfel nicht finden. Gegen die hochgewachsenen Waldbäume kommt er mit seinen höchstens 15 Metern nicht an. Am ehesten entdeckt man einen solchen Holzapfelbaum im Frühjahr, wenn er blüht und sich dann kaum von seinen domestizierten Kollegen aus den Obstwiesen unterscheidet. Im Herbst dagegen, wenn dort große rotbackige Früchte locken, muss man ziemlich genau hinsehen, um die nur zwei bis drei Zentimeter großen, gelbgrünen Wildäpfelchen zu finden, die zudem extrem sauer und so hart sind, dass wir sie gerne den Vögeln und anderen Nutznießern überlassen. Von einem verwilderten Kulturapfelbaum lässt sich der Holzapfel leicht an seinen Blättern unterscheiden, die unterseits nicht filzig behaart, sondern kahl sind. Auch tragen seine Zweige meist Dornen.

Wie schon angedeutet ist der Holzapfel nicht der einzige Vater des Kulturapfelbaums. Dieser, meist als eigene Art (*Malus domestica*) geführt, entstand aus der Kreuzung des Holzapfels mit anderen Arten der Gattung. Vermutlich verdanken wir den Apfelanbau, wie so vieles, den Römern, während unsere germanischen Vorfahren sich noch mit wild gesammelten Holzäpfelchen begnügen mussten, wie Kerne in jungsteinzeitlichen Wohnstätten belegen. Genutzt wurde die Wildform aber noch bis ins Mittelalter: als Essiglieferant oder zur Herstellung von Gelee.

Der HOLZWURM ist ein Wurm.

Sobald ein Tier keine ordentlichen Beine hat, wird es in der Umgangssprache zur Schlange oder zum Wurm. Auch den Holzwürmern erging es so, den nur wenige Millimeter langen Larven mancher Pochkäfer, die mit ihren kurzen Beinchen kleinen Engerlingen ähneln. Sie leben in Bohrgängen in altem Holz und machen auch vor wertvollen Antiquitäten nicht Halt. Winzige Eingangslöcher, aus denen gelegentlich ein kleines Häufchen Holzmehl rieselt, verraten ihre zerstörerische Anwesenheit. Auch die fertigen Käfer leben in Holzgängen. Sie unterhalten sich wie Häftlinge im Knast: über Klopfsignale. Diesen verdanken sie auch ihren deutschen Namen, Poch- oder Klopfkäfer. Besonders regelmäßig tickt eine deshalb „Totenuhr" genannte Art. Am häufigsten ist der drei bis fünf Millimeter große Gemeine Holzwurm.

Drei HORNISSENSTICHe töten einen Menschen, sie

ben ein Pferd. Imponierend ist schon ihre schiere Größe: Eine Hornisse wird doppelt so groß wie eine „normale" Wespe. Mit bis zu dreieinhalb Zentimeter Länge ist sie ein sehr beeindruckendes Flugzeug. Einen Wespenstich hat beinahe jeder schon einmal kassiert und kennt den jähen Schmerz, der darauf folgt. Man kann sich leicht ausmalen, wie viel schlimmer der Stich einer Hornisse schmerzen muss. Auf dieser Vorstellung und nicht auf konkreter Erfahrung gründen sich die Märchen von der Gefährlichkeit eines Hornissenstichs. Die Probe aufs Exempel haben nur wenige gemacht. Hornissen sind nämlich viel weniger angriffslustig als manche andere Wespen-Arten und stechen erst, wenn sie sich sehr bedrängt fühlen. Tun sie's doch, tut's auch nicht

mehr weh als bei einer normalen Wespe. Angst haben müssen nur Allergiker; ansonsten kann man sehr viele Stiche verkraften, bevor es gefährlich wird. Ein paar Zahlen? 0,16–0,19 Milligramm Giftmischung injiziert die Hornisse, 0,14 mg eine „normale" Wespe. Für Test-Ratten waren etwa 150–180 Stiche pro Kilogramm Körpergewicht lebensbedrohlich. Sie können also selbst berechnen, wann es für Sie kritisch wird.

HUMMELn können nicht stechen.
Hummeln gehören zur Familie der Bienen und für die gilt: Weibchen können stechen, Männchen nicht. Da auch bei Hummeln die Frauen die ganze Arbeit tun, während die Männchen ihr kurzes Dasein weitgehend als „Lustknaben" verbringen, ist die emsig auf der Blüte Nahrung sammelnde Hummel fast immer ein Weibchen. Erkennbar ist das auch an den Blütenstaub-Höschen an den Hinterbeinen (und auch daran sehen wir, dass bei Hummels die Frauen die Hosen anhaben ...). Dass Hummeln als harmlos und ungiftig gelten, liegt vor allem an ihrer gutmütigen Veranlagung. Sie stechen meist nur im äußersten Notfall.

HUND und Katze vertragen sich nicht.
„Sie sind wie Katz und Hund" – alles klar, hier sind zwei gemeint, die sich überhaupt nicht verstehen. Und das ist hier ganz wörtlich zu nehmen, denn Katz und Hund sprechen tatsächlich verschiedene Gesten-Sprachen. Ein Hund hebt die Pfote und wedelt mit dem Schwanz. Er ist guter Laune, will Kontakt aufnehmen und spielen – nur kommt das bei der Katze ganz anders an. In ihrer Sprache bedeutet die gleiche Geste

nämlich: Komm mir nicht zu nahe oder du riskierst einen Schlag ins Gesicht. Fühlt sich die Katze dagegen wohl und schnurrt, hört der Hund ein drohendes Knurren. Keine angeborene Erbfeindschaft also, sondern lediglich Kommunikationsschwierigkei-

ten. Hund und Katz, die zusammen aufwachsen, lernen die Gesten des anderen richtig zu deuten und können gute Freunde werden.

HUNDe, die bellen, beißen nicht. Darauf sollte man sich lieber nicht verlassen. Natürlich gibt es Hunde, die den Briefträger mit mächtigem Lärm empfangen und im nächsten Augenblick mit eingezogenem Schwanz das Weite suchen – aber genauso viele verstehen das Gebell als letzte Warnung, bevor es losgeht. Auch als Lebensweisheit taugt das Sprichwort nicht. Natürlich trifft man gelegentlich auf ein Großmaul, das kneift, wenn es zur Sache geht. Aber wie oft folgt der Brüllerei die handfeste Prügelei!

HUNDe laufen auf den Füßen. Wer laufen wollte wie ein Hund, müsste sich auf die Zehen stellen. Denn Sohlengänger, die wie wir Menschen oder Bären beim Gehen die gesamte Fußsohle von den Zehen bis zur Ferse aufsetzen, sind unter den Säugetieren eher selten. Viele treten wie Katzen und Hunde nur mit den Zehen auf. Mittelhand- und Mit-

telfußknochen berühren den Boden nicht. Was wir am Hinterlauf der Raubtiere spontan als „Knie" bezeichnen, ist das zwischen Fersen und Unterschenkel liegende Fußgelenk – leicht daran zu erkennen, dass es andersrum knickt als das Knie. Dieses liegt weiter oben, nur wenig unterhalb des Körpers. Der Oberschenkel ist vergleichsweise kurz. Wie Balletteusen kommen die Huftiere daher. Kühe und Pferde sind nämlich Zehenspitzengänger. Letztere laufen sogar nur auf den Spitzen der Mittelfinger. Und selbst bei den Schwergewichten unter den Landtieren, den Elefanten, berühren nur die mit kleinen Hufen versehenen Zehenspitzen den Boden. Die runde Fläche, mit der die Dickhäuter auftreten, besteht aus einem keilförmigen Bindegewebspolster, das unter das schräg stehende Fußskelett geschoben ist und für gleichmäßige Druckverteilung sorgt.

„Vor die HUNDe gehen"

Ein langsamer sozialer Abstieg ohne größere Chancen, noch mal im Leben Tritt zu fassen: Einer geht vor die Hunde – oder eigentlich vor den Hund (oder Hunt), denn so hieß der vierrädrige Förderwagen, den ein Bergmann zur Strafe ziehen musste, wenn er nicht ordentlich gearbeitet hatte. Mit Hunden, wie oft angenommen, hat der Ausdruck nichts zu tun.

HUNDE und KATZEN
sind farbenblind.

Menschen sind „Augentiere" – der Sehsinn ist ihr wichtigster. Die meisten anderen Säugetiere sind dagegen „Nasentiere" und erfassen ihre Umwelt eher schnüffelnd als sehend. Wenn ihr Gesichtssinn so schlecht ist wie der menschliche Geruchssinn, dann dürfte es damit nicht weit her sein. Ein ebenso

schneller wie unzulässiger Schluss, denn die Qualität der Sinne ist
natürlich nicht aneinander gekoppelt. Trotzdem ist die Auffassung
weit verbreitet, nicht nur Katz und Hund, sondern praktisch alle
Säugetiere seien farbenblind.

Welche Chancen hat man überhaupt, Informationen über die Qualität einer Wahrnehmung bei Tieren zu bekommen? Da helfen Experimente, bei denen Tiere mit kleinen Futterbelohnungen auf die
Unterscheidung verschiedener Farben dressiert werden. Im Test fielen Opossum, Laborratte, Goldhamster, Kaninchen und Waschbär
durch. Danach galten sie als farbenblind, sie nehmen die Welt also
nur in Grautönen wahr. Die Hauskatze dagegen sieht Farben, wenn
sie auch bei verschiedenen Rottönen ihre Schwierigkeiten hat.

Will man sich nicht auf die nicht immer zuverlässige Mitarbeit tieri-
scher Testpartner verlassen, bleibt der Blick durchs Mikroskop. Die
Lichtverarbeitung findet im Hintergrund des Augapfels in der Netzhaut (Retina) statt. Dort stehen dicht an dicht die Sehzellen. Sie wandeln eintreffende Strahlung in Nervenimpulse um und melden sie
dem Gehirn weiter. Aus zahlreichen Experimenten ist bekannt, dass
für das Hell-Dunkel-Sehen und für die Farbwahrnehmung verschiedene Typen von Sehzellen zuständig sind. Nach ihrer Form werden
die ersteren Stäbchen genannt, die anderen Zäpfchen.

Menschen haben drei Formen solcher Zäpfchen, die jeweils auf
verschiedene Lichtfarben (Wellenlängen) maximal ansprechen. Bei
Dunkelheit versagen sie ihren
Dienst, weshalb wir in
der Dämmerung
farbenblind wer-
den. Untersucht
man die Netz-
haut verschiede-

H ner Säugetierarten, findet man in sämtlichen auch Zäpfchen, selbst bei den nach der Dressur als farbenblind geltenden Ratten. Ganz sicher, dass Farben erkannt und unterschieden werden, können wir allerdings erst sein, wenn wenigstens zwei Zapfentypen ausgeprägt sind, die auf unterschiedliche Licht-Wellenlängen (also verschiedene Farben) ansprechen. Außerdem muss auch nachgewiesen werden, dass die Signale aus den Farbsehzellen später nicht mit denen aus den Stäbchen vermischt werden.

So differenziert wie Menschen und einige andere Affen-Arten mit ihren drei Zapfentypen sehen aber nur wenige. Die meisten Säugetiere verfügen nur über zwei Zapfenformen. Ihre Wahrnehmung lässt sich mit der rot-grün-blinder Menschen vergleichen. Ein solches Farbensehen ist inzwischen für Katze und Hund ebenso nachgewiesen wie für Schaf, Pferd, Erdhörnchen, Kaninchen, Seelöwe und Seekuh. Für zahlreiche weitere Arten legen Experimente eine gewisse Farbtüchtigkeit nahe. Dass Farbensehen innerhalb der Säugetiere eine Ausnahme ist, ist also sicher falsch.

HUNDSTAGE heißen

SO, weil es dann selbst Hunden zu heiß ist. Es gibt Tage, da möchte man wirklich keinen Hund vor die Tür jagen, und vielleicht gehören manchmal auch die Hundstage in der heißesten Zeit des Jahres dazu. Ihren Namen verdanken Sie aber nicht den Hunden, sondern einem fernen Stern, dem Sirius (zu deutsch Hundsstern) im Sternbild Großer Hund. Wenn der Hundsstern, der hellste Fixstern am Firmament, morgens zusammen mit der Sonne aufgeht, beginnen die Hundstage. Zur Blütezeit der ägyptischen Hochkultur vor etwa 4000 Jahren kündigte der Beginn der Hundstage am 19. Juli nicht nur die Zeit der größten Sommerhitze an, sondern auch

die lebensspendenden Über-
schwemmungen des Nils.
Am 24. August war dann
das gesamte Sternbild
des großen Hundes am
Morgenhimmel zu sehen
und die Hundstage zu Ende.

Inzwischen haben sich die Auf-
gangszeiten einen ganzen Monat verschoben und die Hundstage beginnen mit dem Aufgang des Sirius erst am 19. August, also normalerweise kurz nach der größten Sommerhitze. In 10 000 Jahren fallen sie dann in den Januar. Wenn dann einer seinen Hund nicht
mehr vor die Tür jagen will, dann bestimmt nicht wegen der Hitze.

HYÄNEn sind feige Aasfresser.

Ihr Ruf könnte schlechter kaum sein. Als krie-
cherisch feige Aasfresser werden sie gemeinhin angesehen, die sich
erschleichen, was mutigere Jäger wie der königliche Löwe (siehe Seite 191) erbeutet haben. Als besonders verwerflich wird in alten Berichten immer wieder geschildert, dass sie auch Gräber öffneten.
Dies zu verhindern ist vielleicht der ursprüngliche Grund, ein Grab
mit Steinen zu bedecken. In der Tat sammeln Hyänen alles ein, was
sich an Fressbarem bietet. Neben Aas gehören dazu auch Früchte,
Eier und allerlei Kleintiere. Aber Hyänen gehen auch selbst auf die
Jagd. Die häufigste Hyänenart, die Tüpfelhyäne, ernährt sich sogar
überwiegend von selbst erlegter Beute bis hin zu Zebragröße. Und
von wegen feige: Das Hyänenrudel, das zähneknirschend dabei zu-
sehen muss, wie sich die Löwen ihr frisch getötetes Gnu unter den
Nagel reißen, handelt „klug". Trotz ihrer mächtigen Kiefer sind Hyä-

nen nämlich dem Löwen unterlegen, und das Risiko, bei Auseinandersetzungen verletzt zu werden, ist zu groß. Das kann natürlich aber auch mal andersrum funktionieren. Schließt sich ein Ring von zwanzig knurrenden Hyänen um ein oder zwei Löwen, verzichten sie für dieses Mal lieber aufs Fressen.

JUNGFERNZEUGUNG gibt es nicht.

Männer sind nicht immer so wichtig, wie sie sich manchmal nehmen, jedenfalls nicht bei den Wasserflöhen. Die Weibchen dieser kleinen Planktonkrebse legen ohne männliches Zutun Eier, aus denen wieder Weibchen schlüpfen. Auf diese Weise wächst die Population sehr schnell. Erst gegen Ende der Saison, oder wenn die Umweltbedingungen schlechter werden, entstehen auch Männchen. Die befruchteten Eier sind dickschaliger und überstehen sowohl den Winter als auch Trockenperioden gut. Rädertiere, ebenfalls häufig im Süßwasserplankton, haben die gleiche Strategie. Hier gibt es sogar Arten, bei denen Männchen völlig unbekannt sind. Um ein letztes Beispiel zu nennen (es gibt noch viel mehr): Auch die Blattläuse, die in dichten Kolonien an Pflanzenstängeln saugen, sind männerlose Gesellschaften. Im Frühjahr schlüpft die Stammmutter einer neuen Kolonie aus dem Ei, die lauter Töchter in die Welt setzt. Söhne und Sex gibt es nur im Herbst.

Bei Wirbeltieren allerdings ist Jungfernzeugung (Parthenogenese) sehr selten. Eines der wenigen Beispiele ist die Blumentopfschlange, mit fünfzehn Zentimeter Länge eine der kleinsten Schlangen. Von ihr sind nur Weibchen bekannt, die einen dreifachen Chromosomensatz haben (normal ist bei Wirbeltieren ein doppelter) und ebensolche Töchter bekommen. Auch bei fünfzehn amerikanischen Rennechsen-Arten gibt es nur Weibchen. Ohne ordentliche Balz kommen die Echsen aber nicht recht in Stimmung. Deshalb spielt eines der Weibchen den Männerpart beim Werbungs- und Paarungsverhalten und stimuliert so bei der Partnerin den hormonell gesteuerten Eisprung. Dabei werden die Rollen mehrmals getauscht, damit jede zum Zug kommt. Zur Beruhigung für alle Männer, die ihre Rolle bedroht sehen: Bei Säugetieren läuft ohne Männer nichts. Aber vielleicht macht die moderne Reproduktionsmedizin sie bald überflüssig ...

KAKTEEN wachsen in Afrika.

Inzwischen stimmt das tatsächlich, weil einige Kakteen-Arten durch den Menschen weltweit verschleppt wurden. Wer die Mittelmeerländer bereist und überall die großen Opuntien-hecken sieht, kann sich kaum vorstellen, dass der Feigenkaktus dort keine einheimische Pflanze ist. Und doch stammt er, wie (fast) alle Kaktusgewächse, aus Amerika. Allerdings gibt es in Afrika durchaus auch heimische Pflanzen, die wie Kakteen aussehen und deshalb leicht mit ihnen verwechselt werden können. Sobald sie blühen, enttarnen sie sich aber als Wolfsmilchgewächse. Die eigenartigen Blüten der Wolfsmilchgewächse ähneln denen der Kakteen überhaupt nicht. Ein weiterer Trick, um eine Wolfsmilch zu erkennen: Ein kleiner

Schnitt ins Gewebe, aus dem dann sofort der charakteristische, oft giftige bittere weiße Milchsaft tritt, der den Wolfsmilchgewächsen ihren Namen gegeben hat. Den Kaktus-Habitus mancher Wolfsmilch-Arten verdanken sie ähnlichen Lebensbedingungen in Trockengebieten. Die amerikanischen Kakteen und die Wolfsmilchgewächse der Alten Welt haben im Lauf der Stammesgeschichte unabhängig voneinander gleiche Anpassungen entwickelt, um Wasser zu sparen – Evolutionsbiologen bezeichnen solche Parallelentwicklungen, die zu enge Verwandtschaft vortäuschender äußerlicher Ähnlichkeit führt, als Konvergenz.

Allerdings, auch Kakteen sind nicht allesamt Amerikaner. Es gibt eine kleine, aber aufschlussreiche Ausnahme. Einzelne Arten der Kakteengattung *Rhipsalis* finden sich nämlich tatsächlich auch im tropischen Afrika, allerdings nicht auf dem Festland. Sie besiedeln Madagaskar, die Inselgruppe der Maskarenen im Indischen Ozean und die südasiatische Insel Sri Lanka. Diese epiphytischen (also als Aufsitzer auf anderen Pflanzen wachsenden) Arten bilden Beerenfrüchte aus und haben, so jedenfalls die wahrscheinlichste Erklärung für das zerrissene Verbreitungsgebiet, die amerikanische Stammheimat aller Kakteen vermutlich als Samen im Darm ziehender Vögel verlassen.

Alle KAKTEEn haben Stacheln.

Abgesehen davon, dass Kakteen keine Stacheln, sondern Dornen tragen, die aus umgebildeten Blättern oder Seitentrieben entstanden sind, während Stacheln lediglich Auswüchse der Rinde sind: Es gibt auch welche ohne. Bekanntestes Beispiel ist der Weihnachtskaktus, eine aus dem Südosten Brasiliens stammende Aufsitzerpflanze, die bei uns häufig als Zimmerpflanze gehalten wird.

Tequila ist ein KAKTUS-Schnaps.

Wüste + fleischige Blätter + Dornen = Kaktus. Wer nach dieser einfachen Gleichung Pflanzen bestimmt, liegt nicht selten daneben. In trockenen Lebensräumen entstanden nämlich in vielen verschiedenen Pflanzenfamilien im Lauf der Evolution ganz ähnliche Anpassungen. Oft verrät erst die familientypisch ausgebildete Blüte, zu welcher Verwandtschaft eine Pflanze gehört. Zu diesen Schein-Kakteen gehören auch manche Agaven, insbesondere die im Mittelmeergebiet häufig kultivierte (und ebenso häufig verwilderte) Amerikanische Agave, deren Namen schon verrät, woher sie stammt. Die stattliche Pflanze mit ihren in einer Rosette angeordneten meterlangen, seitlich dornig gezähnten, dickfleischigen Blättern und den imposanten, mehrere Meter hohen Blütenständen fehlt in keinem Hotelgarten.

Zu den Agaven – und nicht zu den Kakteen – zählen auch die Schnapslieferanten. Tequila und Mescal werden in Mexiko ebenso wie der „Pulque" genannte Agavenwein dadurch gewonnen, dass der Blütenstand von *Agave atrovirens* oder der (nicht umsonst so genannten) Schnapsagave *Agave tequilana* gekappt wird, bevor er in die Höhe schießt. Der Saft, der aus dieser Wunde fließt, enthält neun bis zwölf Prozent Rohrzucker, der wiederum Grundlage eines Gärungsprozesses ist, bei dem Alkohol entsteht. Dabei können einer einzigen Agavenpflanze bei Tagesmengen von vier bis fünf Litern bis zu tausend Liter Saft abgezapft werden.

KAMELe und Dromedare speichern Wasser im Höcker.

Irgendwie müssen es die Kamele und Dromedare doch schaffen, in den heißesten und trockensten Gegenden der Erde tagelang ohne Wasser auszukommen. Und wer eine erschöpfte Karawane in die Oase einziehen sieht, jedes Tier mit schlappem, eingefallenem Höcker, glaubt die Geschichte vom Wasser speichernden „Rucksack" sofort.

Tatsächlich haben Kamele und Dromedare viele Wasserspar-Strategien – alle aber sind viel raffinierter als die einfache Vorstellung vom Wassertank im Höcker. Ein stark konzentrierter Urin und ein knochentrockener Kot gehören ebenso dazu wie eine veränderte Regulation der Körpertemperatur: Das Kamel beginnt erst bei einer Körpertemperatur von 40 bis 42 Grad Celsius zu schwitzen (und damit Flüssigkeit zu verlieren). In der Nacht kühlt es seinen Körper dann bis auf 34 Grad Celsius ab. Außerdem überlebt ein Kamel selbst einen Wasserverlust von vierzig Prozent seines Körpergewichts – unsereins stirbt schon bei vierzehn Prozent. Ist die Oase endlich erreicht, werden die Wasserreserven schlagartig aufgefüllt. Ein durstiges Kamel kann über 100 Liter auf einmal trinken. Und der (oder die) Höcker? Er besteht aus Fett und ist kein Wasser-, sondern ein Energiespeicher. Dadurch, dass das Reservefett im Höcker konzentriert und nicht um den ganzen Körper verteilt ist, wärmt es das Tier nicht selber. Im Gegenteil: Auf dem Rücken kann es sogar dazu beitragen, das Kamel vor starker Strahlung zu schützen.

Auf den KANARISCHEn Inseln gibt es keine Gifttiere.

Vor allem im Winter überfällt den Mittel- und Nordeuropäer die Sehnsucht nach Licht und Wärme. Darauf gründet eine ganze Urlaubsindustrie. Reisen in den Süden sind aber nicht ganz ohne Risiko. Ängste rufen besonders Gifttiere und von Parasiten verursachte Tropenkrankheiten hervor. Das macht die Kanarischen Inseln zu einem bevorzugten Reiseziel: angenehmes subtropisches Klima, aber keine giftigen Tiere – so jedenfalls steht es in vielen Prospekten. Die Werbetexter waren über das Fehlen giftiger Schlangen und Skorpione in der kanarischen Fauna so erleichtert, dass sie die Schwarze Witwe vergessen haben, eine Spinne, die ihren Namen der Tatsache verdankt, dass sie ihr Männchen nach der Paarung verspeist und sich so selbst zur Witwe macht. Wohl wahr: Am Biss der in Südeuropa verbreiteten Art der Schwarzen Witwe stirbt man selten (wenn man kein Schwarzer Witwer ist), aber mehr als unangenehm ist er allemal. Horst Stern in seinem Buch ‚Leben am seidenen Faden‘: „Der Bissschmerz wird mit dem eines Bienenstichs verglichen. Nach zwei oder drei Tagen unterschiedlich starker Körperschmerzen, fiebriger Zustände und einer deutlichen Verminderung der Gelenkbeweglichkeit klingen die Beschwerden wieder ab. Todesfälle müssen wohl als ganz ungewöhnliche Ausnahme gelten und ihre Ursache weniger im Gift als im Körperzustand des Gebissenen haben." Denken Sie daran, bevor Sie im nächsten Kanarenurlaub allzu achtlos durchs trockene Gras streifen!

KÄNGURUs betreuen immer nur ein Baby.

Zunächst einmal: *Das* Känguru gibt es gar nicht, sondern allenfalls *die* Kängurus. Man unterscheidet etwa sechzig Arten, vom rattengroßen Moschusrattenkänguru bis zum mannsgroßen Riesenkänguru. Nur bei ersterem sind Mehrlingsgeburten die Regel. Alle anderen Kängurus wachsen gewöhnlich als Einzelkinder heran. Zwillinge werden selten geboren und noch seltener erfolgreich aufgezogen – verständlich angesichts der Methode, auch größere Junge notfalls noch im Beutel zu transportieren. Ältere Zwillinge passen dann kaum mehr hinein; wenn doch, ist ihre Mutter bei der Flucht noch stärker behindert als eine mit Einzelkind. Das kann übel ausgehen.

Eine interessante Anpassung ermöglicht es aber einigen Arten (darunter dem Grauen Riesenkänguru), wenigstens zwei Junge unterschiedlichen Alters zu betreuen. Bevor das Junge – beim Grauen Riesenkänguru nach etwa 235 Tagen – den Beutel das erste Mal verlässt und auch später, wenn es sein Kinderzimmer nach immer länger werdenden Ausflügen und in Notfällen wieder aufsucht, ist der Eisprung unterdrückt oder die Einnistung der Keime in der Gebärmutter verzögert, weitere Fortpflanzung also ausgeschlossen. Junge Kängurus saugen aber auch noch lange, nachdem sie den Beutel endgültig verlassen haben, Milch aus den im Beutel mündenden Zitzen. Das allerdings hemmt die Fortpflanzung nicht mehr. Wenig später kann schon ein winzig kleines Geschwisterkind an einer Zitze hängen, die in seinem Maul so stark anschwillt, dass es ohne Gewalt nicht zu lösen ist. Weil Babys eine andere Ernährung brauchen als Kleinkinder, produzieren Kängurumütter in einem solchen Fall

zweierlei Milch. Die für das Baby enthält mehr Milchzucker und weniger Proteine und Fett als die für sein älteres Geschwisterkind.

Die KARTOFFEL
ist eine Bodenfrucht. Natürlich trägt auch die Kartoffelpflanze Früchte – aber nicht unter der Erde. Früchte gehen aus Blüten hervor, wachsen also oberirdisch. Die roten Beeren der Kartoffel, groß wie Sauerkirschen, enthalten Solanin und sind giftig. Die essbaren Kartoffelknollen haben mit den Blüten nichts zu tun und sind folglich auch keine Früchte. Mit den Wurzeln übrigens auch nicht, obwohl sie in der Erde wachsen. Die Knollen entstehen an der Spitze austreibender Sprosse und heißen deswegen Sprossknollen. Jede Kartoffel wird im Frühjahr zu einer neuen, eigenständigen Pflanze, indem einerseits Wurzeln, andererseits aus den „Augen" neue Triebe wachsen. Die Kartoffelpflanze fährt vermehrungstechnisch also zweigleisig: sexuell über Blüten und Samen, ungeschlechtlich über Klone, die Sprossknollen.

Der KARTOFFEL-
KÄFER wurde zur Kriegführung verwendet. Immer wenn Kartoffelkäfer-Plagen die Ernte des lange Zeit wichtigsten Volksnahrungsmittels bedrohten, war der böse Feind daran schuld. Die Nationalsozialisten unterstellten den Alliierten, sie hätten ihre Truppen durch die auffällig gelb und schwarz längsgestreiften Flieger verstärkt. Der „Kartoffelabwehrdienst des Reichsnährstandes" rückte aus, um der Plage Herr zu werden. Kleine Ironie der Geschichte, dass auch das Propagandaministerium der DDR im Jahr 1950 eine Broschüre mit dem Titel „Halt, Amikäfer" herausgab und die alte Mär vom Abwurf der Käfer

durch die Amerikaner (dieses Mal über der DDR) wieder aufwärmte. Dabei brauchte der gefürchtete Schädling keine menschliche Hilfe, um sich auszubreiten. Der „Amikäfer" stammt wie die Kartoffel selbst aus der Neuen Welt und folgte ihr auf ihrem weltweiten Siegeszug. Seine eigentliche Heimat sind die südlichen Rocky Mountains, daher sein Zweitname Colorado-Käfer. Dort übersiedelte der schicke Krabbler eines Tages von wild wachsenden Nachtschattengewächsen auf die nah verwandte Kartoffel. In der zweiten Hälfte des 19. Jahrhunderts, als es in Amerika noch allenthalben „Go West" hieß, verfuhr der Käfer nach der Devise „Go East". Trotz des Einsatzes heftiger Gifte (wie Arsenik, das großzügig über befallene Felder verteilt wurde) hatte er nach wenigen Jahren schon die Ostküste erreicht. Dann war es nur noch eine Frage der Zeit, bis der massenhaft auftretende Käfer sich einschiffte und als blinder Passagier Richtung Europa aufbrach. 1874 war es dann so weit: Der Kartoffelkäfer setzte seine sechs Beinchen auf europäischen Boden. Das im Jahr darauf von der deutschen Reichsregierung erlassene Embargo gegen amerikanische Kartoffeln beachtete er nicht. Und die diversen Bekämpfungsaktionen waren wie in seinem amerikanischen Herkunftsland seiner Fruchtbarkeit und Ausbreitungsfähigkeit auf Dauer nicht gewachsen.

KATZEn sind wasserscheu.

Unsere Hauskatzen lassen sich zwar gelegentlich auch mit heimischen Wildkatzen ein, stammen aber von der Falbkatze Afrikas und des Nahen Ostens ab. Falbkatzen streifen durch trocken-warme Busch- und Savannengebiete. Vielleicht erklärt dies das große

Wärmebedürfnis und die Wasserscheu der Hauskatze. Anscheinend gibt es nur eine einzige Hauskatzenrasse, die freiwillig ins Wasser geht. Die Van-Katze aus der Umgebung des Van-Sees im Osten der Türkei schwimmt so gerne, dass sie auch als Türkische Schwimmkatze bezeichnet wird. Im Jahr 1955 wurden solche Katzen erstmals nach England exportiert, seit 1969 sind sie in Züchterkreisen als Rasse anerkannt. Nach einer Legende verdanken die überwiegend weißen Katzen mit dem rot schimmernden Schwanz die beiden rotbraunen Flecken über den Augen Gottvater selbst. Nach der Strandung der Arche Noah am Ararat ganz in der Nähe des Van-Sees habe sein Segen diese feurigen Zeichen hinterlassen.

Aber man sollte die Betrachtung von Katzen und Wasser nicht auf die Hauskatzen beschränken. Schließlich umfasst die Familie der Katzen etwa vierzig Arten, von denen manche durchaus nicht wasserscheu sind. Die südostasiatische Fischkatze watet ganz selbstverständlich durch flaches Wasser und soll auch schwimmend und tauchend nach Fischen jagen. Tiger schwimmen gut und gerne, und auch der Jaguar scheut das Wasser nicht.

KAULQUAPPEN gibt es nur im Wasser.

Kaulquappen, die Larven der Frösche also, sind fürs Wasserleben gebaut. Sie schwimmen mit einem Ruderschwanz und atmen mit Kiemen. Unsere einheimischen Frosch-Arten suchen zur Fortpflanzungszeit allesamt das Wasser auf. Dort überlassen die Eltern ihre Kinder nach dem Ablaichen ihrem Schicksal. Beim heimischen Grasfrosch entwickeln sich aus viertausend Eiern schließlich nur ein paar Erwachsene. Vielleicht war der hohe Feinddruck im Wasser mit dafür verantwortlich, dass Frösche auch andere Fortpflanzungswege beschritten haben. Etwas

K

salopp könnte man sagen: Der Trend geht zur Kleinfamilie mit intensiverer Kinderbetreuung und weg vom Wasser – über 20 Prozent der Frosch-Arten laichen gar nicht mehr im Wasser ab.

Ein paar Beispiele zeigen den unglaublichen „Erfindungsreichtum" der Natur: Manche Froschlurche, darunter eine in Wüstengebieten Westaustraliens lebende Art, legen ihre Eier in feuchter Erde ab. Sie geben ihnen einen so großen Dottervorrat mit, dass das Kaulquappenstadium komplett im Ei absolviert werden kann. Schließlich schlüpfen gleich kleine Fröschchen. Diese Entwicklung kann auch komplett im Mutterleib ablaufen, zum Beispiel bei den lebend gebärenden Kröten Afrikas, von denen zwei Arten ihre Jungen sogar durch Absonderungen des Uterus ernähren. Andere Frösche investieren auch noch in die Kinderbetreuung. Die rückenbrütenden Laubfrösche, mit zahlreichen Arten in Südamerika verbreitet, haben ihren Namen sogar danach bekommen. Ein kompliziertes Paarungsritual sorgt dafür, dass die Eier fest auf dem Rücken der Mutter verankert werden. Manche, die baumlebenden Beutelfrösche zum Beispiel, tragen sogar ein richtiges Kinderzimmer auf dem Rücken, entstanden aus einer oder zwei Hauttaschen, in denen die Jungen aufwachsen. Bei den Nasenfröschen sind mal die Väter am Zug. Sie päppeln den Nachwuchs in einem Kehlsack. Geradezu unglaublich aber scheint, was ein kleiner wasserlebender Frosch veranstaltet, der erst 1973 in Queensland in Australien entdeckt wurde (und seit 1984 schon ausgestorben zu sein scheint – ein unersetzlicher Verlust!). Ein im Aquarium gehaltenes Weibchen würgte einige Jungfrösche hervor. Sie waren in seinem Magen herangewachsen, der stark vergrößert als Uterus dient. Sechs bis sieben Wochen braucht es, bis aus den dotterreichen, von der Mutter verschluckten Eiern fertige Frösche geworden sind, die durch den Mund geboren werden. Derweil ist für die Mutter natürlich Fasten angesagt. Unter dem Einfluss eines Hormons der

Eihüllen, später der Hautsekrete der Kaulquappen, stellt der Magen in dieser Zeit die Produktion von Verdauungssäften ein.

KIWI-Früchte stammen aus Neuseeland. *Actinidia chinensis* lautet der wissen-

schaftliche Name der mit einer stacheligen braunen Haut überzogenen Vitaminbombe – und das führt uns auf den richtigen Weg: Die Urheimat der Kiwifrucht ist China. Und als chinesische Stachelbeere kam sie vor ein paar Jahrzehnten zunächst auch in den Handel. Besondere Verkaufserfolge ließen sich zunächst aber nicht vermelden. Die stellten sich erst ein, als die Neuseeländer den großflächigen Anbau und die Zucht verbesserter Sorten mit einem neuen, werbewirksamen Namen für die exotische Frucht kombinierten. Kiwis, kleine flugunfähige Laufvögel, sind die Wappenvögel der Doppelinsel, und ihre Bewohner bezeichnen sich selbst gelegentlich als Kiwis. Was lag näher, als auch der kiwibraunen Frucht diesen Namen zu verpassen? Das richtige Label macht's: Innerhalb weniger Jahrzehnte war die Frucht, um die Mitte des 20. Jahrhunderts hierzulande noch völlig unbekannt, in aller Munde.

Das Alter der KLAPPER-SCHLANGEN lässt sich an der Länge ihrer Klapper ablesen. Um zu wachsen,

müssen sich Schlangen wie alle Reptilien häuten. Bei den Klapperschlangen, dreißig nordamerikanischen Grubenottern-Arten, lässt sich die Zahl der Häutungen am Schwanz ablesen. Die charakteristische Rassel an ihrem Schwanz wächst nämlich mit jeder Häutung um ein Glied. Je länger die Klapper, desto öfter hat sich die Schlange gehäutet. Insofern gibt sie tatsächlich Hinweise auf das Alter der Schlange, wenn auch keine genauen. Denn wie schnell eine Schlange wächst und wie oft sie sich häutet, hängt von verschiedenen Einflüssen ab und spiegelt nicht allein das Lebensalter wider. Die Klapper dient der Warnung: Zittert die Schlange mit dem Schwanz, ertönt ein mehrere Meter weit hörbares zischend-raschelndes Geräusch. Bitte ernst nehmen: Klapperschlangen sind hoch giftig.

KLONe sind unnatürlich.

In der (zugegeben äußerst komplizierten und vielschichtigen) Diskussion um die Fortpflanzungsbiologie der Menschen taucht immer wieder das Gespenst des Klons auf. Sind genetisch identische Lebewesen wirklich widernatürlich? Natürlich nicht: Jeder eineiige Zwilling besteht aus zwei Individuen mit gleichem Erbgut, einem Klon also. Bei Pflanzen ist Klonen eine durchaus gängige Sache. Die Vervielfachung über Stecklinge, wie sie der Gärtner betreibt, bringt ebenso gengleiche Sprösslinge hervor wie die Vermehrung durch Teilung, über Ausläufer, Brutknospen, Wurzelknollen, Tochterzwiebeln und unzählige andere Methoden, die Pflanzen neben der Samenbildung (und nicht selten sogar anstatt derselben) betreiben. Das aus dem Griechischen stammende Wort Klon bedeutet denn auch schlicht „Schössling" oder „Zweig". Aber auch manche Tiere bedienen sich der Vorteile des Klonens. Wenn sich weibliche Wasserflöhe oder Blattläuse innerhalb kurzer Zeit unglaublich vermehren können, so nicht zuletzt deshalb, weil sie auf zeitraubenden Sex verzichten und stattdessen lauter Töchter hervorbringen, genetische Kopien ihrer selbst (siehe Seite 158). Selbst bei manchen Säugetieren steht Klonen regelmäßig auf dem Programm: Das Neunbindengürteltier wirft stets eineiige Vierlinge, zwei andere Weichgürteltierarten sogar genetisch identische Acht- oder Zwölflinge.

KOALABÄREN sind Bären.

Noch ist der Streit, wer denn das Vorbild des weltberühmten Teddybären sei, unentschieden. Ist es der niedliche Koala, der Schwarzbär oder der Braunbär? Vermutlich doch eher einer der Letzteren. Schließlich verdanken die Schmusetiere ihren Namen dem amerikanischen Präsidenten Theodore „Teddy" Roosevelt, der, obwohl leidenschaftlicher Jäger, einmal einen verwundeten Bären verschonte, was im Präsidentschafts-Wahlkampf weidlich ausgeschlachtet wurde. Entschieden ist dagegen die Frage, wer nun Bär sei und wer nicht. Der Koala ist keiner, obwohl er den Bären sogar in seinem wissenschaftlichen Namen führt: *Phascolarctos cinereus* heißt zu deutsch grauer Beutelbär. Der Eukalyptus fressende Beutel-„Bär" ist aber wie fast alle Säugetiere Australiens ein Beuteltier, ein Verwandter des Kängurus mithin. Die echten Bären dagegen bilden eine Familie innerhalb der zu den Placentatieren zählenden Raubtiere.

Der KONDOR ist ein Greifvogel.

Der Kondor ist ein Geier und Geier gehören zu den Greifvögeln (oder Raubvögeln, wie man sie früher genannt hat – ein Begriff, der aus Gründen der political correctness inzwischen nicht mehr benützt wird). So steht es in den meisten Vogelbüchern, bis heute. Dabei fiel den Biologen schon vor weit mehr als hundert Jahren auf, dass die amerikanischen Geier, zu denen die beiden Kondor-Arten zählen, einige anatomische Merkwürdigkeiten aufweisen, die sie von allen anderen Greifvögeln unterscheiden. Zum Beispiel können sie nicht greifen, weil ihr Hinterzeh nicht als Widerpart der drei vorderen eingesetzt werden kann. Auch fehlt ihnen eine Nasenscheidewand. Einem im Profil betrachteten Kondor kann man deshalb quer durch die Nase gucken. Außerdem sind Kondore weitgehend stumm, während die meisten Greifvögel zumindest während der Balz laut rufen. Diese Besonderheiten führten zunächst dazu, den sieben amerikanischen Geier-Arten eine eigene Familie („Neuweltgeier") innerhalb der Greifvögel einzuräumen. Das Neuweltgeier-Problem blieb jedoch auf der Tagesordnung und wurde in den letzten Jahren gleich von mehreren Seiten neu angegangen. Zum Beispiel fiel auf, dass Neuweltgeier ihre Beine bei großer Hitze regelmäßig mit dünnflüssigem Kot bespritzen. Das dient der Kühlung: Die verdunstende Flüssigkeit entzieht den Läufen Wärme, das in den Körper zurückströmende Blut wird dadurch abgekühlt. Dieses eigenartige Verhalten findet man nicht nur bei Neuweltgeiern, sondern auch bei Störchen. Und weil nicht nur der Körperbau, sondern auch das Verhalten (wenigstens teilweise) im Erbgut fixiert ist, lässt sich auch aus einem übereinstimmenden Verhaltensmuster auf Verwandtschaft schließen. Zudem passen auch die oben erwähnten anatomischen Details zu den Störchen. Und das gesamte Arsenal der modernen Biologie, vom Vergleich der Chromosomen in Karyogrammen über die körpereigenen Proteine bis hin zur Untersuchung des Erbguts selbst (der DNA also) erzwingt denselben Schluss: Neuweltgeier sind keine Greifvögel, sondern nahe Verwandte der Störche! Die Geier der Alten und die der Neuen Welt trennt also eine tiefere Kluft als nur die des Atlantiks und des Pazifiks.

Bleibt die Frage, wie zwei Tiergruppen dermaßen ähnlich aussehen können, obwohl sie nicht näher miteinander verwandt sind. Altwelt-

und Neuweltgeier sind beide Segelflieger mit gewaltigen Schwingen, beide ernähren sich überwiegend von Aas, beide haben lange Hälse und nackte Köpfe, bei beiden unterscheiden sich die Geschlechter nur geringfügig. Sie sind damit ein Paradebeispiel für konvergente Evolution, bei der durch Anpassungen und Spezialisierungen auf einen ähnlichen „Beruf" im Ökosystem aus ganz verschiedenen Quellen fast identische Endprodukte entwickelt werden. In unserem Fall ist dies der „Beruf" des Aasfressers, der manche dieser Anpassungsähnlichkeiten erzwungen hat.

Oft entstehen solche Konvergenzen geografisch isoliert. Der Beutelwolf Tasmaniens zum Beispiel ist eine parallele Entwicklung zu den hundeartigen Raubtieren der restlichen Welt (siehe Seite 321). Bei den Neuweltgeiern scheint es ähnlich. Die Altweltgeier, echte Greifvögel, segeln durch Europa, Asien und Afrika, die Neuweltgeier, umgewandelte Störche, suchen in Nord- und Südamerika nach Aas. Leider war die Geschichte aber komplizierter. Fossilien verraten uns nämlich, dass es Altweltgeier bis vor 10 000 Jahren auch in Amerika und Neuweltgeier bis vor etwa 20 Millionen Jahren auch in der Alten Welt gab.

Die KOKOSNUSS ist eine Nuss.

Rufen wir uns die botanische Definition der Nuss ins Gedächtnis (und denken dabei vielleicht an eine klassische Nuss, die Haselnuss): Die Fruchtwand bildet eine aus allen drei Fruchthüllen bestehende harte Schale, die meist einen, zuweilen mehrere Samen einschließt. Wer die Kokosnuss im Marktstand liegen sieht, schlägt sie ohne Bedenken dieser Kategorie zu. Stutzig werden aber muss jeder, der weiß, wie sie am Baum hängt: kopfgroß und grün, den steinharten Kern in eine zunächst fleischige, dann faserige Fruchthülle eingeschlossen. Um bei einem vertrauteren Beispiel zu bleiben: Die Kokosnuss ähnelt der Walnuss, deren harte Schale ebenfalls nur aus der innersten der drei Fruchthüllen besteht. Und damit sind die beiden keine Nüsse, sondern Steinfrüchte, wie zum Beispiel der Pfirsich. Mit dem kleinen Unterschied, dass wir bei diesem den Kern wegwerfen und die beiden äußeren Fruchthüllen verzehren (die samtige Pfirsichhaut

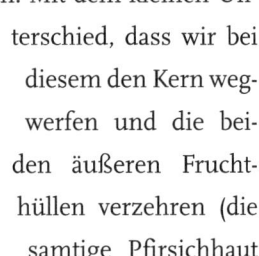

und das Fruchtfleisch), die bei Wal- und Kokosnuss bereits entfernt wurden, bevor sie auf dem Markt landen. Unsere Aufgabe zuhause besteht dann noch darin, auch die dritte, innerste Fruchthülle zu knacken, um uns schließlich an den eigentlich für den Keimling gedachten Nährstoff-Vorräten gütlich zu tun.

KORALLEn sind Pflanzen.

Selbst ihr wissenschaftlicher Name Anthozoa (übersetzt: Blumentiere) spielt auf die große Ähnlichkeit der Korallen mit Pflanzen an. Sie gehören zu der sehr ursprünglichen Tiergruppe der Hohltiere, der die spiegelbildliche Symmetrie der meisten anderen Tiere noch fehlt. Die aus einem sackförmigen Körper bestehenden Polypen haben eine Mundöffnung, die von Tentakeln umgeben ist, mit denen sie ihre Beute fangen. Bei den meisten Korallen sind die einzelnen Polypentiere sehr klein. Beeindruckende Größe erreichen sie durch den Zusammenschluss sehr vieler Polypen, die ein gemeinsames Skelett aus Kalk oder hornartigem Material ausscheiden. Die von ihnen gebildeten Riffe sind die größten Bauwerke, die Lebewesen je schufen. Ein überzeugender Beweis dafür, dass enge Kooperation es auch den Kleinen ermöglicht, ihre Umwelt zu gestalten und zu prägen.

Der **KORMORAN**
richtet große ökologische Schäden an.

Nur wenige Vogel-Arten sind in Europa so systematisch an den Rand des Aussterbens gedrängt worden wie der Kormoran. Der große schwarze Vogel mit den grünen Augen fischt besser als die Fischer und zieht dadurch ihren geballten Zorn auf sich. Seit konsequenter Schutz für eine Zunahme der Brut- und Rastbestände gesorgt hat, kommt ein Kormoran selten allein. Wenn ein größerer Trupp in perfekter Reihenformation schwimmend ein Kesseltreiben im Fischteich veranstaltet, können einem wirklich die Tränen kommen (wenn man der Teichwirt ist). Der Ruf nach erneuter Verfolgung des Fischräubers wurde laut und lauter. Geführt wird die Diskussion sehr emotional und oft mit den falschen Argumenten. Ob Kormorane wirklich ökologische Schäden anrichten, wenn sie von Anglern vorher ausgesetzte Fische vor denselben wieder herausfischen? Oder doch eher ökonomische? Wie dem auch sei: Inzwischen heißt es tatsächlich „Feuer frei" auf den eben erst der Roten Liste Entkommenen.

KREBSe können nur im
„Krebsgang", also rückwärts gehen.

Der sprichwörtliche Krebsgang ist der Rückwärtsgang. Nun können sich viele Krebse nicht nur rückwärts, sondern auch vorwärts oder seitwärts mit teils großer Geschwindigkeit fortbewegen. „Dwarslöper", Querläufer also, heißt die Strandkrabbe der Nordseeküste im Plattdeutschen. Der Krebsgang wurde wohl dem Flusskrebs abgeguckt, der im Mittelalter als Fastenspeise hoch begehrt und inzwischen in Mitteleuropa stark gefährdet ist. Schüttete man die gefangenen Krebse auf den Küchentisch, versuchten sie, sich rückwärts kriechend davonzumachen. Wenn es in freier Wildbahn brenzlig wird, bringt der Krebs sich mit ein paar kräftigen Schlägen seines Schwanzfächers im Rückwärtsgang in Sicherheit – schwimmend, nicht gehend! In Ruhe gelassen zieht er die Fortbewegung auf acht Beinen und vorwärts vor.

Alle KREBSe leben im Wasser.

Stellen Sie sich vor, Sie gehen in den Keller und es begegnet Ihnen ein Krebs. Was, kann nicht sein? Krebse gehören ins Wasser? Die meisten schon, aber einige aus der äußerst vielfältigen Krebsverwandtschaft sind an Land gegangen. Die Landasseln zum Beispiel (siehe Seite 26), zu denen die Kellerassel gehört, die höchstens in einem knochentrockenen Neubau-Betonkeller fehlt. Manch anderer Krebs verlässt das Wasser wenigsten zu längeren Expeditionen. Die Strandkrabbe der Nordsee wartet in feuchtem Sand eingegraben oder im Tang auf die nächste Flut. Tropische Küsten wimmeln oft vor Krebsen, die sich an Land ebenso wohl fühlen wie im Wasser. Manche gehen nur noch ins Wasser, um dort Eier abzulegen. So wie ein menschlicher Taucher seinen Unterwasser-Aufenthalt mit Hilfe von Sauerstoffflaschen verlängert, haben Landkrabben kleine Wasservorräte dabei, mit denen sie ihre in Atemhöhlen eingesenkten Kiemen immer feucht halten. So funktioniert die Atmung auch außerhalb des Wassers. Und dann gibt es noch den Palmendieb, der so heißt, weil er tatsächlich auf zwanzig Meter hohe Palmen klettert, um dort Kokosnüsse abzuschneiden, die er dann am Boden verspeist. Bei ihm ist die Wandung der Atemhöhle zur Sauerstoff aufnehmenden Lunge geworden, während die eigentlichen Kiemen verkümmert sind – ein Krebs, der im Wasser ertrinkt!

KROKODILe sind träge und langsam. Diese Fehleinschätzung hat schon manchen das Leben gekostet, der sich leichtfertig in die Nähe eines scheinbar unbeweglich im Wasser treibenden Reptils gewagt hat. Mit Hilfe des kräftigen Ruderschwanzes können Krokodile nicht nur schnell beschleunigen, sondern sich auch erstaunlich weit aus dem Wasser schnellen. Unter den gruseligen Augenzeugenberichten über Menschen, die Krokodilen zum Opfer fielen, gibt es einige, die belegen, dass die riesigen Panzerechsen sogar noch Geflüchtete, die sich mit knapper Not auf Felsen oder Äste in trügerische Sicherheit gebracht zu haben glaubten, mit gewaltigen Sprüngen erreichten und ins Wasser zogen. Das funktioniert auch auf Land, wie ein großes Leistenkrokodil im Zoologischen Garten in Stuttgart bewies, das beinahe auf die Besucherbrücke sprang. Die Panzerglasscheibe, die das verhindern sollte, ging dabei zu Bruch. Gewöhnlich starten

Krokodile ihre Angriffe vom Wasser aus. Das Land besuchen sie meist nur, um sich dort zu sonnen. Aber auch hier kriechen sie nicht nur, sondern können ihren schweren Körper vom Boden abheben und dann so schnell rennen, dass man rechtzeitig die Beine in die Hand nehmen sollte.

In Amerika leben keine KROKODILe, sondern nur Alligatoren.

Zur Begriffsklärung: Krokodile oder Crocodylia heißt die gesamte Ordnung der großen Panzerechsen, die zusammen mit den anderen vier Ordnungen (Schildkröten, Echsen, Brückenechsen und Schlangen) die Klasse der Reptilien oder Kriechtiere ausmacht. Innerhalb der Krokodile lassen sich drei Gruppen unterscheiden: Die Familie (oder Unterfamilie, je nach Forschermeinung) der Krokodile mit vierzehn Arten, die der Alligatoren mit sieben Arten und die der Gaviale mit einer einzigen Art, dem extrem langschnäuzigen Ganges-Gavial. Krokodile und Alligatoren ähneln sich sehr. Der auffälligste äußerliche Unterschied: Bei geschlossenem Maul sind bei den Alligatoren keine Unterkiefer-Zähne zu sehen; bei den Krokodilen dagegen trifft der vierte Zahn des Unterkiefers in eine Lücke des Oberkiefers und ist auch bei geschlossenem Maul zu sehen.

Dass die Alligatoren als *die* amerikanischen Panzerechsen schlechthin gelten, liegt nur an einer Art: Der Mississippi-Alligator des südöstlichen Nordamerikas ist das einzige Krokodil, das sich inmitten einer von einer hochtechnisierten Gesellschaft geprägten Umwelt halten kann. Fünf weitere Alligator-Arten sind auf Süd- und Mittelamerika beschränkt. Um die siebte Art, den China-Alligator, zu treffen, muss man aber um den halben Globus reisen. Alligatoren sind also nicht auf die beiden amerikanischen Kontinente beschränkt. Und wie sieht es mit den Krokodilen aus? Sie besiedeln den Tropengürtel der gesamten Erde: Vier Arten kommen in Mittel- und Südamerika vor, drei in Afrika und sieben im indo-pazifischen Raum.

Also: Begegnen Sie in Südamerika einer der großen Panzerechsen, schauen Sie ihr auf die Zähne, falls Sie dazu noch Zeit haben. Erst dann können Sie sicher sein, ob das Krokodil ein Alligator ist.

KROKODILe weinen
Krokodilstränen.
Viele merkwürdige Geschichten wurzeln in der Antike, die der Krokodilstränen taucht aber anscheinend erst im 13. Jahrhundert, also im Mittelalter, auf. Bartholomaeus Anglicus, ein französischer Mönch, notierte, dass Krokodile Menschen zwar umbrächten, vor dem Fressen aber bitterlich über deren Tod weinten. Seitdem sind die „Krokodilstränen" volkstümlich, wie auch diese englische Satire aus dem 16. Jahrhundert belegt:

> Das fürchterliche Tier, das Krokodil genannt,
>
> wohnt in Ägypten nahe bei des Niles Strand.
>
> Bevor es wirklich frisst die heißersehnte Beute,
>
> tut es nach außen so, als ob's die Tat bereute,
>
> lässt heiße Tränen aus den falschen Augen dringen
>
> und hat doch nur im Sinn, zu töten und zu schlingen.

In diesem Sinne sind Krokodilstränen bis heute sprichwörtlich: Als Symbole vorgetäuschten Mitleids und geheuchelter Trauer. Dem Krokodil selbst liegen solche Emotionen denkbar fern. Es überwältigt seine Beute und verspeist sie, wie alle Fleischfresser, ohne irgendein Anzeichen echter oder falscher Rührung.

Weinende Krokos – eine reine Erfindung? Nicht ganz. Die Tränendrüse der großen Reptilien ist zwar so klein und unauffällig, dass sich die Anatomen lange nicht einigen konnten, ob sie überhaupt vorhanden sei. Ihre Funktion – das Feuchthalten des Auges – wird aber zumindest teilweise von einer der Oberlippendrüsen, der Harderschen Drüse, wahrgenommen. Und hierzu schreibt der Reptilienforscher O. von Wettstein bereits im Jahr 1950: „Es verdient hier erwähnt zu werden, daß nach Reeses [eines Kollegen] eigenen Beobachtungen an Alligatoren, durch die Anstrengung beim Hinunterwürgen zu großer Bissen, das Sekret der Harderschen Drüsen in Form von ‚Tränen‘ aus den Augen läuft – es gibt also ‚Krokodilstränen‘".

Wer KRÖTEn anfasst, bekommt Warzen.

Lurche haben eine feuchte Haut. Um nicht zum Nährboden für Bakterien und Schimmelrasen zu werden, sondern die Schleimdrüsen der Haut Abwehrstoffe ab, die eine Fremdbesiedlung mit Krankheitskeimen verhindern. Darüber hinaus verfügen viele Amphibien noch über wesentlich potentere Gifte, um Fressfeinde abzuschrecken (siehe Seite 132). Bei der heimischen Erdkröte sitzt die Giftküche beiderseits hinter den Augen, deutlich sichtbar als lang gezogene Wülste. Gequälte Kröten scheiden aus diesen Parotoiddrüsen einen Gift-Cocktail aus, der Augen, Nasen- und Mundschleimhäute des Angreifers reizt. Vermutlich haben brennende Schleimhäute in Verbindung mit der warzig erscheinenden Haut der Erdkröten die Mär von der Warzen erzeugenden Berührung entstehen lassen. Zur Beruhigung: Warzen bekommen Sie bei Krötenkontakt auf keinen Fall. Selbige werden durch spezielle Viren hervorgerufen, die nur von Mensch zu Mensch übertragen werden.

Unser Tipp: Sie können Kröten ruhig vorsichtig in die Hand nehmen – dabei kann gar nichts passieren (weder Ihnen noch der Kröte). Um die empfindlichen Schleimhäute zu schützen, vermeiden Sie aber, die Kröte zu küssen, auch wenn Sie dann auf Ihren Märchenprinzen verzichten müssen. Übrigens kommen Frosch- und Krötenküsser nicht nur im Märchen vor. Bufotenin, eines der von Kröten hergestellten Gifte, ist ein äußerst wirksames Halluzinogen. In Nordamerika sind zwei Kröten-Arten infolge der Nachstellungen Drogensüchtiger bereits gefährdet, die sich durch Krötenlecken einen straffreien Drogentrip verschaffen wollen. Wer weiß: Vielleicht war der Froschkönig in dem bekannten Märchen der Gebrüder Grimm ebenfalls nur eine Halluzination der Königstochter? Dann hätten wir endlich eine naturwissenschaftlich nachvollziehbare Erklärung dieser seltsamen Verwandlung.

Der KUCKUCK macht sich ein leichtes Leben.

Einerseits freut sich jeder, wenn im Frühling der Kuckuck ruft, andererseits ist sein Ruf nicht der beste: Seine „betrügerische" Art, sich fortzupflanzen, gilt als anrüchig.

Was auch immer die Vorfahren unseres Kuckucks dazu bewogen hat, die eigene Kinderstube aufzugeben, die schiere Faulheit dürfte es nicht gewesen sein. Während andere Vögel ihr Eigenheim im Frühjahr in wenigen Tagen errichten und mit der Brut beginnen, ist der Kuckuck ständig auf Achse. Schließlich gilt es, zahlreiche geeignete Wirtsnester zu finden. Weil im Erbgut jeder Kuckucksdame festgelegt ist, welche Färbung ihre Eier haben werden, muss sie Nester derselben Vogelart suchen, die sie selbst einst großgezogen hatte. Weicht die Farbe des untergeschobenen Eies nämlich zu stark von der Eifarbe der vorgesehenen Stiefeltern ab, könnten diese misstrauisch werden. Werfen sie das Kuckucksei aus dem Nest, war die Mühe für den Kuckuck umsonst.

Ein Kuckuck kann über zwanzig Eier legen. Für jedes muss er ein anderes Nest finden – und das nicht irgendwann, sondern während die Wirtsvögel noch bauen oder Eier legen. Längere Beobachtung ist nötig, um möglichst gleichzeitig mit der Stiefmutter ein reifes Ei im Eileiter zu haben. Dann geht es blitzschnell: Gelegentlich unterstützt vom Männchen, das die vorgesehenen Ersatzeltern ablenkt, stibitzt die Kuckuckin eins der Wirtsvogel-Eier und lässt eines ihrer eigenen Eier ins Nest fallen.

Die meisten Wirtsvögel des Kuckucks sind viel kleiner als er selbst. Er legt deshalb, verglichen mit anderen Vogel-Arten seiner Größe, sehr kleine Eier. Im Fressen ist er weniger bescheiden: Die Jungen brauchen alles Futter und können nicht mit Stiefgeschwistern teilen. Sobald er sich von seinen Eischalen befreit hat, wirft der Wechselbalg deshalb, von Reflexen auf Berührungen seines Rückens und seiner Seiten gesteuert, alle möglichen Konkurrenten über Bord. Damit wird auch klar, warum Kuckucke nur in Nester legen, die noch keine vollständigen Gelege enthalten. Nur dann nämlich können sie sicher sein, dass ihr Sprössling zuerst schlüpft und Mitesser effektiv beseitigen kann.

KUCKUCKS-SPEICHEL ist der Speichel des Kuckucks.

Inmitten des weißen Schaumklümpchens, das am Stängel klebt, sitzt eine kleine Insektenlarve und saugt durch ihren Stechrüssel Pflanzensaft. Sie ist nicht zufällig in die Kuckucks-spucke geraten, sondern hat sie selbst erzeugt. Dazu scheidet sie eine eiweißhaltige Flüssigkeit aus, die mit Luft aus der am Bauch liegenden Atemhöhle schaumig aufgeblasen wird. Der Zweck: Schutz vor Trockenheit und Feinden – wer vermutet schon einen nahrhaften Kern in der schaumigen Hülle? Die erwachsenen Schaumzikaden, wie zum Beispiel die bekannten schwarzen, rot ge-fleckten Blutzikaden, haben weder einen Schutz vor Austrocknung noch solche Tarnung nötig. Wenn's brenzlig wird, springen sie ab und fliegen los.

LÄMMERGEIER fres-sen Lämmer.

Diese unfromme Legende hat den Läm-mergeier (heute seines kleinen schwarzen Kinnbarts wegen meist Bartgeier genannt) in weiten Teilen seines von den Hochländern In-nerasiens bis in die europäischen Gebirge reichenden Verbreitungs-gebietes das Leben gekostet. Am Anfang des 20. Jahrhunderts war er in den Alpen vollständig ausgerottet. Heute scheint er rehabili-tiert und wird mit großem finanziellen und ideellen Aufwand wie-der angesiedelt. Inzwischen haben die ersten Bartgeier wieder in den Alpen gebrütet, eine kleine Be-standstütze für den nach wie vor europaweit extrem sel-tenen Riesenvogel (Spann-weite bis 285 Zentimeter!). Der Bartgeier ist ein Nah-rungsspezialist, nur heißt seine Lieblingsnahrung nicht

Lamm, sondern Knochen, den er restlos verdaut. Ansonsten frisst er, wie alle Geier, überwiegend das Aas tot gefundener Tiere. Eine Ausnahme machen Schildkröten, die er ganz einfach knackt, indem er sie aus größerer Höhe fallen lässt.

LEBENDE Fossilien:
Unverändert seit vielen Jahrmillionen.

Seit es diesen Begriff gibt, gibt es auch Streit darum. Das liegt in der Natur der Sache. Schließlich birgt das „lebende Fossil" einen Widerspruch in sich. Denn ein Fossil pflegt eben nicht zu leben, sondern mausetot in Sedimenten zu schlummern. Lebende Fossilien sind Tiere oder Pflanzen, die ihr Erscheinungsbild seit Urzeiten kaum verändert haben. In „seit Urzeiten" und „kaum" liegt die Wurzel der wissenschaftlichen Auseinandersetzungen. Ist schon das Eichhörnchen ein lebendes Fossil, dessen Vorfahren vor einigen Millionen Jahren bereits ganz ähnlich aussahen, oder verdient erst das Perlboot, der bescheidene Rest einer bereits im Erdaltertum blühenden Verwandtschaft beschalter Kopffüßer, diesen Titel? Und was heißt „kaum"? Kritiker stoßen reihenweise lebende Fossilien vom Sockel, indem sie nachweisen, dass in diesem oder jenem Merkmal eben doch größere Veränderungen stattgefunden haben. Wen wundert das, halten Verteidiger dagegen, schließlich stehe die Evolution niemals still, es sei aber gerade die außerordentlich geringe Geschwindigkeit der Entwicklung, die das lebende Fossil ausmache. Wie auch immer – mit ein bisschen Vorsicht interpretiert sind der berühmte Quastenflosser *Latimeria*, das Perlboot *Nautilus*, der Pfeilschwanz *Limulus* oder der Palmfarn *Cycas* hervorragende Modelle für vorzeitliche Lebensformen.

LEBERTRAN wird aus Walen gewonnen.

Lebertran ist heutzutage etwas aus der Mode gekommen. In früheren Zeiten wurde das klare, gelblich gefärbte und leicht fischartig riechende Öl als Kräftigungsmittel manchem Heranwachsenden löffelweise eingeflößt. Andere alte Hausrezepte waren schlimmer, weil zum Teil von zweifelhafter Wirkung oder sogar schädlich. Lebertran ist mit seinem hohen Gehalt an ungesättigten Fettsäuren und den Vitaminen A, E und D dagegen durchaus gesund. Lieferanten des zuträglichen Öls sind aber nicht die Wale, sondern Fische. Einer davon ist der Kabeljau, dessen große Leber ihm als Speicherorgan für monatelange Fastenzeiten dient und bis zu fünfzig Prozent Fett enthält. Auch aus anderen Fisch-Arten wie dem Heilbutt wird Tran gewonnen. Haie müssen ebenfalls bluten. Sie haben keine Schwimmblase, mit denen zahlreiche andere Fische Auftrieb erzeugen und sich so tarieren können, dass sie ohne Energieaufwand im Wasser schweben (also weder sinken noch steigen). Zum Ausgleich besitzen viele Hai-Arten eine besonders große, fettreiche Leber, die für den nötigen Auftrieb sorgt. Beim Riesenhai, der 4000 Kilo schwer werden kann, wiegt allein die Leber 500–600 Kilogramm und enthält bis zu 60 Prozent Öl. Auch andere Arten wie der bis zu acht Meter lange Eis- oder Grönlandhai werden zur Lebertran- und Vitamin-A-Gewinnung genutzt.

Alle LEBEWESEN sind sterblich.

Wo Leben ist, ist auch Tod. Beides scheint uns untrennbar verbunden, auch wenn wir mit unserem Schicksal hadern. Welche gewaltigen Anstrengungen werden unternommen, um den Tod etwas hinauszuzögern, wie viel Fantasien, Mythen, Märchen und Geschichten ranken sich um die Unsterblichkeit, die uns Menschen von den Göttern scheidet!

Es gibt sie aber, die Unsterblichkeit, wenn auch nicht bei Menschen. Bakterien und viele Einzeller sind nämlich tatsächlich unsterblich. Das heißt nicht, dass sie überhaupt nicht totzukriegen sind. Wer gefressen wird oder einem anderen Unfall zum Opfer fällt, hat ein für alle Mal ausgespielt, auch als Einzeller. Aber potenziell leben sie ewig. Bakterien oder Einzeller, die sich fortpflanzen, teilen sich einfach, und zwar restlos. So entstehen zwei (manchmal auch mehrere) neue Organismen, in denen der alte fortlebt. Und so kann das, Unfälle vorbehalten, in alle Ewigkeit weitergehen. Altersschwäche oder natürlicher Tod sind nicht vorgesehen. Selbst misslichen Umweltbedingungen können manche Kleinlebewesen unglaublich lange trotzen, indem sie sich zu Dauerstadien, Sporen oder Cysten genannt, umwandeln. So ist es vor kurzem gelungen, ein Bakterium wieder aufzuwecken und zum Wachsen zu bringen, das etwa 250 Millionen Jahre im „Tiefschlaf" verbracht hat. Es überlebte als Dauerspore in einer wenige Millimeter großen, mit Salzlake gefüllten Blase, die in einem Kristall eingeschlossen war und in 560 Meter Tiefe in New Mexico gefunden wurde. Man muss sich das mal vorstellen: Ein Lebewesen, das die komplette Ära der Dinosaurier schlicht verpennt hat!

Auch bei einfachen Zellkolonien unter den Algen, die in fädigen oder flächigen Zellverbänden organisiert sind, können sich oftmals noch alle Einzelzellen autonom fortpflanzen. „Höhere" Organismen aber praktizieren Arbeitsteilung. Ihre Zellen sind keine Alleskönner mehr, sondern spezialisiert, was heißt, dass sie manches besser können als die anderen, und das, was sie schlechter oder gar nicht mehr können, von anderen Spezialisten erledigen lassen. Ein bekanntes Beispiel ist die Süßwasser bewohnende Kugelalge *Volvox*.

Bei ihr bilden (je nach Art) mehrere hundert bis mehrere tausend untereinander vernetzte Einzelzellen eine Hohlkugel, die sogar mit bloßem Auge sichtbar ist. Die meisten der in eine gelatinöse Grundsubstanz eingebetteten und miteinander über Plasmabrücken in Verbindung stehenden Einzelzellen können sich nicht mehr fortpflanzen. Das erledigen nur bestimmte Zellen, die sich an einem Pol der Kugel konzentrieren. Sie wandeln sich in Eier bzw. Spermatozoiden um. Nach der Befruchtung bilden sich im Innern der Mutterkugel kleine Tochterkugeln. Diese werden erst frei, wenn die Mutter platzt und stirbt. Zurück bleibt eine Leiche. Bei Lebewesen wie *Volvox* ist also „erstmals" der Tod vorprogrammiert. Das scheint der Preis zu sein, den man für zunehmende Arbeitsteilung und Differenzierung innerhalb eines Organismus zu zahlen hat. Ein hoher Preis für das Individuum (es verliert schließlich sein Leben), ein vernachlässigbar geringer vom Standpunkt der Gene aus betrachtet, denn für sie geht das Leben ja weiter, sie wechseln lediglich die Hülle. Die Zellen der so genannten „Keimbahn" bilden eine ununterbrochene Kette von der befruchteten Eizelle zu den Keimzellen und wieder zur befruchteten Eizelle usw. Das ist der unsterbliche Kern, der in jedem Mehr- oder Vielzeller steckt – auch in uns.

Immerhin: Auch manche Vielzeller können es als Individuen auf ein respektables Alter bringen. Die älteste existierende Pflanze der Erde ist eine 4900 Jahre alte Borstenkiefer in Nordamerika (siehe Seite 195). Daran schien sich kein Tier messen zu können. Ein Alter von mehr als hundert Jahren ist neben dem Menschen nur von ein paar Schildkröten-Arten und Fischen (Stör) hinreichend dokumentiert. Jetzt aber scheint ein Schwamm sie alle zu übertrumpfen. Schwämme sind sehr ursprünglich gebaute Vielzeller, bei denen die Differenzierung der Zellen wenig weit gediehen ist. Legendär ist ihre Fähigkeit, sich wieder zu regenerieren, nachdem sie durch ein

Sieb passiert wurden. Und Schwämme sollen nach neuen Daten die Alterspräsidenten der Vielzeller sein. Über ihre Stoffwechselrate wurde ihre Wachstumsgeschwindigkeit bestimmt, und dann über ihre Größe das Alter ermittelt. Dabei wurden einige Individuen verschiedener Schwamm-Arten entdeckt, die über hundert oder gar über tausend Jahre alt sein sollen. Stimmen Messungen und Rechnungen, ist der Rekordhalter ein fast zwei Meter hoher *Scolymastra joubini*-Schwamm aus antarktischen Gewässern: Ihm billigen die Altersforscher mehr als 10 000 Jahre zu!

LEMMINGe sind Selbstmörder und stürzen sich ins Meer. Nicht

Selbstmordgedanken sind es, die einen Lemming ins Wasser treiben, sondern, ganz im Gegenteil, der Überlebenstrieb. Unter günstigen Bedingungen können sich die bunten Wühlmäuse des hohen Nordens sehr schnell vermehren. Bei drei Geburten mit jeweils durchschnittlich sechs Jungen pro Jahr und Weibchen, die schon im zarten Alter von drei Wochen geschlechtsreif werden, sind alle paar Jahre Bestandsexplosionen vorprogrammiert. Umstritten ist noch, was oder wer für den anschließenden Zusammenbruch der Bestände verantwortlich ist. In Frage kommen Feinde und Nahrungsknappheit ebenso wie sich durch zunehmende Ungenießbarkeit „wehrende" Pflanzen oder stressbedingte Minderung der Fruchtbarkeit der Weibchen. Wie dem auch sei, beim skandinavischen Berglemming (*Lemmus lemmus*) wächst mit steigender Dichte die Wanderlust, um dem Dichte-Dilemma zu entgehen. Wenn sich auf einem Hektar 100 bis 250 Lemminge tummeln, wird es einfach zu eng und Nahrung knapp, zumal jeder Lemming seinen Grund und Boden gegen Artgenossen erbittert verteidigt. Grund genug, umzu-

ziehen oder auszuwandern, was dann auch viele tun.
Nun wandert natürlich jeder Lemming für sich;
See- oder Flussufer halten
sie aber zunächst auf,
sodass es dort zu Mas-
senansammlungen
kommen kann. Hier
huschen dann überall
Lemminge, und mancher
traut sich schließlich auch
ins Wasser, um das Hinder-
nis schwimmend zu überwinden. Das schaffen sie ganz gut, solange keine Wellen aufkommen. Bei Seegang allerdings ertrinken viele
Lemminge. Wenn später ihre Kadaver das Ufer säumen, hat man
einen weiteren Beleg für den „rätselhaften Todestrieb" der kleinen
Nager.

LIANEn gibt es nur im Dschungel.

Um Tarzan zu spielen muss man
nur bis zum nächsten Waldrand reisen. Dort wächst unsere häufigste heimische Liane, die Waldrebe. Ihre mehrere Zentimeter dicken
und viele Meter langen holzigen Stängel sind so stabil, dass man ruhig daran schaukeln kann – falls die Verankerung an den Träger-
bäumen fest genug ist, denn die Waldrebe verfügt wie alle Lianen
nicht über eigene Standfestigkeit. Weit weniger auffällig und reiß-
fest ist der Hopfen, der sich mit einem wesentlich dünneren Stängel
an anderen Pflanzen hocharbeitet. Oder an den hohen Hopfenstan-
gen in den Hopfengärten, in denen die Pflanze, deren Blütenstand
dem Bier seine Würze gibt, kultiviert wird.

LIBELLEn können stechen.

Teufelsnadeln oder Satansbolzen nennt der Volksmund sie. Stechen könnten die großen Insekten oder gar arglosen Schläfern die Augenlider zunähen. Sind es die manchmal sehr schrillen Farben, die riesigen Augen, der lange und bewegliche Hinterleib oder der rasante, unberechenbare Flug, die Libellen gefährlich erscheinen lassen und diese besonders hartnäckigen Vorurteile speisen? Wie auch immer: An ihnen ist nichts dran – es sei denn, man ist ein anderes Insekt. Für diese gibt es tatsächlich kaum eine schlimmere Begegnung als die mit dem schnellen Jäger mit den langen Fangbeinen und den kräftigen Kiefern. Letztere sind das Einzige, mit denen festgehaltene Libellen versuchen, sich zu wehren. Für Fliegen tödlich, für uns Menschen nur ein kräftiges Zwicken.

An der Spitze des langen und überaus beweglichen Hinterleibs tragen Libellen keinen Stachel. Weibchen haben dort einen Legeapparat, Männchen eine Zange, mit der sie ihre Auserwählte bei der Paarung am Kragen packen. Vorher haben sie eine Portion Sperma in einem Behälter an der Basis des Hinterleibs deponiert. Sich nach vorne krümmend bedient sich das am Nacken festgehaltene Weibchen. So entsteht das bekannte „Paarungsrad" der Libellen.

Der LÖWE ist der König der Wüste.

Wüsten sind auch für Löwen wüst. Allenfalls bis in die Halbwüsten (wie die Kalahari im südwestlichen Afrika) dehnen sie ihre Streifzüge aus. Dort fällt noch jährlich Regen, wenn auch die Regenzeit kurz ist. Während der Trockenzeit sorgen Oasen für den nötigen Schluck Wasser. Das eigentliche Löwenparadies aber ist die Savanne, wo in ausgedehnten Grasländern zwischen einzelnen Baumgruppen riesige Tierherden weiden.

LÖWEn sind die mutigsten Tiere.

Tierverhalten mit menschlichen Maßstäben zu messen hat sich immer wieder als wenig sinnvoll herausgestellt. Was ist schon Mut und was Feigheit? Die Evolution „belohnt" schließlich nur ein Verhalten, das der Verbreitung der eigenen Gene dient. Wer sich todesmutig ins Getümmel wirft und damit Verletzungen riskiert, hat als Beutegreifer oft ausgespielt. Klar, dass sich die paar Hyänen „feige" zurückziehen, wenn sich ein Löwenrudel nähert, um ihnen die eben geschlagene Beute abzunehmen (siehe Seite 157). Ebenso klar, dass sich der Löwe in die Büsche schlägt, wenn er allein ist und die Hyänen weit in der Überzahl. Als weitaus größeres, stärkeres und meist auch noch im Rudel auftretendes Tier hat der Löwe natürlich aber oft die besseren Karten – da ist es leicht, mutig zu sein.

LÖWEn gibt es nur in Afrika.

Im Eiszeitalter konnte man auch hierzulande noch Löwen begegnen, Höhlenlöwen genannt, weil ihre Überreste meist in Höhlen gefunden werden. Und wenn der griechische Held Herakles einen Löwen erschlug oder in der Bibel von Löwen in Palästina berichtet wird, deckt sich das mit naturwissenschaftlichen Erkenntnissen. Heute ist der einstmals so weit verbreitete Löwe auf Afrika beschränkt. Mit einer kleinen Ausnahme: Im indischen Reservat Girwald leben bis heute noch etwa 250 Exemplare der asiatischen Unterart des Löwen.

MAGERrasen haben eine sehr karge Pflanzendecke.

Mager ist am Magerrasen zunächst nicht die Vegetation, sondern die Nährstoffausstattung des Bodens. Entsprechendes gilt für ihr Pendant, die Fettwiese, die durch gute Nährstoffversorgung ausgezeichnet ist. Aber natürlich prägt sich auch über der Erde aus, was sich im Untergrund abspielt. Und so macht das üppige, dichte Grün einer Fettwiese auf den ersten Blick schon mehr her als das etwas schütterer wirkende Pflanzenkleid der Magerrasen. Was dem Bauern recht ist, treibt dem Blumenfreund allerdings die Tränen in die Augen. Es gilt nämlich: Je knapper die Nährstoffe, desto größer die Artenvielfalt, desto bunter die Wiesen. Während es auf mageren Wiesen vor Pflanzen- und Tierleben nur so wimmelt, erweisen sich die fetten als grüne Wüsten, auf denen neben wenigen Gras-Arten nur Löwenzahn und Bärenklau gedeihen.

Wer den Wert einer Landschaft nicht nach Schönheit und Vielfalt, sondern nach Produktivität bemisst, wird trotzdem der Fettwiese den Vorrang geben. Gülle und Kunstdünger helfen nach, wo die Natur mit Nährstoffen gegeizt hat. Und so ist heute normal, was früher selten war: die Fettwiese. „Magere" Blumenwiesen dagegen findet man fast nur noch in Naturschutzgebieten.

MALARIA kommt von schlechter Luft.

Diese Deutung steckt schon im Namen der Krankheit: Malaria heißt „schlechte Luft". Und so falsch ist die alte Vorstellung von den krank machenden Ausdünstungen der Sümpfe gar nicht. Denn nur im Wasser können sich die Larven der Fiebermücke *Anopheles* entwickeln. Und diese ist es, die uns Menschen die schwere, nicht selten sogar todbringende Krankheit ein-

impft. Eigentlich ist die Mücke nur an einem Tröpfchen Blut interessiert. Dabei überträgt sie aber parasitische Einzeller der Gattung
Plasmodium, die die Krankheit auslösen. Ein folgenreicher Zusammenhang: Als „Mutter aller Fieber" beschrieben chinesische Ärzte
die Malaria schon vor 5000 Jahren. Die typischen Fieberschübe des
„Wechselfiebers" entstehen, wenn die Parasiten auf einen Schlag die
roten Blutkörperchen verlassen, in denen sie sich, für die körper-
eigene Abwehr unangreifbar, versteckt und vermehrt haben. Beim
Zerfall der roten Blutkörperchen werden Abbauprodukte frei, die
extremes, oft tödliches Fieber auslösen. Währenddessen sind die
Parasiten schon wieder in gesunde Blutkörperchen eingedrungen.
Nach 48 oder 72 Stunden (je nach Malaria-Art) folgt die nächste
Attacke.

Die Malaria hat Folgen weit über das Einzelschicksal hinaus. Die
malerische Lage vieler Toskanadörfer auf moskitofreien Bergrücken
verdanken wir der Krankheit ebenso wie zahlreiche unerwartete
Wendungen der Weltgeschichte, wenn mal wieder ein ganzes im
Freien lagerndes Heer nicht vom Feind geschlagen, sondern von
Moskitos besiegt wurde und den Angriffen von *Plasmodium* erlag.

MAMBAs holen galoppie-
rende Pferde ein. „Ein Brautpaar reitet in Afrika spazieren. Sie treffen im Gras eine schwarze Mamba, die sich bis zur
Kopfhöhe ihrer Pferde aufrichtet. Sofort drehen sie auf der Hinter-
hand um, geben ihren Pferden die Sporen und jagen davon – die
Mamba aber holt sie ein, beißt Bräutigam und Braut und beide Pferde. Alle tot." Dies ist nur eine der Geschichten, die Bernhard Grzimek in seinem vor fast 50 Jahren veröffentlichten Klassiker ‚Serengeti darf nicht sterben' über die Mamba erzählt – natürlich ohne sie

selber zu glauben. Trotzdem hält sich die Mär von den angriffslustigen Mambas, denen kein Mensch zu Fuß entkommen könne, hartnäckig. Wie so oft haben die Geschichten aber einen wahren Kern. Die eingangs zitierte aus Afrika hat genau genommen sogar drei.

Erstens: Wenn Mambas erregt sind, richten sie sich hoch auf und reißen drohend das Maul mit den Giftzähnen auf. Zwar schaffen sie es nicht auf Pferde-Kopfhöhe; wenn aber eine immerhin vier Meter lang werdende Schwarze Mamba, das Haupt einen halben Meter erhoben, auf einen zukriecht, kann man es schon mit der Angst bekommen. Zweitens: Mambas sind tatsächlich schnell. Gut elf Stundenkilometer wurden bei einer auf dem Boden kriechenden Mamba einmal gemessen. Da muss man schon joggen, um zu entkommen. Im Geäst von Bäumen, wo sie normalerweise leben, sollen sie gar noch schneller sein, jedoch scheinen auch hier mehr Anekdoten als konkrete Daten vorzuliegen. Drittens: „Alle tot“ – die Mambas gelten als die gefährlichsten Giftschlangen Afrikas. Nach einem Biss kann der Tod innerhalb einer knappen halben Stunde eintreten. Weit übertrieben wird allerdings die Angriffslust der Mamba-Arten, die ihr Heil gewöhnlich lieber in der Flucht suchen.

Der älteste Baum der Welt ist
ein MAMMUTBAUM. Wie alt ein

Baum ist, lässt sich leicht ermitteln, wenn er gefällt wurde. Dann
heißt es einfach: Jahresringe abzählen. Im Frühjahr bildet der Baum
Holz mit weitlumigen Leitbahnen, das im Querschnitt hell erscheint; später im Sommer dominieren die dunkel aussehenden
Festigungselemente (siehe Seite 27). Eine kleine Einschränkung hat
diese Methode: Sie funktioniert nur in einem Klima mit deutlichen
Jahreszeiten, die regelmäßige Wachstums- und Ruhephasen er-
zwingen, nicht aber in den äquatornahen tropischen Regenwäldern
mit ihrem Tageszeitenklima, in dem viele Pflanzen nach anderen
Rhythmen wachsen, blühen und fruchten. Das Alter tropischer
Baumriesen ist deshalb viel schwieriger abzuschätzen als das ihrer
Kollegen aus gemäßigten Breiten.

Kernbohrungen erlauben eine Altersdiagnose, ohne dass der unter-
suchte Rekord-Kandidat gleich dran glauben muss. Dabei wird ein
Hohlbohrer in den Baum gedreht, ein Bohrkern entnommen und
die Wunde versiegelt, so dass der Baum nicht durch Pilzinfektionen
geschädigt wird. Lange galten die gigantischen Mammutbäume (*Se-
quoia*) des westlichen Nordamerikas als die ältesten Bäume. Der älteste bekannte Mammutbaum ist etwa 2 200 Jahre alt, keimte also
lange vor Christi Geburt – ein wahrhaft biblisches Alter. Der nahe
verwandte Riesenmammutbaum (*Sequoiadendron*) wird sogar noch
älter. Sein Rekord liegt bei etwa 3 500 Jahren – und stand bis ins Jahr
1954. Damals wurden nämlich in den White Mountains in Kalifornien in über 3 000 Meter Höhe einige Borstenkiefern (*Pinus aris-
tata*) entdeckt, die zwar weit weniger imposant aussahen als die
Mammutbäume, aber über 4 000 Jahre alt waren. Der dortige Me-
thusalem, 4 200 Jahre alt, wurde später von einem Exemplar
aus Nevada sogar noch übertroffen, das 4 900 Jahre alt ist.

Als Alterspräsidenten unserer Flora sind die Mammutbäume also entthront. Wie aber sieht es mit der Größe aus? 135 Meter soll der größte je ausgemessene Riesenmammutbaum gewesen sein, „Vater des Waldes" genannt. Er steht leider nicht mehr. Als höchster lebender Baum gilt zur Zeit mit 112 Metern ein im Redwood Creek Grove in Kalifornien wachsender Immergrüner Mammutbaum. Auch hier ist der Rekord aber nicht unumstritten. Eine harte Konkurrenz stellen einige australische Eukalyptus-Arten (insbesondere *Eucalyptus amygdalina*), die es ebenfalls über die Hundert-Meter-Marke schaffen, wenn auch einzelne Angaben von 150 Meter hohen Bäumen vermutlich ins Reich der Fabel gehören.

MAMMUTs hatten ein rotbraunes Fell.

Von Fossilien bleiben gewöhnlich nur ein paar Knochen oder Schalen. Die Erhaltung von Weichteilen ist selten, und dass ein Tier mit Haut und Haar überliefert wird, eine absolute Ausnahme. Mammuts sind erst seit wenigen tausend Jahren ausgestorben. Sie lebten in Kältesteppen und Tundren, die, wenigstens soweit sie hoch im Norden liegen, seither nicht wärmer geworden sind. Im Tiefkühlschrank der Natur, eingeschlossen in seit der Eiszeit nie aufgetaute Dauerfrostböden, sind einige (fast) vollständige Kadaver bis heute erhalten geblieben. Daher weiß man über Mammuts ziemlich gut Bescheid. Anders als die Dinosaurier, bei denen Farbe und meist auch Oberflächenstruktur Spekulation bleiben muss, können wir Mammuts lebensecht und wissenschaftlich exakt rekonstruieren. Wir wissen, dass sie ein langes Fell hatten, das sie gegen Kälte schützte. Etwa dreißig Zentimeter lang und einen halben Millimeter stark waren die groben Deckhaare, die an den Flanken weit herabhängend sogar neunzig Zentimeter Länge erreichten. Die wärmende Unterwolle war dagegen viel kürzer und feiner. An zahlreichen sibirischen Kadavern wurden solche Haare oder ganze Fellstücke gefunden, und meist waren sie orangebraun, weshalb auch die meisten Mammut-Rekonstruktionen in Museen ein rotbraunes Fell tragen. Vermutlich aber haben sie diese Farbe erst während der langen Einbettungszeit angenommen – viele Farbpigmente sind einfach nicht stabil genug, um Jahrtausende unverändert zu überdauern. Für diese Deutung spricht auch, dass gefundene Fellstücke von Blond über Braun bis nahezu Schwarz variieren können, wahrscheinlich eine Folge unterschiedlicher Erhaltungsbedingungen. Vermutlich hatten Mammuts ein dunkelbraunes Fell, ähnlich dem des Moschusochsen, der dem Mammut in puncto Fellstruktur und Lebensraum nahe steht.

MAMMUTs waren Riesenelefanten.
In unserer Vorstellungswelt rangieren die vorzeitlichen Elefanten gleich nach den Dinosauriern. Die nackten Zahlen bestätigen das nicht. Das Mammut schlechthin, das Eiszeit-Mammut *Mammuthus primigenius*, entsprach mit einer Höhe von 2,75 bis 3,4 Metern ungefähr der des Afrikanischen Elefanten, der meist 3 bis 3,4 Meter erreicht. Im Durchschnitt etwas kleiner sind die Indischen Elefanten mit einer Rückenhöhe von 2,4 bis 2,9 Meter. Allerdings ist die Variabilität beträchtlich. Erwachsene Afrikanische Elefanten können im Regenwald einerseits kaum höher als zwei Meter sein, die kräftigsten Bullen der offenen Savannen maßen aber 3,7 Meter. Ähnlich war das natürlich auch bei den Mammuts. Die letzten Mammuts, die ihre Artgenossen um mehr als 6000 Jahre überlebten, waren besonders klein und erreichten gerade noch eine Größe von 1,8 Metern. Sie stammen von der Wrangel-Insel, die

M

im arktischen Ozean vor dem äußersten Nordosten Russlands nahe der Beringstraße liegt. Hier lebten vor 12 000 Jahren noch ganz normale Eiszeitelefanten, ein Teil der sibirischen Population, denn die Wrangel-Insel hatte damals noch Verbindung zum Festland. Mit

dem Inseldasein setzte die Verzwergung ein, die 5000 Jahre später zu den Mini-Mammuts führte. Ähnliche Evolutionstrends kennen wir übrigens auch von Inseln im Mittelmeer, wo im Eiszeitalter kaum metergroße Elefäntchen vorkamen. Vermutlich lösten knappe Nahrungsgrundlagen und fehlender Feinddruck solche Entwicklungen aus.

MÄNNCHEN sind bei Tieren immer größer als Weibchen.

Vielleicht ist es unser eigenes Erbe, das uns so selbstverständlich annehmen lässt, Männchen seien immer und von Natur aus größer als ihre Weibchen. Schließlich gilt das für uns Menschen, wenn auch nicht in jedem Einzelfall, so doch im statistischen Mittel. Paare aus kleinen Männern und wesentlich größeren Frauen erregen allemal Aufsehen, während wir den gegenteiligen Fall ganz normal finden.

In unserer näheren Verwandtschaft sieht es nicht viel anders aus. Unter den Menschenaffen pflegen Männer größer zu sein als Frauen. Ganz besonders auffällig ist das beim Gorilla. Männer wiegen hier 130 bis 250 Kilogramm (im Zoo neigen sie zur Korpulenz und können noch schwerer werden), Frauen mit sechzig bis hundert Kilogramm gerade mal halb so viel. Dagegen fallen die Unterschiede bei Bonobos, den „Zwergschimpansen" Zentralafrikas, weit weniger ins Gewicht: Männer 33 bis 57, Frauen 28 bis 49 Kilogramm. Warum das so ist? Was dabei ganz sicher eine entscheidende Rolle spielt, ist das Sozial- und Sexualverhalten. Während die Gorillas als sanfte Machos gelten, die einen ganzen Harem regieren, scheint bei Bonobos Frauenpower Trumpf zu sein. Bei ihnen entscheiden die Frauen ganz wesentlich über Sexualkontakte. Wo aber Körperkraft und Durchsetzungsvermögen die Paarungschancen bestimmen und dazu ein Haremssystem wie das des Gorillas zahlreiche Männer vollständig von der Möglichkeit ausschließt, sich fortzupflanzen, züchtet die Evolution durch sexuelle Selektion „Übermänner". Nur diese kommen zum Zug, nur diese geben ihr Erbgut weiter. Unter den Säugetieren können Sie zahlreiche weitere Beispiele finden, die sich so oder so ähnlich erklären lassen.

Ähnlich, wenn auch mit Frauen-Wahlrecht, funktioniert das bei manchen Vogelarten wie zum Beispiel dem Auerhahn. Hier treffen sich mehrere Hähne zur Gruppenbalz, interessiert beäugt von einem Trupp Hennen, die anschließend entscheiden, welchen Hahn sie am besten finden und erhören. Schicke, in den Augen der Hennen attraktive Hähne haben bessere Chancen – auch hier arbeitet die sexuelle Selektion daran, die Männchen immer üppiger auszustatten, weil damit ihr Erfolg bei den Frauen steigt.

Also doch: Männer immer größer? Abgesehen davon, dass es eine überaus große Zahl von Tierarten gibt, bei denen sich beide Geschlechter in der Größe kaum oder gar nicht unterscheiden – ohne genaue Daten zu haben, vermute ich, dass das sogar der Normalfall ist – gibt es bereits unter den Vögeln einige interessante Ausnahmen mit größeren Weibchen und kleineren Männchen.

Eine bieten die Greifvögel. Ausgerechnet bei den Königen der Lüfte pflegen die Weibchen bei den meisten Arten die Männchen zu übertrumpfen, und zwar teilweise ganz erheblich. Dabei ist der Unterschied umso größer, je größer die Beute ist oder je mehr Vögel im Beutespektrum erscheinen, dagegen kleiner, wenn überwiegend Nagetiere oder Schlangen erbeutet werden. Am geringsten ist er bei Insekten jagenden und Aas fressenden Arten. Ein Beispiel: Beim heimischen Sperber, der hauptsächlich Vögel jagt, wiegen Männchen bei einer Spannweite von höchstens sechzig Zentimetern durchschnittlich um die 150 Gramm, Weibchen bei einer Spannweite von bis zu achtzig Zentimetern etwa 250 Gramm. Der Erklärungsversuche für dieses umgekehrte Größenverhältnis gibt es viele (wobei keiner so richtig überzeugend ist): Männchen und Weibchen haben unterschiedliche Beutespektren. Wenn die Sperbermännchen überwiegend Vögel in Spatzen- und Finkengröße schlagen, die Weibchen dagegen mit Drosseln und Tauben fertig werden, können sie durch diese Arbeitsteilung die Ressourcen ihres Brutreviers besser ausnutzen. Außerdem sind die Männchen, solange die Brut noch klein ist, „Alleinverdiener“, während das Weibchen am Nest die Jungen versorgt. Und kleinere Beute ist normalerweise häufiger als größere.

Betrachten wir Reptilien und Amphibien, bei denen die Sozialsysteme normalerweise wesentlich unkomplizierter sind als bei Vögeln und vor allem unter Säugetieren, kehren sich die Verhältnisse um. Hier stellen die Frauen gewöhnlich das starke Geschlecht. Eine sinnvolle Investition, denn größere Weibchen können mehr und besser versorgte Eier legen. Viele Wirbellose sehen das genauso. Bei zahlreichen Insekten, noch auffälliger bei Spinnen, sind Weibchen größer als Männchen.

Zum Schluss dieses äußerst unvollständigen Streifzuges begeben wir uns in die Tiefsee, um dort eine der merkwürdigsten Arten kennen zu lernen, wie Mann und Frau miteinander umgehen. Die Beziehungen zwischen den Geschlechtern sind bei den Tiefseeanglern, eine Gruppe von gut hundert Arten in Wassertiefen unterhalb dreihundert Meter in allen Weltmeeren verbreiteter Fische, besonders extrem. Die Männchen sind winzig und zwicken sich, wenn sie ein Weibchen gefunden haben, mit klammerartigen Kieferfortsätzen an diesem fest. Bei einigen Arten verwachsen sowohl die Haut beider Tiere als auch ihre Blutkreisläufe miteinander – die Männchen hängen als parasitäre Zwerge an ihren Mutterschiffen und sind auf diese Weise völlig auf ihre Rolle als Spermaspender reduziert.

Der MARIENKÄFER ist so alt wie die Zahl der Punkte. „Den" Marienkäfer gibt es nicht. Allein in Deutschland kommen etwa achtzig Marienkäfer-Arten vor, alle mit unterschiedlichem Muster. Der bekannteste ist der Siebenpunkt mit seinen sieben schwarzen Punkten auf den roten Flügeldecken. Es gibt aber auch einen Zweipunkt-Marienkäfer (ebenfalls mit schwarzen Punkten auf rotem Grund, oder auch andersrum, schwarz mit roten Punkten) und einen Zweiund-

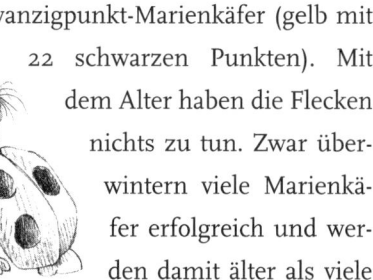

zwanzigpunkt-Marienkäfer (gelb mit 22 schwarzen Punkten). Mit dem Alter haben die Flecken nichts zu tun. Zwar überwintern viele Marienkäfer erfolgreich und werden damit älter als viele andere Insekten, die nur einen Sommer tanzen. Aber sieben oder gar 22 Jahre schaffen sie nicht. Und es gilt bei Marienkäfern dasselbe wie bei allen anderen Insekten: Wer erwachsen ist, verändert sein Aussehen nicht mehr wesentlich.

MAUERSEGLER sind Turmschwalben.

Wenn zwei sich sehr ähneln, müssen sie wohl eng verwandt sein – und flugs werden die Mauersegler, die an warmen Sommerabenden mit lauten schrillen Schreien durch die Straßenschluchten fegen, in die Familie der Schwalben eingemeindet: Turmschwalben eben. Nur wer genauer nachforscht, wird herausfinden, dass Segler, die eine eigene Vogel-Ordnung bilden, und Schwalben, die zu den Singvögeln gehören, keineswegs wie Brüder und Schwestern daherkommen. Ihre Ähnlichkeit ist eine höchst oberflächliche, entstanden durch ähnliche Anpassungen an eine ähnliche Lebensweise. Für Insektenfresser, die ihre oft blattlauskleine Beute in rasantem Flug mit dem Schnabel aus der Luft erhaschen, gibt es einige konstruktive Zwänge. Lange schmale Flügel gehören ebenso dazu wie ein kurzer Schnabel und eine breite Maulspalte, die wie ein Käscher funktioniert. „Konvergenz" nennen Biologen solche oft verblüffenden Anpassungsähnlichkeiten, die Verwandtschaft vortäuschen, wo keine besteht.

Auf dem Boden gelandete
MAUERSEGLER können nicht
mehr auffliegen. Noch offensichtlicher als Schwalben

sind die Mauersegler an ein Leben als Luftplankton-Jäger angepasst. Ihre winzigen Füße zusammen mit ihren überlangen Schwingen haben zu der verbreiteten Auffassung geführt, sie könnten, einmal versehentlich auf dem Boden gelandet, nicht wieder aus eigener Kraft starten. Man müsse einen gefundenen Mauersegler in die Luft werfen, um ihn auf diese Weise vom elenden Tod zu erretten. Der wahre Kern dieser Geschichte liegt wohl darin, dass man selten einen gesunden Mauersegler am Boden findet, und dass durch Krankheit oder Hunger geschwächte, notgelandete Tiere tatsächlich kaum mehr in der Lage sind, abzuheben. Das gilt allerdings nicht für gesunde Mauersegler. Ich zitiere hier die „Ornithologen-Bibel", das ‚Handbuch der Vögel Mitteleuropas': „Gesunde Tiere starten mühelos vom Boden, sofern eine freie Strecke von zehn bis zwölf Meter vorhanden ist. Sie richten sich auf, stellen die Flügel fast senkrecht, schnellen mit einem kräftigen Abschlag hoch und streichen fledermausartig ab. Mit den Füßen kann sich der Vogel dreißig bis fünfzig Zentimeter hoch katapultieren oder einen Sprunglauf von etwa drei bis fünf Schritten unternehmen. Obwohl die Handschwingen zunächst die Unterlage berühren, stößt sich der Mauersegler nie mit den Flügeln vom Untergrund ab." Noch Fragen?

Der MAULWURF wirft die Erde mit dem Maul auf.

Der Maulwurf ist eigentlich ein Haufenwerfer. Das jedenfalls wäre die moderne Version des althochdeutschen „muwurf", dem der Maulwurf seinen Namen verdankt. Seine rüsselförmig ausgezogene Schnüffelnase dient, wie schon die Altvorderen wussten, nicht als Erdbohrer, sondern ist, zusammen mit den sie umstehenden langen Spürhaaren, ein empfindliches Tastorgan. Die grobe Arbeit erledigt der Maulwurf mit seinen Vorderbeinen, seitlich stehenden, breiten Grabschaufeln mit kräftigen Krallen. Um sie zu effektiven Grabwerkzeugen zu gestalten, ist der Schultergürtel verstärkt und der Oberarm extrem kräftig ausgebildet. Elle und Speiche sind im unteren Abschnitt miteinander verwachsen. Die ohnehin schon große Handfläche wird durch einen zusätzlichen Knochen noch erheblich verbreitert. Er steht als „sechster Finger" neben dem Daumen. Andere unterirdische Buddler haben zum Teil abweichende Grabetechniken entwickelt. Der Strandgräber, ein gut meerschweinchengroßes Nagetier aus Südafrika, beißt sich mit langen, weit vorstehenden Nagezähnen durch den Untergrund. Der Goldmull, ebenfalls ein Afrikaner, benutzt seine kräftigen Krallen zum Lockern der Erde und schafft sie dann mit seiner durch ein Hornschild geschützten Schnauze beiseite. Und die in Steppengebieten Osteuropas und Vorderasiens heimische Blindmaus gräbt mit Hilfe ihres keilförmigen Kopfes.

Der MAULWURF stirbt am Licht.

Das stimmt sogar gar nicht so selten, aber nicht, weil das Licht selber tödlich wirkt, sondern weil ein Maulwurf über der Erde seinen Feinden weitgehend hilflos ausgeliefert ist, während

ihm im Boden eigentlich nichts zustoßen kann. Warum Maulwürfe trotzdem gelegentlich auftauchen? Zum Beispiel, weil die Jungen irgendwann einmal das Revier ihrer allmählich wieder ungesellig werdenden Eltern verlassen müssen und umherstreifen, bevor sie ein eigenes Gangsystem anlegen. Oder weil Hochwasser die unterirdischen Gänge überschwemmt. Oder weil in trocken-heißen Sommern Regenwürmer inaktiv und lehmige Böden betonhart werden, so dass oberirdische Jagden notwendig werden.

MAULWÜRFE fressen
die Wurzeln des Salats. An Vegetarischem ist der

Maulwurf nicht interessiert. Er ist Fleischfresser.

Auf den Patrouillen durch sein unterirdisches Revier erbeutet er alles, was ihm vor sein aus 44 nadelspitzen Zähnen bestehendes Gebiss kommt. Nicht zufällig heißt die Ordnung der Säugetiere, zu denen Maulwürfe ebenso wie Spitzmäuse und Igel gehören, Insektenfresser. Insekten(larven) gehören tatsächlich zur Lieblingsbeute des Maulwurfs.

Ansonsten steht er vor allem auf Würmer. Warum also wird dem Maulwurf hartnäckig das Etikett „Schädling" angeheftet? Vielleicht welkt tatsächlich mal der Salat, wenn der Minenbauer ohne Rücksicht auf Verluste einen neuen Gang genau unter den Setzlingen gebuddelt hat. Maulwurfshügel im englischen Rasen sind eher ein ästhetisches Problem. Ansonsten ist die Bilanz ausgeglichen. Zwar müssen manche nützlichen Regenwürmer dran glauben, aber dafür bleiben auch Maulwurfsgrillen, Schnecken und andere – nun ja: Schädlinge – auf der Strecke.

MAULWÜRFE sind blind.

Wenn einer blind wie ein Maulwurf ist, dann lassen ihn seine Augen noch nicht ganz im Stich. Fast völlig unterm plüschigen Fell verborgen hat der Tiefbauer zwei winzige Knopfäuglein. Das dürfte genügen, um Hell und Dunkel zu unterscheiden, zu viel mehr aber nicht. Farben sehen Maulwürfe ohnehin nicht, da ihre Netzhaut nur stäbchenförmige Sinneszellen enthält, die zwar wesentlich lichtempfindlicher sind als die für die Farbwahrnehmung zuständigen zapfenförmigen Sinneszellen, aber nur die Helligkeit messen. Wie gut ein Maulwurf Formen erkennen kann, ist nicht bekannt. Einen genauen Maulwurf-Sehtest hat anscheinend noch niemand durchgeführt. Wer den größten Teil seines Lebens in ewiger Nacht verbringt, ist mit anderen Sinnesorganen ohnehin besser bedient als mit den Augen. Tasthaare und Nase funktionieren auch, wenn es zappenduster ist.

Der **MAULWURFS-HÜGEL** ist der Aus- und Eingang zum Maulwurfsbau. Maulwürfe sind gewöhnlich Tiefbauer. Was über der Erde passiert, interessiert sie recht wenig. Und weil sie ihre Tunnel nur notfalls verlassen, brauchen sie keinen regulären Ein- oder Ausgang. Die meisten Maulwurfshügel sind Abraumhalden. Schließlich muss die abgegrabene Erde irgendwo entsorgt werden. Ein großer Teil davon wird an den Tunnelwänden verfestigt, ein kleinerer nach außen geschoben. Die mit lockerer Erde

gefüllten Tunnelmündungen unter den Maulwurfshaufen dienen wohl auch der Frischluftzufuhr. In den unterirdischen Gängen ist der Sauerstoffgehalt um sechs bis acht Prozent geringer, der Kohlendioxidgehalt dagegen um ein Vielfaches höher als draußen. Zwar enthält Maulwurfsblut besonders viel Hämoglobin, das als Sauerstofftransporter arbeitet, aber ein wenig Lüftung kann trotzdem nicht schaden. Neben seinem Tunnelsystem, in dem der Maulwurf regelmäßig patrouilliert, um Nahrung zu suchen, finden sich unter der Erde Wohn- und Vorratshöhlen. Die Nestkammer wird unter einem besonders großen Maulwurfshaufen angelegt, in sehr nassen Gegenden auch in demselben.

Das **MEERESLEUCH-TEN** stammt vom Widerschein des Mondes. Wer das zauberhafte Leuchten des Meeres je gesehen hat, wird es nie wieder vergessen. Vor allem dort, wo sich Wellen brechen oder ein Schiffskiel das Wasser durchschneidet, funkelt und glitzert es hell-bläulich oder grünlich. Ein Schauspiel, das wir einem Einzeller verdanken. *Noctiluca miliaris* – frei übersetzt: der millionenfach die Nacht Erleuchtende – gehört zu den Panzergeißlern, trägt aber im Gegensatz zu den meisten dieser kleinen Algen keinen Panzer. In einem Liter Wasser können über 100 000 Einzeller leben, die mit gut einem Millimeter Durchmesser recht groß sind. Man kann die leuchtenden Punkte leicht mit bloßem Auge durchs Wasser flitzen sehen. Angetrieben werden sie von einer kurzen Geißel. Ein zweiter Tentakel dient dazu, noch kleinere Lebewesen als Nahrung heranzustrudeln: *Noctiluca* hat die Fähigkeit zur Fotosynthese verloren und ist ein gefürchteter Räuber unter den Einzellern.

Meeresleuchten kann man nahezu weltweit antreffen. *Noctiluca* mag's aber gerne etwas wärmer. An der Nordseeküste zum Beispiel lässt sich das Phänomen vor allem in lauen Sommernächten beobachten. Zum Leuchten werden die Einzeller stimuliert, wenn sie einen Schubs zum Beispiel durch sich brechende Wellen kriegen. Dann wird in einer höchst effektiven Reaktion, bei der die eingesetzte Energie praktisch vollständig zur Erleuchtung verwendet wird, kaltes Licht ausgestrahlt. Biolumineszenz nennen die Biologen es, wenn Lebewesen Licht erzeugen, was so selten gar nicht ist. Während sich uns bei Glühwürmchen (siehe Seite 135) oder Tiefseefischen der Sinn und Zweck des Leuchtens oft erschließt, tappen wir bei *Noctiluca* noch im Dunkeln. Kein Mensch kennt den eigentlichen Grund des wunderbaren Schauspiels.

MEERKATZEN sind Wasserraubtiere.

Marcata, ein indisches Wort, bedeutet einfach Affe. Aus Marcata wurde im Norwegischen Marekatt, im Niederländischen Meerkat, im Deutschen Meerkatze. Diese Deutung des Namens Meerkatze für die überaus vielfältige afrikanische Affenverwandtschaft der Gattung *Cercopithecus* gilt heute als wahrscheinlicher als die Ableitung von „katzenähnlichem Tier, das übers Meer kam."

MEHLTAU hat etwas mit Mehl zu tun.

Das feine weiße „Mehl", das die Stachelbeerfrüchte überzieht oder auf den jungen Blättern von Eichen liegt, ist ein Pilz. Die Echten Mehltaupilze spinnen die Pflanzen mit dünnen Fäden ein, aus denen Sporen tragende Fortsätze sprossen. Diese verstärken den Mehleindruck, weil sie richtig wegstäuben, wenn man die befallene Pflanze schüttelt. Mehltaupilze sind Parasiten. Mit speziellen Fortsätzen dringen sie in Zellen ihrer Wirtspflanze ein und „saugen" sie leer. Dabei sind sie wirtsspezifisch, das heißt, sie wachsen nicht irgendwo, sondern nur auf einer bestimmten Wirtspflanze. Berüchtigt ist zum Beispiel der Rebenmehltau, der den Winzern das Leben schwer macht. *Uncinula necator* heißt er: Den Namen Necator = Killer trägt er zu Recht. Kaum von Amerika nach Europa gelangt, sorgte er vor 150 Jahren zum Beispiel für das komplette Aus für den Weinbau auf Madeira und Teneriffa. Noch

M

heute wird er als wichtigster natürlicher Gegenspieler des Weingärtners Jahr für Jahr mit zahlreichen aufeinander abgestimmten Spritzungen bekämpft. Im Kleingarten lässt der Rosenmehltau die Gärtner zur Giftspritze greifen. Der nah verwandte, seit 1905 auch bei uns heimische Amerikanische Stachelbeermehltau befällt die Stachelbeere. Auch hier ist der wissenschaftliche Name entlarvend: *Sphaerotheca mors-uvae*, wobei letzteres „Tod der Stachelbeere" bedeutet. Ganz so drastisch geht's im Hausgarten aber meist nicht zu. Die Ernte kann man bei starkem Befall aber vergessen. Das Beschneiden der Triebspitzen, in denen der Mehltau überwintert, hilft. Auch durch die Zucht weniger anfälliger Sorten versucht man, dem Parasiten zu begegnen, der sich im Sinne des Wortes „wie Mehltau" über die leckeren Beeren legt.

Neandertaler sind die Vorfahren des heutigen MENSCHen.

Vor fünfzig Jahren war die Welt noch in Ordnung. Die wenigen menschlichen Fossilfunde, darunter die der Neandertaler (manchmal auch Neanderthaler geschrieben,

wie 1856, als man sie bei Steinbrucharbeiten in dem idyllischen Täl-
chen bei Düsseldorf fand) ließen sich problemlos als zeitliche Folge
deuten. Die Rolle des Neandertalers war die des kräftig gebauten
und leicht dumpfbackig einhertrottenden eiszeitlichen Vorfahren
des heutigen Menschen. Inzwischen haben viele weitere Funde und
Datierungen die Sache schwer verkompliziert. Wir wissen jetzt, dass
die modernen Menschen fast gleichzeitig mit dem hauptsächlich
auf Europa und das Mittelmeergebiet beschränkten Neandertaler
entstanden, aber ganz woanders, nämlich in Afrika. Erst später, kurz
bevor sich die Neandertaler endgültig aus der Geschichte verab-
schiedeten, breiteten sich moderne Menschen nach Europa aus. Damit scheidet der Neandertaler als unser Vorfahr aus. Ob wir wenigstens ein bisschen Neandertalerblut in uns haben, wird seither eifrig
diskutiert. Haben sie oder haben sie nicht? Fast 30 000 Jahre nach
dem Verschwinden des Neandertalers ist diese zentrale Frage nach
einer eventuellen Kreuzung beider Menschenformen und Mischung ihrer Gene natürlich nicht mehr so leicht zu beantworten. In
Palästina, wo beide über viele Jahrtausende gemeinsam vorkamen,
sprechen die Fossilien keine ganz eindeutige Sprache. Erbgutuntersuchungen längst verblichener Neandertaler deuten wie manch andere Indizien aber darauf hin, dass kein genetischer Austausch
mehr stattfand, dass also Neandertaler und heutiger Mensch
tatsächlich zwei verschiedenen Arten angehörten.

MENSCHen stammen
von Schimpansen ab. Richtig ist: Der Mensch
stammt von Affen ab, ja er ist in mehr als einer Hinsicht selber einer. Falsch ist: Der Mensch stammt von irgendeinem heute lebenden Affen ab. Schimpansen sind zwar die nächsten Verwandten der

Menschen. Das ist an zahlreichen Merkmalen des Körperbaus, des Verhaltens und auch an den zu nahezu 99 Prozent identischen Genen ablesbar. Genau wie der Mensch hat sich aber auch der Schimpanse im Lauf der Zeit verändert, und was vor sechs bis sieben Millionen Jahren als ein Menschenaffe unter vielen in Afrika lebte, war weder Mensch noch Schimpanse, sondern die gemeinsame Ur-Ur-Ur-Ur … -großmutter beider. Nach der Aufspaltung in eine „Menschenlinie" und eine „Schimpansenlinie" folgte keine zielgerichtete Entwicklung schnurstracks zu den heutigen Arten. Die Geschichte ging auch hier verschlungene Wege. Die Schimpansen spalteten sich später nochmals in zwei Arten auf, den eigentlichen Schimpansen und den Bonobo (siehe Seite 382). Bei uns Menschen scheint es noch etwas komplizierter zugegangen zu sein. Mehrere verschiedene Arten lösten einander ab oder existierten gar zeitgleich. Bis heute ist es nicht gelungen, die teils sehr verwirrenden Wege (und Umwege) der menschlichen Stammesgeschichte widerspruchsfrei zu rekonstruieren. Selbst neue Fossilfunde tragen nicht immer zur Klärung bei, sondern werfen manchmal mehr Fragen auf als sie beantworten. Wer wann wo mit wem und warum – das sind die Fragen, über die sich die Urmenschen-Forscher deshalb sicher noch eine ganze Weile die Köpfe heiß reden werden.

Die heutigen MENSCHen stammen alle von einer Eva ab. Die Suche nach ihren eigenen Wurzeln hat die Menschheit immer fasziniert. Ich denke, dass es Ihnen ebenso geht, was mich ermutigt, hier einmal etwas weiter auszuholen und tiefer zu schürfen.

Aufschluss über den Gang der Geschichte geben vor allem Fossilien und Artefakte, von Menschen hergestellte Gegenstände also. Mit

Feuereifer und einem unglaublichen Einsatz wird seit nahezu 150 Jahren intensiv und gezielt danach gefahndet. Trotzdem ist die Datenlage spärlich. Menschen waren über den weitaus größten Teil ihrer Geschichte selten, fossile Menschenreste sind es deshalb auch. Wie wir inzwischen wissen, hat sich ein großer Teil der Menschheitsgeschichte in Afrika abgespielt, wo sich die Fossilsuche weit schwieriger gestaltet als hierzulande. Weil sich ziemlich viele Forscher mit ziemlich wenigen Fossilien beschäftigen, werden wichtige Neufunde enthusiastisch gewürdigt und ihre Konsequenzen auf den Stammbaum in populärwissenschaftlichen Zeitschriften fast ebenso intensiv diskutiert wie in Fachkreisen.

Wer nur von den Zufälligkeiten der Fossilsuche abhängt, begrüßt begeistert jeden neuen Ansatz, aufschlussreiche Daten zu gewinnen. Ein solcher ist die Untersuchung der Erbsubstanz, die sich, zumindest in Bruchstücken, mit raffinierten labortechnischen Methoden auch noch in manchen alten Knochen aufspüren und vervielfältigen lässt. Das brachte zum Beispiel neue Erkenntnisse über unsere unklare Verwandtschaft mit dem Neandertaler. Die Erbgutuntersuchungen legten nahe, dass wir nicht Vettern und Basen waren, sondern zwei verschiedenen Arten angehör(t)en. Leider haben diese Untersuchungen aber eine natürliche Grenze. Die Erbgutschnipsel halten nicht ewig – wie lange, ist wissenschaftlich noch umstritten. Dass nach einigen zehntausend Jahren noch Aussagen möglich sind, gilt als gesichert. Ob und wie weit man in den Bereich von Millionen Jahren vorstoßen kann und immer noch aussagekräftige Daten erhält, wird heftig diskutiert. Die Rekonstruktion der menschlichen Stammesgeschichte mittels DNA-Untersuchungen an Fossilien stößt also schnell an ihre Grenzen (DNA oder DNS = Desoxyribonucleinsäure = die Erbinformation tragenden Riesenmoleküle). Stammesgeschichtlich aufschlussreich sind aber nicht nur Fossilien, sondern auch alle heute lebenden Organismen. Enge Verwandtschaft zeigt sich sowohl in äußerer Ähnlichkeit als auch in inneren Werten, einer weitgehenden Übereinstimmung der DNA nämlich. Innerhalb einer Art bestehen nur geringe Unterschiede im Erbgut (aber es gibt sie – schließlich sind wir keine Klone). Größere Differenzen kennzeichnen dagegen verschiedene Arten. Menschliches Erbgut und das des Schimpansen unterscheiden sich zum Beispiel um ein gutes Prozent. Anders ausgedrückt: Fast 99 Prozent unserer Gene haben wir gemeinsam, was unsere enge Verwandtschaft unterstreicht. Solche Unterschiede entstehen im Lauf der Zeit durch spontane kleine Änderungen am Erbgut, die als Mutationen bezeichnet werden. Nun haben die Molekularbiologen ein interessantes Konzept entwickelt, das der „molekularen Uhr". Sie gehen dabei davon aus, dass die Mutationsrate, über lange Zeiträume betrachtet, einigermaßen konstant ist. Wenn dem so ist, kann aus der Verschiedenheit der DNA zweier verwandter Organismen berechnet werden, wann ihre letzte gemeinsame Stammart gelebt hat und wann sich ihre Wege getrennt haben. Derlei Daten brachten zum Beispiel für den Menschen und den Schimpansen Werte von 6,3 bis 7,7 Millionen Jahren, was von Paläontologen zunächst heftig angefochten wurde. Sie beharrten auf einer sehr viel länger zurückliegenden Trennung, mussten sich aber später von neu aufgefundenen Fossilien eines Besseren belehren lassen: Die Molekularbiologen hatten Recht behalten.

DNA-Untersuchungen spielen auch eine große Rolle in einem alten Streit: Haben sich „moderne" Menschen (also *Homo sapiens*, wie wir uns selbst nennen, um uns von allen Vorformen abzugrenzen) an verschiedenen Stellen der Erde entwickelt oder haben wir einen einzigen Ursprung? Dass sich in den letzten Jahren immer mehr die „Out-of-Africa"-Hypothese durchgesetzt hat, nach der *Homo sapiens* nur einen einzigen Ursprung hat und die Wiege des modernen Menschen in Afrika stand, von wo aus später der Rest der Welt besiedelt wurde, geht nicht zuletzt auf solche molekularbiologischen Daten zurück. Untersucht wurde dazu nicht die DNA des Zellkerns, sondern die der Mitochondrien, winzigen und kompliziert gebauten Zellorganen, die als „Kraftwerk der Zelle" gelten. Sie waren nach einer sehr plausiblen Theorie vor Milliarden Jahren noch selbstständige Organismen mit eigener Erbsubstanz, die später immer enger mit anderen Zellen kooperierten, bis sie schließlich Teil derselben wurden (siehe Seite 117). Die Mitochondrien-DNA (mtDNA) ist im Vergleich zu der im Zellkern winzig und eignet sich schon dadurch besser zu vielen Untersuchungen. Eine zweite Besonderheit: Sie wird nur über die mütterliche Linie vererbt. Bei der Verschmelzung von Ei- und Samenzelle setzt letztere nur ihren Kern ein, während die Eizelle auch Mitochondrien mit in die Ehe bringt. Und hier kommt endlich die in der Überschrift zitierte Eva ins Spiel. Über mtDNA lässt sich nämlich aus besagtem Grund nur die weibliche Abstammungslinie rekonstruieren.

„Eva", nicht von ungefähr nach der Stammmutter aller Menschen in der biblischen Schöpfungsgeschichte so benannt, wurde im Januar 1987 in die wissenschaftliche Diskussion geschubst. Nach der Untersuchung der mtDNA von 147 über die ganze Welt verteilten Personen resümierten Allan Wilson, einer der Pioniere dieser Forschungsrichtung, und seine Mitarbeiter: „Alle diese Mitochondrien-DNAs stammen von einer einzigen Frau ab, die vor etwa 200 000 Jahren gelebt haben dürfte – wahrscheinlich in Afrika." Klar, dass sich nicht nur die Fachkollegen, sondern auch die Presse auf diese flugs „Eva der Mitochondrien" oder einfach Eva getaufte Ur-Ur-Ur- ... -oma stürzten. Ein kluger Kunstgriff der Forscher, der ihren Ergebnissen weit über die engen Fachgrenzen hinaus Aufmerksamkeit sicherte. Hier trafen sich endlich biologische und biblische Vorstellungen in einem ebenso plakativen wie archaischen Bild: dem unserer aller afrikanischer Urmutter, der Eva, die die gesamte Menschheit hervorgebracht hatte.

Dass dieses Bild zu schön ist, um wahr zu sein, hat der Wissenschaftspublizist Roger Lewin mit einem einfachen Gedankenspiel klargestellt: „Stellen Sie sich eine Population aus etwa fünftausend Paaren vor, von denen jedes einen anderen Familiennamen hat. Diese Population soll über die Zeit stabil sein (das heißt, jedes Paar hat zwei Nachkommen). In jeder Generation wird durchschnittlich ein Viertel aller Paare zwei Jungen haben, die Hälfte einen Jungen und ein Mädchen und ein Viertel zwei Mädchen. Angenommen, die Nachkommen erhalten stets den Nachnamen des Vaters. In der ersten Generation geht daher ein Viertel der Familiennamen verloren [nämlich der Name derer, die zwei Mädchen haben]. Die Anzahl der Namen nimmt von Generation zu Generation ab, wenn auch mit nachlassender Geschwindigkeit. Nach etwa 10 000 Generationen (doppelt so vielen, wie es in der Ausgangspopulation Frauen) wird nur noch ein Nachname übrig sein. Das gleiche Muster gilt für den Verlust von Mitochondrien-DNA-Typen, nur dass die Weitergabe hier in der weiblichen Linie erfolgt." Dieses kleine Rechenexempel macht deutlich, dass wir wohl kaum alle von einer einzigen „Eva" abstammen, sondern von einer ganzen Menschenpopulation, die nicht mal besonders klein gewesen sein muss. Das aber hatte Wilson, wenn wir genau nachlesen, auch gar nicht behauptet. Er sprach schließlich nicht von unserer gemeinsamen Herkunft von einer einzigen Frau, sondern von der Abstammung der mtDNA von einer solchen – ein kleiner, aber höchst gewichtiger Unterschied, der im populären Blätterwald allzu schnell übersehen wurde. Auch sollten wir nicht verhehlen, dass manche Wissenschaftler mit dieser Darstellung der Geschichte überhaupt und grundsätzlich nicht einverstanden sind und sogar den gemeinsamen Ursprung in Afrika bezweifeln. Das allerletzte Wort zu Eva ist also noch nicht gesprochen.

MOTTEn fressen Löcher in Stoffe und Gewebe. Nein und ja. Nein, wenn

man den kleinen Schmetterling selbst für den Missetäter hält, der das Loch in den Wollmantel gefressen hat. Bei ihm sind Mundwerkzeuge und Darm weitgehend verkümmert und er frisst gar nichts. Er lebt kurz und von der Substanz. Und da kommen wir dem Übeltäter auf die Spur. Die Substanz sammeln nämlich die Raupen an. Auf Tierhaare spezialisiert fressen sie sich durch Wolle aller Art, nicht aber durch Baumwolle und andere Pflanzenfasern. Wolle ist eine trockene Kost. Die Larven spinnen sich zum Schutz gegen Wasserverlust eine seidene Wohnung, die außen mit abgebissenen Haaren getarnt wird. Da sie nicht gerne umziehen, ist der Fraßschaden einer Larve meist auf ein Loch begrenzt. Läuft es gut, werden zwei bis drei Wochen Haut und Haar gefressen. Ist Futter knapp oder von schlechter Qualität, dauert's länger. Schließlich verpuppt sich die Raupe, um ihr Leben frühestens zwei Wochen später als Falter weiterzuführen. Hier könnte man den verhängnisvollen Zyklus natürlich unterbrechen, indem man alle Motten abklatscht, denen man begegnet– was gar nicht so einfach ist, weil verfolgte Motten in wildem Zickzackflug fliehen. Erschwerend kommt hinzu, dass sich fast nur die Männchen im Flugraum bewegen. Die eischweren Weibchen fliegen ungern und bleiben versteckt. Durch eifriges Klatschen erledigen wir also meist nur einen kleinen Teil des Männchen-Überschusses. Die Weibchen, von denen jedes an die hundert Eier legt, bleiben unversehrt. Dagegen hilft nur klassisches „Einmotten" ...

MÜCKEn belästigen uns im Sommer beim Essen.

Mücken sind nicht an unserem Essen interessiert, sondern an uns selbst. Sie sind, wenn es sich um die besonderen Spezies der Stechmücken handelt, Blutsauger (siehe Seite 312), die sich uns bevorzugt nachts oder tagsüber bei hoher Luftfeuchtigkeit nähern. Was vor allem im Süddeutschen als lästige „Mucken" vom Teller gewedelt wird, sind Fliegen, deren hartnäckigste die weltweit verbreitete Stubenfliege ist. Sie ist, anders als ihr Name vermuten lässt, nicht nur in der guten Stube, sondern auch „outdoor" unterwegs.

Am Strand gefundene Schalen sind immer MUSCHELn.

Nichts schöner, als am Strand entlangzubummeln und im Spülsaum nach Muschelschalen zu suchen. Von den Muscheln stammen allerdings nur die zweiklappigen Schalen. Zwar lösen sich die beiden Hälften nach dem Tod der Muschel meist recht schnell. Oft lässt sich aber noch das Scharnier entdecken, mit dem die beiden Schalen verbunden waren. Gewundene Häuschen, manchmal eng wie Wendeltreppen, manchmal nur mit wenigen Umgängen, sind dagegen Schnecken-wohnungen.

Soweit das Prinzip, das fast in allen Fällen weiterhilft. Schwierig wird die Entscheidung vor allem bei Schnecken wie dem Meerohr, das statt einem engen Haus-Ausgang eine sehr weite Mündung zeigt oder bei den Napfschnecken, bei denen auch mit viel Fantasie keine Windung mehr zu entdecken ist. Und schließlich gibt es ne-ben Schnecken und Muscheln auch noch ein paar andere Tiergrup-pen im Meer, die im Eigenheim wohnen, zahlreiche Wurm-Arten et-wa oder die zu den Kopffüßern gehörenden Kahnfüßer. Auch ihre Gehäuse findet man am Meeresstrand.

MUSCHELn gibt es nur im Meer.

Um Perlen zu finden, brauchte man in alten Zei-ten nicht unbedingt in ferne Meere tauchen. Es genügte, den nächs-ten sauberen Mittelgebirgsbach aufzusuchen. Inzwischen gehört die Flussperlmuschel aber leider zu den größten Raritäten der heimischen Tierwelt. Die Verschmutzung der Gewässer hat das bis fast fünfzehn Zentimeter große und über hundert Jahre alt wer-dende Weichtier an den Rand der Ausrottung gebracht. Am besten mit solchen Umweltbedingungen kommt eine ursprünglich hier gar nicht heimische Muschel klar, die Dreikant- oder Wander-muschel. Sie stammt aus den Zuflüssen des Schwarzen und des Kaspischen Meeres. An Schiffe geheftet und über frei schwimmen-de Larven gelang es ihr, im Lauf der letzten 160 Jahre fast ganz Eu-ropa zu kolonisieren. Aber auch die größte heimische Süßwasser-muschel, die bis zwanzig Zentimeter große Teichmuschel, ist noch häufig.

MUTTERKORN ist das Beste im Korn.

Gelegentlich steht in Kornähren (besonders des Roggens) zwischen lauter normalen Körnern ein großes, dunkles: ein Mutterkorn. Es entsteht durch den Befall mit einem parasitischen Pilz. Beim Mutterkorn liegen, wie so oft, Fluch und Segen nahe beisammen. Zahlreiche Medikamente enthalten Wirkstoffe aus dem Mutterkorn. Seit alters werden sie in der Gynäkologie eingesetzt, zum Beispiel bei der Einleitung der Geburt. Daher auch der Name. Aber – alte Apotheker-Weisheit – die Dosis macht's! Gelangt Mutterkorn in größeren Mengen ins Mehl, sind Fehlgeburten bei Mensch und Vieh zu befürchten. Chronische Vergiftungen beginnen mit Kopfschmerzen, Übelkeit und Fieber, meist gefolgt von Ameisen-Kribbeln in Fingern und Zehen („Sankt-Antonius-Feuer"). Schließlich können Durchblutungsstörungen dazu führen, dass ganze Gliedmaßen unter brennenden Schmerzen abfallen, ein Krankheitsbild, das als Ergotismus bezeichnet wurde. Berichtet wird auch von unglaublichen Halluzinationen und geistiger Zerrüttung, kein Wunder, denn einige der Mutterkorn-Gifte ähneln der synthetischen Droge LSD. Erst im Jahr 1676 wurde das Mutterkorn als Ursache des Ergotismus enttarnt. Seitdem wird es vor dem Mahlen ausgelesen. Wer sein Getreide direkt beim Bauern kauft, sollte es also sorgfältig durchsehen, bevor es in der Mühle landet. Dem Genuss selbst gebackenen Brotes könnte sonst das verhängnisvolle Kribbeln folgen ...

NACHTFALTER fliegen nur nachts.

Als Nachtfalter fassen die Sammler die Schmetterlingsgruppen der Schwärmer, Spinner, Eulenfalter und Spanner zusammen. Anders formuliert: Alles, was kein an den keu-

lenförmigen Fühlern deutlich erkennbarer Tagfalter ist, gehört zu
den Nachtfaltern – eine Unterscheidung, die auch im angelsächsi-
schen Sprachraum durch die Unterschei-
dung zwischen „butterfly" und
„moth" getroffen wird. Die natürlichen Verwandtschaftsverhält-
nisse innerhalb der Schmetterlinge spiegelt diese allzu einfache Einteilung nicht wider.
Und sie sagt auch wenig darüber aus, wann die Tiere aktiv
sind. Unter den Nachtfaltern
gibt es nämlich gar nicht so wenige, die am helllichten Tage unterwegs
sind. Die auffällig grün, schwarz-weiß

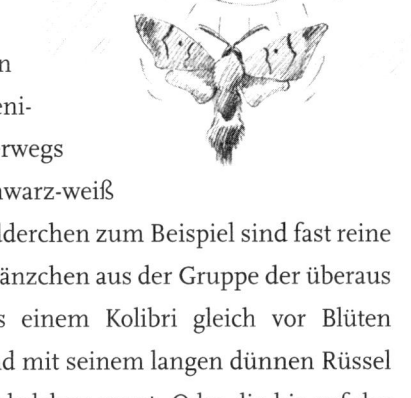

oder schwarz-rot gefärbten Widderchen zum Beispiel sind fast reine
Tagtiere. Oder das Taubenschwänzchen aus der Gruppe der überaus
flugtüchtigen Schwärmer, das einem Kolibri gleich vor Blüten
schwirrend in der Luft steht und mit seinem langen dünnen Rüssel
im Flug Nektar aus den Blütenkelchen saugt. Oder die bis auf das
weiße griechische Gamma-Zeichen auf den Flügeln tarnfarbig braune Gammaeule.

Die NACHTIGALL
singt nur nachts. Ob die Nachtigall wirklich der beste

heimische Sänger ist? Obwohl vor allem das berühmte „Schluch-
zen" sehr zu Herzen geht, hat sie einige Konkurrenten, die ihr an
Lautstärke, Klangfarbe und Einfallsreichtum nicht nachstehen. Aber
über Musikgeschmack lässt sich bekanntlich nicht (oder ewig) strei-

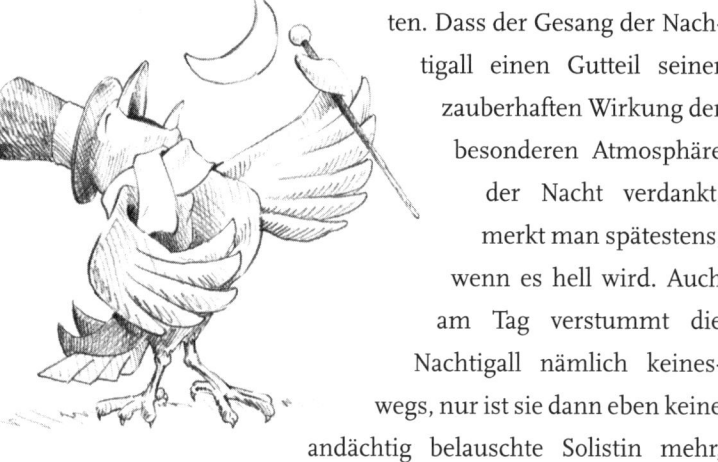

ten. Dass der Gesang der Nachtigall einen Gutteil seiner zauberhaften Wirkung der besonderen Atmosphäre der Nacht verdankt, merkt man spätestens, wenn es hell wird. Auch am Tag verstummt die Nachtigall nämlich keineswegs, nur ist sie dann eben keine andächtig belauschte Solistin mehr, sondern fügt sich in den Chor vieler anderer guter Sänger ein.

Alle NADELBÄUME sind immergrün. Kaum eine Regel ohne Ausnahme.

Zwar sind die Laub werfenden Arten unter den Nadelbäumen eindeutig in der Minderzahl, aber es gibt sie. Das bekannteste Beispiel ist die Lärche, deren Nadeln sich im Herbst herrlich golden färben und dann abfallen. Im Frühjahr erscheinen dann hellgrün die neuen Nadeln. Ein zweites Beispiel ist der Urwelt-Mammutbaum *Metasequioa glyptostroboides*, ein lebendes Fossil, das in vergangenen Zeiten weit verbreitet war. Die Art hat eine sehr ungewöhnliche Entdeckungsgeschichte: Nachdem sie im Jahr 1941 zunächst an Fossilien aus Japan beschrieben wurde, merkte man fünf Jahre später, dass sie mit dem merkwürdigen Nadelbaum identisch war, der 1944 in einem entlegenen Winkel Chinas entdeckt worden war. Inzwischen muss man nicht mehr ganz so weit fahren. In vielen Parks und Gärten werden die urzeitlichen sommergrünen Nadelbäume auch bei uns kultiviert.

Das Horn des NASHORNs
steigert die Potenz.
Wer an die potenzsteigernde Wirkung des Nasenhorns glaubt, kann ebenso gut Fingernägel kauen. Chemisch sind keine größeren Unterschiede festzustellen. Beide bestehen aus Hornsubstanz (Keratin). Aber vielleicht ist es ja der Placebo-Effekt, der hier nachhilft? Auch andere Nashorn-Körperteile – Hufe, Haut und Knochen, Harn und Nasenschleim – wurden (und werden?) zu magischen Mittelchen verarbeitet, um sich die gewaltigen Kräfte des urtümlich wirkenden und nach dem Elefanten mächtigsten Landsäugetiers zu eigen zu machen. Übrigens wird Nasenhorn in der fernöstlichen Medizin gegen alle möglichen Zipperlein eingenommen, als Potenzmittel scheint es dort aber (wenn überhaupt) eine geringe Rolle zu spielen. Die Hoffnung der Tierschützer, entsprechende Erzeugnisse der Pharmaindustrie könnten helfen, die Rhinos zu retten, ist deshalb leider vergebens. Auf jeden Fall zeigt im Jemen, nach Fernost der Hauptabnehmer von Nasenhorn, der Besitz des traditionellen Krummdolchs mit einem Griff aus dem Nasenhorn eine andere Art von Potenz, ökonomische nämlich. Denn Nasenhorn ist knapp und nur illegal zu erwerben. Trotz absoluten Handelverbots wurden zwischen 1994 und 1996 noch jährlich 50–100 Kilo ins Land geschmuggelt und für horrende Summen verscherbelt. Nur konsequenter Schutz in politisch stabilen Ländern kann die durch solche abenteuerlichen Schwarzmarktpreise gefährdeten Nashörner noch retten.

NATURSCHUTZ-
GEBIETE sind immer besonders
artenreich. Der Naturschutz hat sich den Erhalt der Vielfalt
des Lebens auf die Fahnen geschrieben. Logisch erscheint deshalb,
dass den Brennpunkten der Artenvielfalt auch das brennendste
Interesse der Naturschutzorganisationen gilt. Ihr weltweit wichtigstes Projekt ist der Erhalt tropischer Regenwälder mit ihrer überwältigenden Artenfülle.

Aber gilt deshalb auch der Umkehrschluss: Artenarme Gebiete sind
weniger schützenswert? Ausgerechnet das größte Naturschutzgebiet Mitteleuropas kann nur mit relativ geringen Artenzahlen aufwarten: das Wattenmeer, das den südlichen und östlichen Rand der
Nordsee von den Niederlanden bis Dänemark säumt. Es ist eines der
letzten Gebiete hierzulande, in denen die Natur großflächig das Sagen hat und nicht nur in winzigen Refugien geduldet wird. Ein extremer, von den Gezeiten geprägter Lebensraum, in dem sich alle
Organismen mit ständig wechselnder Feuchtigkeit oder Austrocknung, stark schwankendem Salzgehalt und plötzlichen Temperaturänderungen auseinandersetzen müssen. Ein Lebensraum überdies, der ständig von Ebbe und Flut umgebaut, durch Stürme verwirbelt und von Eisgang abgehobelt wird. Nur wenige Arten vermögen dem standzuhalten. Diese aber kommen zum Teil in ungeheurer Dichte vor und sind damit Grundlage zahlreicher Nutznießer.
Manche Watvogel-Arten machen hier wochenlang Pause, um sich
vom Brutgeschäft in der arktischen Tundra zu erholen und neue
Kräfte für den langen Flug ins tropische Afrika zu sammeln. Bei einigen von ihnen rastet im Frühjahr und Herbst ein erheblicher Teil
des gesamten Weltbestandes im Wattenmeer und belebt dessen nur
scheinbare Öde. Fazit: Artenreichtum ist auch im Naturschutz nicht
das Maß aller Dinge. Vielmehr geht es darum, das Geflecht ökologi-

scher Beziehungen in ursprünglichen Natur- ebenso wie in vielfältigen Kulturlandschaften zu erhalten.

Aus dem NEST gefallene Vögel darf man nicht mehr zurücksetzen,

weil die Altvögel den Menschengeruch nicht ertragen und die Jungen dann verlassen. Was tun mit der kleinen Flaumkugel, die kläglich piepsend unter dem Busch sitzt? So grausam es klingt: Sitzen lassen ist meist die weiseste Entscheidung. Oft verlassen Jungvögel schon vor dem Flüggewerden das gar nicht so sichere Nest und treiben sich noch ein paar Tage halb hüpfend, halb flatternd in der Gegend herum, bevor es mit dem Start richtig klappt. Lautes Geschrei verrät den rastlosen Eltern, wo sie ihre Futterration loswerden können. Anders ist das mit ganz hilflosen Küken, bei denen überall noch die nackte Haut durch den Babyflaum schimmert. Sie überleben tatsächlich nicht. Oft ist das aber geplant. Vogeleltern verhalten sich da ganz unsentimental. Wer sich merkwürdig verhält oder schlapp macht, fliegt raus. Stellt man menschliche Wertvorstellungen mal hintan („Kindsmord!"), ist das eigentlich ganz vernünftig. Denn ein krankes Küken kann den ganzen Bruterfolg gefährden, wenn es seine Geschwister ansteckt. Es gibt also gute Gründe für uns Menschen, uns völlig herauszuhalten, wenn wir auf einen solchen Fall treffen. Falsch ist aber die in der Überschrift vertretene Meinung. Vögel sind „Augentiere" wie wir Menschen. Der Geruchssinn

spielt, anders als bei vielen Säugetieren, keine wichtige Rolle bei den Eltern-Kind-Beziehungen. Zwar geben manche Vögel ihr Nest auf, wenn sie sich zu Beginn der Brut stark gestört fühlen. Um Futter bettelnde Jungvögel sind aber ein sehr starker Reiz für ihre Eltern. Ihm können sie kaum widerstehen, und so muss man bei den meisten Vogel-Arten kaum befürchten, dass sie ihre Brut wegen einer kleinen Störung oder gar wegen eines nach Menschen duftenden Nestlings sitzen lassen.

NEUNAUGEN haben neun Augen.

Wirbeltiere haben zwei Augen. Da machen auch die Neunaugen keine Ausnahme, die von den ältesten bekannten Wirbeltieren abstammen und wie diese keine Kieferknochen haben. Zusammen mit den Schleimfischen sind sie die letzten Überlebenden der Kieferlosen Fische. Zu ihrem Namen kamen sie, weil sie hinter dem Auge sieben kleine, runde Kiemenöffnungen haben. Vor den Augen liegt die Nasenöffnung. Also: eine Nase plus ein Auge plus sieben Kiemen = neun „Augen".

NEUNtöter fangen neun Beutetiere, bevor sie fressen.

Seine Angewohnheit, Beutetiere auf Dornen aufzuspießen, hat dem Rotrückenwürger im Volksmund eine ganze Reihe übler Namen eingebracht:

Neuntöter, Neunmörder, Würgengel, Dorndreher, Spatzenstecher oder Finkenbeißer. Im Gegensatz zu seinem großen Verwandten, dem Raubwürger, sind Vögel aber eher selten in der Speisekammer des Neuntöters zu finden. Er steht eher auf große Insekten; nur in ausgesprochenen Mäusejahren hängt er auch viele Mäuse auf. Weil große Käfer, Hummeln und Heuschrecken bei schlechtem Wetter

kaum unterwegs sind, mindern Kälte und Regen seinen Jagderfolg erheblich. Da erweist es sich als äußerst vorteilhafte Strategie, bei gutem Fang einen Teil der Strecke auf Dornen aufgespießt aufzubewahren. Wenn's regnet oder auch morgendliche Kühle und Tau noch keine erfolgreiche Jagd ermöglichen, wird darauf zurückgegriffen. In schlechten Zeiten wird die Speisekammer restlos geplündert. Die Vorratshaltung der Neuntöter richtet sich also nicht nach der Mathematik, sondern nach Angebot und Nachfrage. Aufgespießt wird übrigens nicht nur für später, sondern auch, um besser fressen zu können. „Käfer am Spieß" ist leichter handzuhaben als „Käfer aus der Hand".

Tiere mit großen OHRen hören besonders gut.

Große Ohrmuscheln sind eine nicht zu unterschätzende Hörhilfe. Das lässt sich leicht testen, indem man die eigenen Ohren durch die gewölbten Handflächen vergrößert, wodurch leise Töne besser wahrgenommen werden und auch das Richtungshören wesentlich verbessert wird. Gute Hörer haben deshalb tatsächlich oft große Ohrmuscheln, die Fledermäuse etwa, die sich über ein raffiniertes Echoortungssystem orientieren. Dabei werden Laute ausgestoßen, deren Echo aufgefangen und daraus sehr genaue Schlüsse auf die Umgebung (oder die Art der Beute) gezogen. Genau so machen es auch die Delfine. Ihr Ohr zu finden, ist aber gar nicht so einfach. Eine Ohrmuschel fehlt bei allen Walen nämlich vollständig. Sie wurde der perfekten Stromlinienform geopfert. Vermutlich spielt der äußere Gehörgang bei den Delfinen auch keine wichtige Rolle. Der Schall scheint auf anderem Wege zum Innenohr zu gelangen, möglicherweise über den Unterkieferknochen. Auch die Großohren gehören keineswegs alle zu den besten Hörern. Das Tier mit den größten Ohren, der Afrikanische Elefant, benutzt die riesigen Ohrwaschen nicht als Schalltrichter, sondern als Kühler. Mit schwenkenden Segelohren steht er unter der sengenden Sonne Afrikas. Um einen Hitzschlag zu vermeiden, leitet er große Mengen Blut durch die weiten Gefäße auf der Rückseite der Ohren, wo sie etwas abgekühlt werden, bevor sie in den Körper zurückfließen.

OHRWÜRMER krabbeln gern ins menschliche Ohr.

Räumen wir zunächst die erste Fehldiagnose aus dem Weg: Ohrwürmer sind keine Würmer. Wer zwei Fühler, zwei Facettenaugen, sechs Beine und einen gegliederten, von einem harten Chitinpanzer geschützten Leib hat, ist ein Insekt. Und wie steht's mit den Ohren? Da Ohrwürmer nachtaktiv sind und tatsächlich ein Faible für enge Ritzen und dunkle Löcher haben, ist es nicht völlig auszuschließen, dass sich tatsächlich mal einer in das Ohr eines Schläfers verirrt. Falls so etwas wirklich einmal passieren sollte, wird er es jedoch wenig später enttäuscht verlassen. Das, was er auf seinen nächtlichen Streifzügen sucht, leckere Blattläuse zum Beispiel oder wenigstens einen Partner, findet er dort nämlich nicht. Vielleicht beruht der Name des Ohrwurms aber auf einer ganz anderen Tatsache als seiner Vorliebe für enge Verstecke: In der Spätantike wurde aus pulverisierten Ohrenkneifern eine Arznei gegen Ohrenleiden hergestellt. Vermutlich sind es die Furcht erregenden Zangen am Hinterleibsende, die den kleinen Ohrwurm zum Angstgegner vieler Menschen machen. Sie spielen eine wichtige Rolle im Leben dieser Insekten. Drohend werden sie erhoben, wenn der Ohrwurm sich beunruhigt fühlt. Sie helfen beim Beutefang ebenso wie bei der Entfaltung der kompliziert unter den winzigen Vorderflügeln zusammengefalteten Hinterflügel. Und – das ist vielleicht das Wichtigste – die an den größeren Zangen leicht kenntlichen Männchen bringen die Weibchen damit vor und während der Paarung in die richtige Stellung.

Der PANDA hat sechs Finger.
Im Bambusbergwald Chinas sitzt der schwarz-weiße Pandabär auf dem Hintern und gibt sich seiner Hauptbeschäftigung hin. Etwa sechzehn Stunden am Tag verbringt er mit dem Verspeisen von Bambus. Dabei geht er systematisch vor. Bevor er sie frisst, entblättert er die Rohre, indem er sie zwischen seinem beweglichen Daumen und den übrigen fünf Fingern durchzieht. Sechs Finger?

Die Grundkonstruktion eines Landwirbeltiers sieht je fünf Finger oder fünf Zehen pro Pfote vor. Im Lauf der Evolution haben viele Tiere mehr oder weniger viele Finger verloren. Nashörner zum Beispiel stehen auf drei Zehen, Kühe auf zwei, Pferde auf einem. Das Hinzufügen von Fingern aber lässt sich mit den Gepflogenheiten der Evolution schlecht vereinbaren. Des Rätsels Lösung offenbart sich, wenn der Panda seine Pfote unters Röntgengerät schiebt. Jetzt erweist sich, dass sein „Daumen" kein Finger, sondern ein stark vergrößertes, gelenkig verbundenes und durch Muskeln bewegliches Sesambein ist (Sesambeine sind neu entwickelte Knochen im Verlauf von Sehnen – ein Beispiel ist unsere Kniescheibe). Die eigentlichen fünf Finger bilden, wie es sich für Raubtiere gehört, eine Pfote. Der Trick mit dem „Extra-Daumen" ermöglicht dem Großen Panda etwas, was mit einer Pfote eigentlich nicht geht: das gezielte Greifen.

Schwarze PANTHER bilden eine eigene Art.

Welche Färbung ein Tier hat, ist Teil seines im Erbgut fixierten Bauplans. Bei vielen Tieren ist die Variabilität gering; sie sehen immer mehr oder weniger gleich aus. Bei anderen dagegen ist eine gewisse Vielfalt gegeben. Manche Vogelarten, wie zum Beispiel Waldkäuze oder Schmarotzerraubmöwen, treten in verschiedenen Farbvarianten auf. Bei Zuchtformen gehört die Fell- oder Gefiederfärbung zu den am stärksten variierenden Merkmalen, ein Zeichen dafür, dass es in freier Wildbahn vielleicht gar nicht so sehr an der Variabilität mangelt, sondern natürliche Selektion (etwa durch Beutegreifer oder Fraßfeinde) für den Erhalt der optimalen Färbung sorgt.

Nicht allzu selten ist ein allgemeines „zu wenig" an dunklen Farbstoffen, was aufgehellte und dadurch ziemlich bleich wirkende Individuen entstehen lässt, oder, umgekehrt, ein „zu viel", was zu Schwärzlingen führt. Und eben das ist ein Schwarzer Panther: ein zu dunkel geratener Panther, ein schwärzlicher Leopard also. Bei guter Beleuchtung ist meist zu erkennen, dass unter der schwarzen Farbe noch das klassische Fleckendesign des normal gefärbten Leoparden durchschimmert. Auch beim südamerikanischen Bruder des in Afrika und Asien verbreiteten Leoparden, beim Jaguar, kommen solche Schwärzlinge nicht allzu selten vor.

PANTOFFELTIER-CHEN entstehen aus Heu, das man ins

Wasser legt. Die Legende, in Wasser entstünde Leben durch Urzeugung ganz von alleine, hat erst Louis Pasteur im Jahr 1862 überzeugend widerlegt. Er sterilisierte mit Nährstoffen angereichertes Wasser durch Erhitzen und füllte es in verschiedene Gefäße. Einige ließ er offen stehen, andere versiegelte er luftdicht. Und siehe da: Wo in den offenen Gefäßen schon nach kurzer Zeit eine von Bakterien gebildete Kahmhaut das Wasser überzog, passierte in den anderen gar nichts. Wo die Bakterien herkommen? Sie sind ganz einfach überall. Die winzigen Leichtgewichte können auf jedem noch so geringen Luftzug reisen. Wer den Prozess der Wasserbelebung etwas in Schwung bringen will, begnügt sich nicht mit einer Nährlösung, sondern macht einen Heuaufguss. Dazu wird einfach ein bisschen trockenes Gras ins Wasser gelegt. Damit bringt man sowohl Dauerstadien zahlreicher Einzeller als auch genügend Nährstoffe in Wasser – das ist schon das ganze Geheimnis der Pantoffeltierzucht.

PAPAGEIen werden älter als Menschen.

In der Tat beeindrucken manche Papageien durch hohes Alter, was angesichts der Schnelllebigkeit vieler Stubenvögel den Eindruck ewigen Lebens vermitteln kann. Aber gerade angesichts solcher Werte neigen wir zur Übertreibung. So wie sich Maße und Masse von Blauwal und Elefant ins nahezu Unermessliche steigern, glaubt man Walfängern und Jägern, wird auch das Lebensalter von Papageien vermutlich oft übertrieben. Einigkeit zwischen Sensationshaschern und Wissenschaftlern besteht aber darin, dass sich unter den Papageien die langlebigsten Vogelarten finden, knapp gefolgt von den Rabenvögeln, den Eulen und den Greifvögeln – jedenfalls wenn man Werte aus der Gefangenschaftshaltung zu Grunde legt. Weitgehende Übereinstimmung besteht auch darüber, dass innerhalb der Papageien der Gelbhaubenkakadu Alterspräsident ist. Nur an der entscheidenden Stelle klafft leider eine Datenlücke. Vorsichtige Ornithologen gestehen nur zu, dass die großen weißen Kakadus über fünfzig Jahre alt werden, aber auch die Angabe von mindestens achtzig Jahren ist in den Fachbüchern zu finden. Weiter scheint sich aber kein Wissenschaftler vorzuwagen.

Populäre Darstellungen, die den Papageien ein Höchstalter von weit über hundert Jahren zubilligen, müssen auf den offiziellen Segen der Wissenschaft verzichten, weil sie nicht glaubwürdig zu belegen sind. Und so halten wir als vorläufiges Endergebnis fest: Manche Papageien stoßen in Bereiche vor, in denen wir auch Menschen als alt bezeichnen. Das verbürgte Höchstalter des Menschen, das weit jenseits der Hundert liegt, scheinen sie aber nicht zu erreichen.

PARASITen bringen ihre Wirte um.

Mit Parasiten geht es den meisten Menschen wie mit dem Geld: Man hat es, aber man spricht nicht darüber. Wenige Lebewesen werden als so eklig empfunden, wenige mit der Empörung des Gerechten so diskriminiert wie die Schmarotzer. Dabei müssten wir eigentlich Respekt haben vor der Leistung, unter dermaßen widrigen Umständen zu überleben. Ja, wir können von Parasiten sogar lernen. Spätestens seit der Umweltkonferenz von Rio 1992 ist „sustainable development", zu deutsch: nachhaltige Entwicklung, das Schlagwort derer, die Ökologie und Ökonomie versöhnen wollen. Für Parasiten ist das ein alter Hut. Ein guter Parasit nämlich ist einer, der genau nach diesem Prinzip vorgeht. Er nutzt seinen Wirt, ohne ihn so zu strapazieren, dass er zu sehr leidet. Der Tod des Wirts entzieht dem „Gast" nämlich seine Lebensgrundlage. Leben und leben lassen heißt die Devise. Beispiele sind die Haarbalgmilben, die selbst die Talgdrüsen des attraktivsten Models besiedeln, die Madenwürmer, die im Darm leben, ohne wesentlich zu schaden, oder manche Bandwürmer.

Richtig nützlich ist sogar eine gelegentliche Infektion mit dem zentimeterlangen Madenwurm *Enterobius vermicularis*. Mediziner haben festgestellt, dass der harmlose Parasit ein guter Trainingspartner für unser Immunsystem ist, das seine Schlagkraft während der Kindheit erst nach und nach in der Auseinandersetzung mit allerlei ungebetenen Eindringlingen erwirbt. Deshalb: Keine Panik, wenn die Sprösslinge aus dem Kindergarten (oder Sie selbst aus dem Urlaub) mal Würmer als Souvenir mitbringen.

Wir wollen aber nicht verschweigen, dass es zahllose Ausnahmen von der Regel gibt, seinen Wirt pfleglich zu behandeln. Der Malaria, einer auf parasitische Einzeller zurückgehenden Tropenkrankheit, fallen jedes Jahr Millionen Menschen zum Opfer. Stirbt der Mensch, sind viele der Erreger über ihre Flugzeuge, die Fiebermücken, schon wieder unterwegs zu neuen Opfern. Bei uns sind dergleichen schwere Parasitenerkrankungen seit dem durch amtliche Fleischbeschau bewirkten Aus für die Trichinen, parasitische Fadenwürmer, selten. Infektionen mit dem gefürchteten Fuchsbandwurm erweisen sich als eher seltene „Fehler der Natur". Dieser Parasit pendelt normalerweise zwischen der Maus, in der die Larve lebt, und dem Fuchs, der die Maus frisst und in dem die Bandwurmkinder dann erwachsen werden. Gelangen Bandwurmeier in Menschen statt in Mäuse, kann das tödliche Folgen haben. Das krebsartig wuchernde Larvengewebe verursacht eine sehr schwere Krankheit. Für den Bandwurm erweist sich die Beziehung als ebenso verhängnisvoll. Für ihn ist der Mensch eine Sackgasse.

PELIKANe füttern ihre Jungen mit Blut.

Auch wenn heutzutage wohl keiner mehr diesem Märchen aufsitzt, ist es nicht uninteressant, seiner Entstehung nachzugehen. Immerhin hat es auch Eingang in die christliche Mythologie gefunden. Zunächst aber die Geschichte, wie sie im Physiologus, dem ältesten christlichen Tierbuch aus dem 3.

Jahrhundert n. Chr., erzählt und von dem Züricher Literaturwissenschaftler Rudolf Schenda so wiedergegeben wird: „Wenn er [der Pelikan] die Jungen hervorgebracht hat, dann picken diese, sobald sie nur ein wenig zunehmen, ihren Eltern ins Gesicht. Die Eltern aber hacken zurück und töten sie. Nachher jedoch tut es ihnen Leid. Drei Tage trauern sie um die Kinder, die sie getötet haben. Nach dem dritten Tag aber geht die Mutter hin und reißt sich selber die Flanke auf, und ihr Blut tropft auf die toten Leiber der Jungen und erweckt sie." Nach einer anderen Quelle tötet das Weibchen des Pelikans seine Jungen durch stürmische Liebkosungen, worauf das Männchen mit dem Schnabel die eigene Brust aufreißt. Das herausrinnende Blut erweckt die toten Jungen wieder zum Leben.

Als Sinnbild Jesu, der sein Blut für die Erlösung der Menschen vergießt, taucht der Pelikan in der mittelalterlicher Kunst verschiedentlich auf, so zum Beispiel im Freiburger Münster.

Hat diese Legende überhaupt einen naturwissenschaftlichen Kern? Dass die jungen Pelikane den Eltern ins Gesicht picken, stimmt jedenfalls. Sie bedienen sich oft direkt aus deren Kehle mit Fischen, die aus dem Kropf hochgewürgt werden. Es macht schon einen ziemlich martialischen Eindruck, wenn die Jungen ihren auch schon recht großen Schnabel weit in den des Altvogels rammen. Schwieriger zu deuten ist die Sache mit dem Blut. Vielleicht beruht sie auf Beobachtungen, dass Pelikane vorverdaute Fischnahrung hervorwürgen, die oft rötlich aussieht. Möglich auch, dass der gelblich bis rostrot gefärbte Brustfleck, den beide in Europa vorkommende Arten, Rosa- und Krauskopfpelikan, tragen, die Assoziation mit einer blutig aufgerissenen Brust haben entstehen lassen.

PFERDe dienen den Indianern schon seit Jahrtausenden als Reittiere.

Kein ordentlicher Western kommt ohne Indianer aus, und wo Indianer sind, sind auch Pferde. Kaum zu glauben, dass die amerikanischen Ureinwohner vor der Ankunft der europäischen Eroberer Fußgänger waren. Das Pferd hat zwar den weitaus größten Teil seiner stammesgeschichtlichen Entwicklung in Amerika durchlaufen, starb dort aber gegen Ende des Eiszeitalters aus. Möglich, dass bereits damals die Menschen ihre Finger im Spiel hatten: Nach der Besiedlung durch den Menschen verschwanden viele Großsäuger aus der Fauna Nordamerikas. Überlebt haben die Pferde nur in der Alten Welt, wo es neben dem fast ausgestorbenen Wildpferd noch einige Esel- und Zebra-Arten gibt.

Die Spanier brachten im 16. Jahrhundert die ersten Hauspferde zurück in die Heimat ihrer Vorfahren. Nachkommen verwilderter Pferde, entlaufene, gestohlene oder eingehandelte Tiere bildeten seit dem 17. Jahrhundert den Grundstock der Pferdenutzung, später auch Zucht, durch die Indianer. Natürlich waren es vor allem die Prärie-Indianer, die in den endlosen Grasländern der Great Plains Pferde zu Jagd und Transport nutzten, und die

ruhmreichen Stämme der Apachen, Komantschen, Shoshonen und Sioux (die diesen Lebensraum zum Teil erst besiedelten, um den vorstoßenden Weißen auszuweichen) prägen unser höchst einseitiges und unvollständiges Bild von „dem Indianer" bis heute.

Bei PFERDen sind die Hengste die Leittiere der Herde.
Wir kennen das aus eigener Erfahrung: Die Machtverhältnisse in Familien können unter dem Mantel der herrschenden Konventionen äußerst kompliziert sein. Ganz so einfach, wie es zunächst aussieht, geht es auch bei Pferden nicht zu. Zwar gesteht die innerfamiliäre Rangordnung dem Hengst die dominierende Rolle zu. Aber wenn sich die Herde – ein Familienverband aus einem Hengst, mehreren Stuten und den dazu gehörenden Fohlen – auf den Weg macht, bestimmt die ranghöchste Stute, wo es langgeht. Sie entscheidet, welche Richtung eingeschlagen wird, wo und wie lange geweidet wird oder ob es jetzt an der Zeit ist, eine Wasserstelle aufzusuchen. Maßt sich eine rangniedere Stute die Führerrolle an, droht die Leitstute mit Zähnen und Hufen; hartnäckigere Widersacherinnen müssen mit Rempeleien oder gar Kämpfen rechnen. Und der Hengst, der „Herr der Herde"? Er geht meist am Schluss und beschließt den Zug. Nur wenn das Gelände unübersichtlich und damit gefährlich wird, darf er die Herde anführen.

Kaltblut-PFERDe haben kaltes Blut.
Auch der kaltblütigste Mörder hat eine durchschnittliche Körpertemperatur von 37 Grad Celsius, kein Grad weniger als ein Hitzkopf, dem gelegentlich das Blut kocht. Ebenso die

P

Kalt- und Warmblüter unter den Pferden. Der Rossdoktor wird mit seinem Thermometer keine Unterschiede feststellen können. Ob eine Pferderasse als Kalt-, Warm- oder Vollblüter bezeichnet wird, ist eine reine Temperamentfrage. Die klassischen Brauereigäule, groß, schwer, kräftig und durch nichts aus der Ruhe zu bringen, sind typische Kaltblüter. Dazu kontrastierend beherrschen die grazilen und nervösen Araber-Vollblüter die Rennbahn.

Auch Menschen mussten, ausgehend vom klassischen Altertum, solche Klassifizierungen über sich ergehen lassen. Je nachdem, welche Körpersäfte in ihnen vorherrschten, falle ihr Temperament aus, lehrte zum Beispiel der griechische Arzt Hippokrates. Der Choleriker sei ausgezeichnet durch einen Überfluss an Schleim, zuviel gelbe oder schwarze Galle lasse Phlegmatiker bzw. Melancholiker entstehen und herrsche das Blut vor, sei der Mensch ein Sanguiniker (lat. sanguis = Blut): leichtblütig, heiter, lebhaft und zugänglich. Der Umkehrschluss vom Temperament auf die Beschaffenheit und Temperatur des Blutes bei den Pferden lag damit nahe.

PFLANZEn atmen
Sauerstoff aus und Kohlendioxid ein.

Nachts benehmen sich die Pflanzen wie die Tiere: Sie atmen und verbrauchen dabei Sauerstoff und stellen Kohlendioxid her. Tagsüber wird die (natürlich weiterhin stattfindende) Pflanzenatmung aber überlagert von der Fotosynthese, dem Aufbau energiereicher

Zuckerverbindungen mit Hilfe von Sonnenlicht, wobei Kohlendioxid verbraucht wird und Sauerstoff entsteht. Weil der aufbauende Prozess der Fotosynthese einen sehr viel größeren Stoffumsatz hat als der abbauende der Atmung, bleibt unterm Strich, trotz nächtlicher Fotosynthesepause, ein kräftiges Plus. Gott sei Dank, denn ohne den Sauerstoffüberschuss der Pflanzen sähe es schlecht aus für Tier und Mensch.

PFLANZEn können sich nicht bewegen. Es ist unsere Ungeduld, die uns viele

Pflanzenbewegungen einfach übersehen lässt. Wenn Triebe zum Licht streben, Ranken kreisend nach Stützen suchen und sich um solche schlingen oder Blüten sich morgens öffnen und abends schließen (siehe Seite 39) sind das langsame, auf Wachstum beruhende Vorgänge, die sich einer unmittelbaren Wahrnehmung leicht entziehen. Pflanzen können aber auch schneller sein, viel schneller sogar. Die Venusfliegenfalle klappt ihre beiden Blatthälften blitzartig zusammen, sobald ein Insekt eines der sechs Fühlhaare auf der Blattoberfläche berührt. Dabei verschränken sich die Stachelsäume beider Blattränder und formen so einen Käfig. Anschließend wölben sich die Blattflächen nach innen, so dass die gefangenen Insekten gegen die Käfigwände gepresst und durch Verdauungsenzyme aufgelöst werden. Eine Fünfzigstelsekunde brauchen die Fühlhaare, um einen Reiz weiterzugeben, eine Zehntelsekunde später ist die Falle bereits zugeschnappt. Ein weiteres, klassisches Beispiel: die Mimose. Sie klappt bei Reizung ihre Fiederblättchen zusammen und lässt sie hängen. Die Informationsübermittlung geschieht elektrisch, ähnlich wie in den Nerven der Tiere. Ursache der schnellen Bewegungen ist dann eine Änderung des Zellinnendrucks (Turgor) als Folge eines geänderten Ionendurchflusses durch die Zellmembranen.

Mimose und Venusfliegenfalle kehren nach einiger Zeit wieder in die Ruhestellung zurück. Andere Pflanzenbewegungen sind einmalig: Spannungen werden allmählich aufgebaut und lösen sich explosiv. Oft stehen sie in Zusammenhang mit der Verbreitung von Samen. Ein bekanntes Beispiel aus der heimischen Flora: Das Springkraut *Impatiens noli-tangere* (der lateinische Namen bedeutet zu Deutsch: „das ungeduldige Rühr-mich-nicht-an"), das seine reifen Samen auf diese Weise meterweit wegschleudert. Oder die mediterrane Spitzgurke, deren taubeneigroße Früchte unter enormem Druck stehen. Lösen sie sich vom Stiel, entleeren sie sich wie eine gut geschüttelte Sektflasche. Wie Raketen gehen sie los, während die Samen hinten herausgeschleudert werden und bis zu zwölf Meter weit fliegen.

Wenigstens kurz erwähnt werden soll, dass es auch zahlreiche Pflanzen gibt, die sich wie Tiere gänzlich frei und ungebunden bewegen. Um ihnen auf die Spur zu kommen, benötigen wir nur eine Pfütze und ein Mikroskop. Dann sehen wir sie wimmeln und schwimmen. Als Pflanzen sind die einzelligen Algen sofort an ihren grünen Farbstoffen zu erkennen, mit deren Hilfe sie Energie gewinnen – der fundamentale Unterschied zu den Tieren.

PILZe sind Pflanzen.

Tausende von Jahren wurde die belebte Welt in Pflanzen und Tiere eingeteilt. Dabei landete alles bei den Pflanzen, was offensichtlich kein Tier war, also auch die Pilze und (nach ihrer Entdeckung) zunächst auch die Bakterien. Inzwischen ist die alte Ordnung endgültig gesprengt. Aus den zwei Reichen sind fünf geworden. Zu den Tieren und Pflanzen kamen als neue Einheiten die Monera (zellkernlose Lebewesen wie Archaebakterien, Bakterien und Blau„algen"), die Protista oder Protoctista (eine Sammelgruppe für zahlreiche Einzeller und Algen) und die Pilze. Manche Biologen unterscheiden noch mehr Reiche als diese fünf, was vor allem der Verschiedenheit der Bakterien und der heillosen Vielfalt der Protista zuzuschreiben ist, von denen manche den Pflanzen bis ins Detail ähneln (zum Beispiel die Grünalgen, deren einzellige Vertreter deshalb im vorigen Abschnitt, wie früher üblich, kurzerhand den Pflanzen zugeschlagen wurden).

Was unterscheidet nun Pflanze und Pilz? Angesichts der unglaublichen Vielfalt der Pilze fällt es schwer, allgemein gültige Antworten zu geben. Schließlich reicht die Spanne der Lebensformen von der einzelligen Hefe über die amöbenartig kriechenden, vielkernigen Plasmamassen der Schleimpilze bis zum kompliziert aufgebauten Hutpilz. Allen Pilzen fehlt jedoch das Blattgrün und damit die Möglichkeit, Sonnenenergie auszunutzen und Fotosynthese zu betreiben – ein grundlegender Unterschied zu den Pflanzen. Pilze müssen also Nahrung von außen aufnehmen. Die normale Pilz-Wuchsform ist meist ein Fadengeflecht, das Mycel, das sich später, ohne ein echtes Gewebe zu bilden, zu mehr oder weniger kompakten Fruchtkörpern zusammenfügt – diese sind landläufig als „Pilze" bekannt, während der im Verborgenen wachsende eigentliche Pilz, das Mycel, übersehen wird. In den Fruchtkörpern werden die Vermehrungseinheiten gebildet, die Sporen, die auf ganz andere Weise zustande kommen als die der Moose und Farne (die beide zu den Pflanzen gehören).

Nicht genug damit, dass Pflanzen und Pilze also inzwischen offiziell geschieden sind, deuten molekularbiologische Befunde sogar auf eine engere Verwandtschaft von Tieren und Pilzen, die vermutlich auf einen gemeinsamen Vorfahren zurückblicken können.

PILZe sind in erster Linie Pflanzenschädlinge.

Parasitische Pilze machen nicht nur dem Hobbygärtner Sorge, der seine wertvollen Rosen vom Mehltau befallen dahinsiechen sieht. Sie verursachen alljährlich Milliardenschäden an den paar Pflanzen-Arten, an denen die Welternährung hängt (und sorgen für Milliardengewinne bei den Herstellern von Fungiziden, den chemischen Pilzvernichtungsmitteln). Auf das Konto eines parasitischen Pilzes, der Kartoffelfäule, geht die letzte große Hungersnot in Europa, die in den Jahren 1845 bis 1847 eine Million Iren das Leben kostete und zwei Millionen zur Auswanderung in die USA zwangen, wo aus irischen Familien später Präsidenten wie Kennedy oder Reagan hervorgingen – eine späte Auswirkung der Kartoffelfäule. Auch der Mensch selbst wird nicht verschont. Auf Fußpilz und Candida-Infektionen würde man liebend gern verzichten.

Die andere Seite der Medaille wird oft übersehen: Die Spezialität vieler Pilze ist der Abbau abgestorbener Stoffe wie Fallholz oder Herbstlaub. Im Haushalt der Natur spielen sie dadurch eine kaum zu überschätzende Rolle als Recycler. Pilze kooperieren auch gerne mit anderen Organismen. Zum Beispiel mit Grünalgen oder Cyanobakterien. Was dabei herauskommt, nennt man Flechte (siehe Seite 109). Oder mit Pflanzen, dann nennt man das Ergebnis Mykorrhiza („Pilzwurzel"). 95 Prozent der Gefäßpflanzen arbeiten mit einem Pilz zusammen, der ihnen bei der Wasser- und Nährstoffaufnahme hilft und im Gegenzug Fotosynthese-Produkte erhält. Symbiose heißt eine solche Kooperation zu beiderseitigem Vorteil.

Schließlich die kulinarischen Aspekte. Es müssen ja nicht immer die mit Gold aufgewogenen Trüffeln sein, vielleicht tut's auch das Champignon-Omelett. Oder der Käse mit Blauschimmel. Oder ein Stück Hefezopf. Oder ein Pils – denn ohne Hefepilz kein Bier.

PINGUINe fallen

rückwärts um, wenn ein von vorne kommendes Flug-

zeug sie überfliegt. Dieses Gerücht scheint ein skurriles Nebenpro-
dukt des nicht minder skurrilen Falklandkriegs zu sein: Wenn ein
Flugzeug über Pinguine hinwegfliege, so behaupteten britische Pi-
loten, legten die Vögel ihren Kopf immer weiter in den Nacken, bis
sie schließlich umkippten. Wissenschaftlicher Überprüfung hielt
das Pinguin-Domino leider nicht stand. Zur Pro-
be kreuz und quer überflogene Pinguine wurden durch die lärmenden Flugmaschinen in
Angst und Schrecken versetzt, worauf sie
zu flüchten begannen. Rückwärts
umgekippt ist bei
den Versu-
chen kein
einziger.

PINGUINe leben nur in

der Antarktis. Wahr ist, dass Pinguine nur auf der Süd-

halbkugel leben und das Nordpolarmeer pinguinfreie Zone ist.
Wahr ist auch, dass kaum ein Vogel dem extremen Klima der
Antarktis derart angepasst ist wie die größte Art, der Kaiserpinguin,
bei dem die Männchen in dicht gedrängten Brutkolonien während
des bitter kalten, dunklen Winters brüten und dabei etwa ein Vier-
teljahr ohne Nahrung auskommen. Falsch dagegen ist, dass sich
Pinguine nur in solch extremen Klimaten wohlfühlen. Die meisten
der siebzehn Arten ziehen das weniger harte Leben auf den Inselgruppen rund um den antarktischen Kontinent und im Süden Australiens, Afrikas und Südamerikas durchaus vor. Der Brillenpinguin

überschreitet an Südafrikas Küsten sogar die Wendekreise und der südamerikanische Humboldtpinguin stößt noch viel weiter in die Tropen vor. Selbst unmittelbar unter der Äquatorsonne lebt noch ein Pinguin, der Galapagospinguin. Das geht, weil weniger die Temperatur als das Fressen die Verbreitung der Pinguine bestimmt. An der südamerikanischen Westküste sorgen der kalte Humboldtstrom und aufdringendes Tiefenwasser für nährstoffreiche Verhältnisse. Die dortigen Gewässer sind ungewöhnlich plankton- und fischreich. Das ist die Grundlage großer Seevogelkolonien, die eben auch Pinguine mit einschließen. In manchen Jahren schiebt sich warmes Oberflächenwasser über den kalten Strom. Das als „El Niño" („das Kind", weil um die Weihnachtszeit auftretend) bekannte Klimaphänomen ist für die Seevögel eine Katastrophe. Sie verhungern massenweise. Der Galapagos-Pinguin war dadurch schon nahe am Aussterben, bevor sich seine Bestände wieder erholt haben.

PIRANHAs sind extrem gefährlich.

Wer kennt sie nicht, die Geschichten von den Reitern, die den Fluss überqueren wollten und samt ihren Pferden in Sekundenschnelle von rasiermesserscharfen Zähnen skelettiert wurden? Wie bei den Wölfen (siehe Seite 367) übertreffen die Schauermärchen die Wirklichkeit bei weitem. Dass ein Mensch durch Piranhas zu Tode kam, scheint nir-

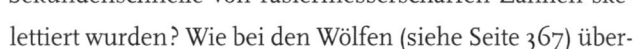

gends wirklich zweifelsfrei nachgewiesen. Piranhas ziehen Fisch bei weitem vor, weshalb die Anwohner der südamerikanischen Urwaldflüsse ungefährdet ins Wasser steigen. Allerdings hüten sie sich, in der Trockenzeit in abgeschnittenen, langsam eintrocknenden Seitenarmen zu baden. Ist hier ein größerer Schwarm in immer drangvoller Enge gefangen, machen Stress und Hunger die Piranhas sehr aggressiv. Dann fressen sie tatsächlich fast alles, was sich in ihre Reichweite begibt.

PONYs sind keine Pferde.

Entscheidend ist allein die Größe. Pferde mit einer Schulterhöhe (oder Stockmaß, wie die Reiter sagen) bis 1,48 Meter sind Ponys. Sind sie größer, heißen Pferde Pferd. Ponys sind also nichts anderes als kleine Rassen des Hauspferdes. Typische Vertreter sind die Shetlandponys, die unter 1,17 Meter bleiben, und die Islandponys, die zwischen 1,20 und 1,34 Meter hoch sind. Aber auch Haflinger und Fjordpferde mit einem Stockmaß zwischen 1,35 und 1,48 Meter zählen dazu. Hervorgegangen sind sämtliche Pferderassen im Lauf weniger Jahrtausende aus dem Wildpferd *(Equus przewalskii)*. Lediglich menschliche Zuchtwahl sorgte dafür, dass die Unterschiede der einzelnen Rassen (und mithin auch der „Unterschied" zwischen Pony und Pferd) entstand und erhalten bleibt.

PRÄRIEHUNDE

sind Hunde. Zwar gibt es in der Prärie, der großen amerikanischen Steppe, auch Hunde, die Kojoten nämlich. Die Präriehunde aber sind Nagetiere, nahe Verwandte von Murmeltier und Ziesel. Bei Beunruhigung bellen sie wie Hunde, daher der Name.

Sie leben in riesigen unterirdischen Kolonien, regelrechten „Städten" mit tausenden von Eingängen und kilometerlangen Straßen. Früher besiedelten Präriehunde den gesamten amerikanischen Mittelwesten, eben dort, wo sich die ausgedehnten natürlichen Grasländer erstrecken. Heute ist die Prärie weitgehend unter den Pflug genommen. Große Flächen sind auch von heftiger Bodenerosion betroffen – schlechte Zeiten für die geselligen Nager!

QUALLEN sind giftig und dürfen nicht berührt werden.

Hier müssen wir ein bisschen ausholen und auch die Verwandtschaft der Quallen ein wenig beleuchten. Also: Die Quallen gehören zum Stamm der Nesseltiere, so genannt, weil sie zu Verteidigung und/oder Beutefang Nesselzellen in zahlreichen verschiedenen Ausführungen haben. Genau 27 verschiedene Typen von Nesselzellen lassen sich unterscheiden. Sie bestehen aus einer doppelwandigen, durch einen Deckel verschlossenen Blase. Stößt jemand gegen den Auslöser, eine kleine Borste, explodiert die Nesselzelle in atemberaubender Geschwindigkeit. Dabei stülpt sich die Nesselkapsel um und erledigt ihre Aufgabe, zum Beispiel die Injektion von Gift. Einmal abgeschossen, ist sie nicht wieder aufladbar und wird durch neu gebildete ersetzt. Das Nesselgift, ein Eiweiß- und Aminosäurenmix, lähmt kleine Beutetiere des Zooplanktons schlagartig. Wir Menschen haben eine etwas größere Körpermasse als eine Krebslarve und reagieren entsprechend schwächer. Die meisten Nesseltier-Arten rufen (wenn überhaupt) allenfalls eine schwache Reizung der Haut hervor, verbunden mit Rötung und leichtem Brennen. Aber Ausnahmen bestätigen die Regel. Die gelbe Haarqualle oder Feuerqualle *Cyanea capillata* trägt ihren Namen zu Recht. Diese größte aller Quallen (in der Arktis schwimmen Exemplare mit 2,25 Meter Durchmesser) kann stark nesseln. Überdies gehört sie zur heimischen Fauna in Nord- und Ostsee, wo sie allerdings kaum über einen halben Meter Durchmesser erreicht. Die hierzulande viel häufigeren Ohren-, Blumenkohl- und Kompassquallen sind aber allesamt harmlos.

Nahe Verwandte der eigentlichen Quallen sind die ebenfalls zu den Nesseltieren gehörenden Würfelquallen und Staatsquallen. Einige der Ersteren sind unter dem Namen Seewespe berühmt und berüchtigt (siehe Seite 301). Die Letzteren bestehen aus einer ganzen Tierkolonie. Ein Teil der Tiere bildet eine gasgefüllte Blase, die vom Wind über den Ozean getrieben wird und lange Tentakel hinter sich herzieht. Bei der Portugiesischen Galeere können diese bis zu fünfzig Meter lang sein. Da die Galeeren in tropischen Meeren als ganze Flotte daherzukommen pflegen, ist Flucht geboten, wenn sie sich nähern. Zwar sind Todesfälle nicht verbürgt, ein Kontakt mit den Galeerententakeln ist aber auf jeden Fall äußerst schmerzhaft.

Der QUASTENFLOSSER *Latimeria* spaziert mit seinen muskulösen

Flossen auf dem Meeresgrund herum. Wenigen Tieren ist es so lange gelungen, den Menschen zu narren, wie den sagenumwobenen Quastenflossern. Fossil sind sie seit langem gut bekannt. Sie galten aber seit 70 Millionen Jahren als ausgestorben – bis am 22. 12. 1938 ein solcher Fisch vor der südafrikanischen Küste ins Fischernetz ging. Eine intensive Suche nach dem per Steckbrief zur Fahndung ausgeschriebenen gut meterlangen Urfisch wurde erst nach Jahren von Erfolg gekrönt. Sein natürlicher Lebensraum sind die steilen Unterwasserhänge der vulkanisch entstandenen Komoren, einer

Inselgruppe zwischen Afrika und Madagaskar. Nicht weniger überraschend war der erst vor wenigen Jahren gelungene Nachweis von
Quastenflossern auf der anderen Seite des Indischen Ozeans in In-
donesien.

Stammesgeschichtlich sind Quastenflosser besonders spannende
Fische: Viele Indizien deuten darauf hin, dass unter ihren fossilen
Verwandten die Vorfahren aller Landwirbeltiere zu suchen sind
(und damit auch unsere eigenen). Ihre namengebenden Quasten-
flossen bergen, anders als normale Fisch-
flossen, keine strahlenförmig angeordneten Gräten, sondern ein Kno-
chengerüst, das sich bereits mit
dem typischen Arm- und Bein-
skelett eines Landwirbeltiers vergleichen lässt. Daher auch die populäre Vorstellung des Urfisches,
der mit Hilfe dieser Urbeinchen einem Lurch gleich über den Gewässer-
grund krabbelt. Die Filmaufnahmen des Meeresbiologen Hans
Fricke zeigten anderes, nämlich den Einsatz der sechs Quastenflos-
sen als wunderbar aufeinander eingespielte Schwimmflossen, die
äußerst präzises Manövrieren zulassen. Beim historischen Landgang vor etwa 370 Millionen Jahren kam es also neben dem Verlust
zweier Flossen zu einem allmählichen Funktionswechsel der vier
restlichen, wobei ihr stabiles Stützskelett und der „Kreuzgang" der
Quastenflosser diesen sicher erleichterten. Beim Kreuzgang werden
zur Fortbewegung gleichzeitig links-hinten und rechts-vorne bzw.
rechts-hinten und links-vorne nach vorne bewegt. So laufen die
meisten Landwirbeltiere – und so bewegt auch *Latimeria* beim
Schwimmen ihre Flossen.

RABEn sind schlechte Eltern.

Im Rabennest geht es gemütlich zu. Die Jungen schlüpfen schon gegen Ende des Winters, aber unter den wärmenden Eltern und im kuschelig ausgepolsterten Nest sind auch strenge Fröste kein Problem. Wenn's richtig kalt ist, steht das Weibchen selbst bei der Fütterung kaum auf und vergräbt ihre Küken regelrecht in der überwiegend aus gesammelten Haaren und Fellfetzen bestehenden, peinlich sauber gehaltenen Polsterung. Ist es dagegen sehr heiß, sorgt die Rabenmutter für Kühlung. Sie badet und erfrischt ihre Brut mit einem klatschnassen Bauchgefieder. Drei Monate bleibt die Rabenfamilie zusammen, ehe die Jungen selbstständig werden und so lange dauert auch die gegen Ende natürlich etwas nachlassende Fürsorge der Eltern für ihren Nachwuchs. Rabeneltern? Richtig verstanden, ist das ein Kompliment!

RABEn sind Unglücksvögel.

Raben lassen niemanden kalt. Die rabenschwarze Farbe, das unheimliche Krächzen und ihre Vorliebe für Aas haben den Ruf der Raben (die meist mit den nahe verwandten Krähen in einen Topf geworfen werden) nachhaltig geprägt. Im Volksglauben spielen sie eine große Rolle. Über kaum einen Vogel gibt es seit der Antike so viele Geschichten, Sagen und Legenden wie über die Raben und Krähen. Egal ob Griechen, Römer oder Germanen: Raben geistern durch die Mythen aller Kulturen. Bei der Vogelschau, im alten Rom zur Weissagung der Zukunft betrieben, bedeuteten Raben von links stets Unglück, ein Omen, das sich mancherorts bis in die Neuzeit gehalten hat. Der germanische Obergott Wotan wurde immer von zwei Raben begleitet, Hugin und Munin, die auf seinen Schultern saßen und von ihm alle Tage als Kundschafter ausgesandt wurden.

Ihnen oblag auch, gemeinsam mit den Wölfen, die Bestattung der in der Schlacht Gefallenen. Legion sind die Wetter-, Schlachten- und Unglücksvorhersagen, die Schilderungen von Raben als Hexen- und Teufels- accessoire in tausend lokalen Va- rianten.

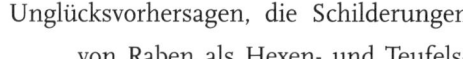

Natürlich bringen Raben kein Unglück. Aber sie sind oft Be- gleiter des Unglücks, ob großer Naturkatastrophen oder mensch- licher Tragödien. Die Aasfresser wurden als Vögel der Richtplätze, Friedhöfe und Schlachtfelder, als Galgenvögel und Leichenf- ledderer eben, meist mit schlech- ten Zeiten in Verbindung gebracht. Zu Recht. Nur hat man wie so oft Ursache und Folge verwechselt.

RABEn sind überall häufig.

In der Umgangssprache zählen alle großen schwarzen Vögel zu den Raben. Sowohl der Vogel- als auch der Volkskundler differenzieren hier. Sie behalten den Namen Rabe dem Kolkraben vor, dem bussardgroßen Wotansvogel, dem Begleiter der germanischen Götter. Der schwarze Mythenvogel ist der weitaus größte und gleichzeitig der seltenste aller Rabenvögel in Mitteleuropa. Heftige Verfolgung ließ das Verbreitungsgebiet des Kolkraben bei uns auf wenige Ge- biete in den Alpen und in der norddeutschen Tiefebene zusammen- schrumpfen. Rigide Naturschutzgesetze und eine Imagekampagne sorgen aber seit einigen Jahrzehnten zum Glück wieder für eine

Rückkehr des faszinierenden Vogels in seine angestammten Brutgebiete.

Was landläufig als Rabe läuft, ist die kleinere Verwandtschaft des Kolkraben, die Krähe. Oder, genauer gesagt, die Krähen, denn es gibt zwei einheimische Arten, die Saatkrähe und die Aaskrähe (von der noch kleineren Dohle mit ihrem grauen Nacken können wir hier absehen). Die Aaskrähe ist eben dabei, sich wiederum in zwei Arten aufzuspalten, die im Westen verbreitete Rabenkrähe, die mit ihrem schimmernd-schwarzen Gefieder tatsächlich einer kleineren Ausgabe des Kolkraben gleicht, und die östliche Nebelkrähe mit einem grau gefärbten Körper. Beide sind, im Gegensatz zum Kolkraben, echte Allerweltsvögel, die, vom geschlossenen Wald einmal abgesehen, nirgends fehlen. Beide lassen sich auch leicht am Ruf vom Raben unterscheiden. Das tiefe sonore Rufen des Kolkraben ist ebenso unverkennbar wie das, nun ja, etwas ordinäre Krächzen seiner kleineren Verwandten.

RATTEn und Mäuse gehören zu verschiedenen Tiergruppen.

Hier haben wir ein ähnliches „Problem" wie bei Pferden und Ponys (siehe Seite 245) und auch die Lösung scheint dieselbe: Allein die Größe macht den Unterschied. Bei knapp fünfzehn Zentimeter Körperlänge scheint die magische Grenze zu liegen. Was kleiner ist, bezeichnen wir mehr oder weniger spontan als Maus, größere Tiere als Ratte. Im Grenzbereich tun wir uns schwer: Die heimische Schermaus läuft auch unter dem Namen Wasserratte.

Und was sagen die Zoologen dazu? Sie teilen die Welt in Gruppen verwandter Arten ein, die auf eine gemeinsame Abstammung zurückgehen. Nah verwandte Arten werden in Gattungen zusammengefasst, nah verwandte Gattungen in Familien. Eine solche Familie, und zwar mit 480 Arten eine besonders erfolgreiche, ist die der Echten Mäuse (Muridae). Zu ihr gehören zum Beispiel die beiden heimischen Ratten-Arten Wanderratte (*Rattus norvegicus*) und Hausratte (*Rattus rattus*), deren engere Verwandtschaft durch den gemeinsam geführten Gattungsnamen *Rattus* belegt wird. Zu ihr zählen aber auch zahlreiche heimische Mäuse-Arten wie Hausmaus (*Mus musculus*), Waldmaus (*Apodemus sylvaticus*) oder Zwergmaus (*Micromys minutus*). Schon deren unterschiedliche Gattungsnamen verraten, dass zwischen diesen Mäusen keine nähere Verwandtschaft bestehen muss als zwischen ihnen und den Ratten. Dagegen liegen zwischen der Feldmaus und der Hausmaus Welten – erstere gehört nämlich nicht einmal der Familie der Echten Mäuse an, sondern zusammen mit Schermaus, Lemming und Hamster der Familie der Wühler. Fazit: Was im Hausgebrauch eine brauchbare Unterscheidung sein mag – nämlich die Größe – ist für den Biologen völlig irrelevant.

Der RATTENKÖNIG ist der Anführer einer Rattenschar.

Dass eine Ratte selten allein kommt und die intelligenten, anpassungsfähigen Nagetiere ausgesprochen sozial sind, ist allgemein bekannt. Die Monarchie wurde bei Ratten allerdings nie eingeführt. Ein Rattenkönig ist kein absoluter Herrscher über sein Volk, sondern ein armer Teufel. Genauer gesagt: Viele arme Teufel. Denn als „Rattenkönig" werden an den Schwänzen anscheinend unauflösbar miteinander verknotete Ratten bezeichnet. Zu den Knoten kommen später auch noch durch Wundheilung verursachte Verwachsungen. Gäbe es keine Belege für dieses äußerst merkwürdige Phänomen, würden

wir es sofort ins Reich der Fabeln und Ammen-
märchen verbannen. So aber belehren uns
Museumspräparate eines Besseren. Dass in
Deutschland nach vielen Jahrhunderten
des Sammelns wohl nur vier Rattenkö-
nige existieren, belegt immerhin,
dass die kollektive Schwanzverkno-
tung ein äußerst seltener Unfall ist.
Der größte Rattenkönig der Welt wird
in Altenburg aufbewahrt: 32 an den
Schwänzen und zum Teil auch noch an den
Hinterfüßen fest verknotete, zu einer skurrilen Mumie vereinigte
Hausratten.

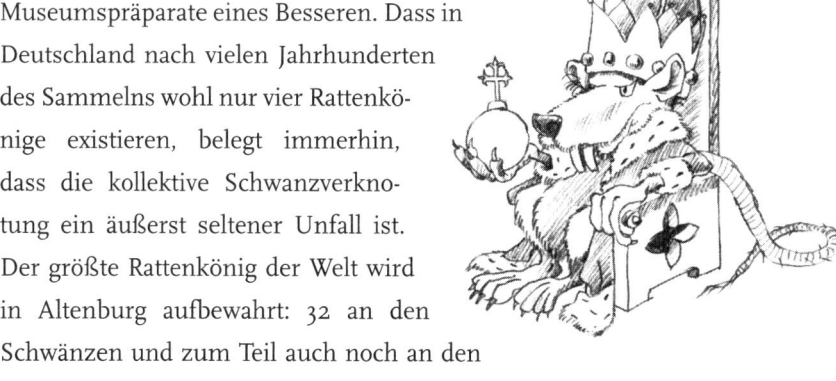

RAUBTIERAUGEN
leuchten im Dunkeln. Viele Raubtiere jagen im
Dunkeln und da wären ein paar Lichter natürlich schon erhellend.
Und weil jeder bei einer nächtlichen Autofahrt schon Augen im
Scheinwerferlicht hat funkeln sehen, scheint es klar: Nachttiere haben leuchtende Augen. Dass das so nicht stimmen kann, erweist
sich bei völliger Dunkelheit. Dann sind auch Nachttieraugen
schwarz. Tiere, die in der Dämmerung aktiv sind oder in der Tiefsee
leben, haben verschiedene Anpassungen, um aus den geringen
Lichtmengen noch ein Maximum an Informationen zu holen. Farbensehen ist ein Luxus, auf den Nachttiere weitgehend oder gar völlig verzichten. Die fürs Farbsehen zuständigen zapfenförmigen Sinneszellen in der Netzhaut arbeiten nämlich nur bei guter Beleuchtung. Bei schwindendem Licht übernehmen die wesentlich emp-
findlicheren Stäbchenzellen die Wahrnehmung. Mit ihnen können

allerdings keine Farben gesehen werden. Im Auge des Menschen sind beide Typen von Sinneszellen vertreten. Das ist der Grund, weshalb die Farben in der Dämmerung scheinbar schwinden: Für unsere Zäpfchen wird es dann zu dunkel und unsere Stäbchen übernehmen die Wahrnehmung. Bei Nachttieren sind fast ausschließlich Stäbchenzellen vorhanden. Um jedes Photon einzufangen, sind sie oft sehr dicht gepackt. Bei manchen Tiefseefischen stehen zwanzig Millionen Sehzellen auf einem Quadratmillimeter Netzhaut. Das bedeutet aber nicht unbedingt, dass Nachttiere auch extrem scharf sehen. Meist sind nämlich viele Sehzellen miteinander verschaltet und geben die Information nur gebündelt ans Gehirn weiter. Noch effektiver wird das Nachttierauge durch schiere Größe – je größer, desto mehr Licht wird eingefangen – und schließlich durch eine reflektierende Schicht, die hinter der Netzhaut eingezogen ist. Dieses „Tapetum lucidum", wie der Fachausdruck lautet, wirft das Licht wieder zurück, so dass es die Netzhaut ein zweites Mal passieren muss und dabei die Sinneszellen erneut erregt. Hinter dem Geheimnis der scheinbar leuchtenden Augen verbirgt sich also nichts anderes als ein effektiver Restlichtverstärker. Den Eulen fehlt ein solches reflektierendes Tapetum übrigens – ihre Augen funkeln im Licht nicht.

RAUBTIERE haben die größten Krallen.

Es ist schon sehr beeindruckend, wenn ein Löwe die Krallen ausfährt, die dann fast neun Zentimeter lang und nadelspitz aus den weichen Tatzen stehen, und auch die bis zu zehn Zentimeter langen Krallen eines Grizzlybären sind nicht zu verachten. Die größten Krallen unter den heute lebenden Tieren – die Dinosaurier lassen wir mal außen vor – hat aber das südame-

rikanische Riesengürteltier. Einen Meter
misst dieses Tier (plus ein halber
Meter Schwanz) und ist fünfzig
Kilogramm schwer. Fünf
Krallen hat es an jedem
Fuß. Deren größte ist die
sichelförmig gekrümmte
dritte Kralle der Vorderfüße.
Bis zwanzig Zentimeter lang, ist sie
ein nützliches Werkzeug, um die steinharten
Baue der Termiten aufzuhebeln, von denen sich Riesengürteltiere
überwiegend ernähren. Der Große Ameisenbär steht vor dem gleichen Problem. Auch er hat Termiten zum Fressen gern und muss
dazu ihre Baue aufbrechen – und auch er tut das mit Riesenkrallen.
Seine zweite und dritte Vorderkralle sind zehn bis fünfzehn Zentimeter lang. Sie helfen auch bei der Verteidigung. Ein bedrohter
Ameisenbär richtet sich auf die Hinterbeine auf und versucht, seinem Gegner in inniger Umarmung die äußerst scharfen Krallen in
den Rücken zu drücken. Auf diese Weise soll er sich sogar des
Jaguars erwehren können.

Alle RAUBTIERE sind Fleischfresser.

Raubtiere sind eine Ordnung der Säuge-
tiere, die sich an ihrem ziemlich einheitlichen Schädelbau leicht erkennen lässt. Ob einhundert Gramm leichtes Mauswiesel oder ein-
tausend Kilogramm schwerer Kodiakbär – typisch für Raubtiere
sind die stark vergrößerten, spitzen Eckzähne und die weiter hinten
im Maul von den Backenzähnen gebildeten Reißzähne, die wie eine
Brechschere arbeiten (siehe Seite 264). Im lateinischen Namen Car-

nivora = Fleischfresser spiegelt sich ihre kulinarische Vorliebe wider. Tatsächlich essen zahlreiche Raubtiere nur Fleisch. Der Eisbär etwa, der in den arktischen Eiswüsten auch Probleme hätte, sich anders zu ernähren. Viele Raubtiere sind aber pflanzlichen Ballaststoffen nicht gänzlich abgeneigt. Hunde und Katzen nagen oft mit unbeholfenen Bewegungen Gras ab. Bei anderen stellen Pflanzen sogar einen erheblichen Teil der Nahrung. Dachs und Braunbär haben in Anpassung daran breite Backenzähne, die helfen, Pflanzen zu zerkleinern. Und schließlich gibt es noch einen echten Vegetarier unter den Raubtieren, den Bambusbären oder Großen Panda. Seinem Gebiss sieht man das Raubtier nur noch an den etwas vergrößerten Eckzähnen an.

Der Große Panda zahlt einen hohen Preis für seine Fleisch-Abstinenz. Spezialisierte Pflanzenfresser haben normalerweise lange Därme und Gärkammern, in denen die schlecht verdauliche Pflanzennahrung mit Hilfe von Bakterien und Einzellern aufgeschlossen wird. Bei der Kuh ist das der riesige Pansen, beim Koala ein zwei Meter langer blinddarm. Das alles fehlt dem Großen Panda. Er hat den kurzen Darm seiner Fleisch fressenden Verwandtschaft. Damit kann er nur 17 Prozent seiner Nahrung verwerten (zum Vergleich: eine Kuh kommt auf 80 Prozent). So bleibt ihm nichts anderes übrig, als gewaltige Mengen zu verdrücken: fast 40 Kilogramm wässrige Bambussprossen oder 15 Kilogramm Blätter und Stängel, und das bei einem Körpergewicht, das mit 75 bis 110 Kilogramm nur wenig über dem des Menschen liegt. Kein Wunder, dass der Bambusbär jeden Tag etwa 16 Stunden mit Fressen beschäftigt ist. Und mit der Ausscheidung des Unverdaulichen: 95 Kothaufen pro Tag (oder vier pro Stunde) zählten eifrige Pandaforscher, die einem wild lebenden Bambusbären in den Bergwäldern Chinas fünf Tage lang nachschlichen.

RAUBTIERE kontrollieren den Bestand ihrer Beute und können sie ausrotten.

In keinem Lehrbuch der Ökologie fehlt das berühmte Diagramm, das den Bestand von Schneeschuhhasen und Luchsen in Kanada im Verlauf von nahezu hundert Jahren zwischen 1845 und 1935 zeigt. Es ist, nebenbei bemerkt, nicht das Ergebnis einer wissenschaftlichen Langzeitstudie, sondern entspringt einfach der Statistik der Pelzjäger und belegt, dass der Hasenbestand keineswegs konstant blieb, sondern enorme Schwankungen aufwies. Dabei lösten sich „Hasenberge" mit Jagdstrecken von 80 000 bis 150 000 Tieren und „Hasentäler" ab, in denen nur wenige tausend Mümmelmänner erlegt wurden. Von Berg zu Berg bzw. von Tal zu Tal verstrichen dabei jeweils etwa zehn Jahre. Jetzt zum Luchs, neben den Pelzjägern einem weiteren Liebhaber der armen Hasen: Seine Bestandskurve sieht ganz ähnlich aus, wenn auch jeweils ein oder zwei Jahre versetzt. Das scheint auch logisch: Gibt es mehr Hasen, werden mehr Luchse satt; ihre Sterblichkeit sinkt, mehr Nachwuchs überlebt, der Bestand steigt. Und nun fressen viele Luchse so viele Hasen, dass die wieder seltener werden, worauf auch die Luchse nicht mehr so viel zu beißen haben und ihrerseits zurückgehen, worauf es wieder mehr Hasen gibt usw. Nach diesem Modell würden sich also die Populationen von Räuber und Beute gegenseitig steuern. Klingt gut, stimmt aber nicht ganz. Denn in Gebieten, in denen keine Luchse vorkamen oder Jäger sie ausgerottet hatten, schwankte der Schneeschuhhasenbestand ebenso. Dafür müssen also ganz andere Faktoren als der des Feinddrucks verantwortlich sein. In diesem Licht betrachtet wird klar: Nicht der Bestand des Luchses kontrolliert den des Hasen, sondern der Bestand des Hasen den des Luchses – eine glatte Umkehr der gängigen Anschauung!

Solche Verhältnisse finden wir nicht nur im fernen Kanada, sondern auch vor unserer eigenen Haustür. Ob eine Schleiereule sieben Junge großzieht oder nur zwei (oder ob sie die Brut gar ganz ausfallen lässt), hängt von der Zahl der Mäuse ab, die ebenso wie die kanadischen Hasen enorme Häufigkeitsschwankungen durchmachen. Auch hier profitieren die Beutegreifer, ohne für das Auf und Ab verantwortlich zu sein. Also: Entlastung auf der ganzen Linie für das einst verfemte „Raubzeug" mit spitzen Zähnen, krummen Schnäbeln und langen Krallen!

Problematisch wird es allerdings dort, wo Ökosysteme zerrüttet werden und Tierarten aus vielerlei Gründen unter Druck kommen. Verständlich, dass die deutschen Jäger jedes vom Habicht geschlagene Birkhuhn beweinen. Nur: Was hat das Birkhuhn in Mitteleuropa an den Rand des Aussterbens gebracht? Warum brechen die Hasenbestände ein? Wer hier auf Fuchs und Habicht zeigt, hat zu kurz gedacht. Nicht verhehlen möchte ich, dass die Aussage in der Überschrift gelegentlich auch stimmt, wenn auch kaum unter natürlichen Umständen. Solche Katastrophen passieren, wenn sich auf ozeanischen Inseln, die lange vom Weltgeschehen isoliert waren, der Mensch einmischt und fremde Tierarten einschleppt. Auf Stephens Island, einer kleinen Insel zwischen dem nördlichen und südlichen Neuseeland, war es die Katze des Leuchtturmwärters, die den gesamten Weltbestand des nur dort vorkommenden flugunfähigen Stephens-Zaunkönigs vernichtete. Und auf der Pazifikinsel Guam brachte eine eingeschleppte Schlangenart einigen Vogelformen den Artentod.

REGENWÄLDER gibt es nur in den Tropen. Sagt man Regenwald, meint

man gewöhnlich den tropischen, die einst als ebenso unermesslich wie undurchdringlich geltende „Grüne Hölle" der äquatorialen Gebiete. Heute stellen wir mit Erschrecken fest, wie die tropischen Regenwälder des Kongobeckens, des Amazonas-Tieflandes und der südostasiatischen Inselwelt unter dem Ansturm der Kettensägen schwinden.

Regenwald wächst dort, wo viel Regen fällt, und zwar mindestens 2 000 Liter pro Jahr und Quadratmeter (das ist grob das Dreifache der Regenmenge, die bei uns normalerweise niedergeht). Zweite Bedingung: Die Regenzeiten dürfen durch Trockenzeiten nicht allzu lang unterbrochen werden. Großflächig herrschen solche Bedingungen hauptsächlich in den inneren Tropen, dem Verbreitungsgebiet der tropischen Regenwälder. Kleinflächig aber gibt es sie auch anderswo. Besonders bekannt: die Regenwälder der nordamerikanischen Westküste im Bereich der gemäßigten Breiten, wo vom Meer kommende und an den küstenparallel verlaufenden Gebirgszüge abregnende Winde ganzjährig für hohe Niederschläge sorgen. Die dauernde Feuchtigkeit lässt Pflanzen üppig wachsen und ist Grundlage eines reichen Epiphytenbewuchs. Auch an Baumriesen herrscht kein Mangel: Die Mammutbäume dieser Region tragen ihren Namen zu Recht (siehe Seite 195). Leider teilen die pazifischen Regenwälder ein weiteres Merkmal mit den tropischen: Sie sind durch exzessiven Holzeinschlag aufs Äußerste bedroht.

In tropischen REGEN-WÄLDERN wimmelt es nur so von Tieren. Immer wieder beschwören Biologen den Artenreichtum der tropischen Regenwälder, den es zu bewahren gelte. Mancher Besucher erwartet sich deshalb ein tierisches Panoptikum, sobald er seinen Fuß in das geheimnisvolle Reich des Regenwaldes

setzt, ein Feuerwerk bunter Farben, ein Ah und Oh an jeder Ecke – und ist dann schwer enttäuscht. Nichts los außer dem ständigen, nervtötenden Rufen irgendwelcher Insekten und weit entfernter Vögel. So offensichtlich ist die Artenvielfalt der Regenwälder nicht. Das hat mehrere Gründe. Einer davon: Viele Tiere sind exzellent getarnt. Das nach dem Elefanten zweitgrößte Tier des afrikanischen Regenwaldes, das Okapi, wurde erst zu Beginn des 20. Jahrhunderts wissenschaftlich beschrieben (die einheimischen Pygmäen kannten die Waldgiraffe natürlich schon längst). Ein braunes Fell mit weißem Streifenmuster, das die Körperumrisse optisch auflöst, hilft dem Okapi, ein Leben im Verborgenen zu führen. Bunte Tiere wie die Paradiesvögel Neuguineas sind oft extrem scheu, so dass man Monate unterwegs sein kann, ohne sie zu entdecken. Der zweite Grund: Die überwiegende Menge der Arten – nicht nur im Regenwald – sind Insekten, und Insekten sind klein. Wer ihre Vielfalt studieren will, kommt ohne Lupe nicht aus. Ein dritter: Anders als in Savannen, die durch spektakuläre, riesige Tierherden aus Zebras, Gnus, Gazellen und Antilopen geprägt werden, sind in den Regenwäldern meist nur einzelne Individuen zu finden (wenn wir von den Ameisen einmal absehen). Viele Arten sind sehr selten. Schließlich: Wir Menschen sind dem Dämmerdunkel des Waldbodens verhaftet. Die Musik spielt aber in den oberen Stockwerken des Waldes, wo Blätter, Blüten und Früchte Grundlage für ein reiches Tierleben bieten. Erst in den letzten zwei, drei Jahrzehnten dringen wir mit teils abenteuerlichen Hilfsmitteln in die Kronenregion vor – eine ganz neue, unbekannte Welt tut sich dort oben auf.

Fazit: Die tropische Vielfalt drängt sich nicht auf den ersten Blick auf. Selbst die Biologen haben lange gebraucht, bevor sie die ungeheure Artenvielfalt der Regenwälder realistisch einschätzen konnten.

Tropischer REGEN-WALD ist dichter undurchdringlicher Dschungel.

Wie eine grüne Wand steht der Wald vor den Eindringlingen. Mit der Machete muss sich die Expedition einen Pfad schlagen. Jeder Schritt muss erkämpft werden, jeder Kilometer wird zur Qual ... Viele Spielfilme haben dafür gesorgt, dass sich solche Bilder in unseren Köpfen festgesetzt haben. Wahr ist: Tropische Regenwälder sind nicht überall leicht begehbar. Schließlich wachsen sie in Gebieten mit mindestens 2 000 Liter Niederschlag pro Jahr und Quadratmeter (Extremwerte liegen bei über 10 000 Litern). Im Tiefland erschweren ausgedehnte Sumpflandschaften das Fortkommen deshalb oft stark. Auch die viele Meter hohen Brettwurzeln der Urwaldriesen erzwingen manchen Umweg. Aber dschungelartig dicht? Pflanzen brauchen Licht, und Licht ist am Boden eines ungestörten Regenwaldes knapp. Mehrschichtige Baumkronen sorgen dafür, dass nur ein Prozent des gleißenden Tropenlichtes unten ankommt. Üppige Bodenvegetation kann nicht aufkommen, es sei denn, ein zu Boden gehender Baum reißt eine Lücke. Dort entsteht wenig später eine grüne Insel.

Undurchdringliche „grüne Hölle" ist dagegen typisch für gestörte Wälder (so genannte Sekundärwälder), in denen Holzeinschlag und Wegebau dafür sorgen, dass reichlich Licht auf den Boden dringt. Dann regt sich dort Leben. Massenweise keimen Samen und jeder Keimling versucht, sich durch schnelles Wachstum einen dauerhaften Platz an der Sonne zu sichern. Innerhalb kurzer Zeit bedeckt strotzendes Grün den Boden. Jetzt ist ohne Machete tatsächlich kaum ein Fortkommen. Erst nach vielen Jahrzehnten, wenn die Baumkronen wieder mehrstöckig schließen, stellen sich am Boden wieder „normale" Verhältnisse ein.

Wenn man einen **REGEN- WURM** teilt, ergibt das zwei neue.

Regenwürmer sind äußerst nützliche Tiere. Sie spielen sowohl bei der Humusbildung eine wichtige Rolle als auch bei der Durchlüftung und Lockerung der Bodenkrume. Bei Gärtnern sind sie deshalb gern gesehene Mitarbeiter. Die Versuchung ist groß, ihren Bestand auf einfache Weise zu vergrößern, indem man sie mit dem Spaten teilt und auf das bekannt große Regenerationsvermögen der Würmer baut. Aber so einfach geht's leider nicht. Zwar wächst dem Vorderende ein neues Hinterende, vorausgesetzt, eine bestimmte Mindestlänge von ungefähr vierzig der bis etwa 150 Segmente ist übrig. Das einsame Hinterende aber tut sich schwerer. Nur unter besonderen Bedingungen entsteht ein vollständiges neues Vorderende. Beim gewöhnlichen Regenwurm *Lumbricus terrestris* sieht das so aus (man traut sich kaum vorzustellen, auf welche Weise die folgenden Daten gewonnen wurden): Wenn man höchstens das Prostomium – das ist die vor der Mundöffnung liegende Spitze des Wurms – samt den nächsten vier Ringelsegmenten abschneidet, bildet der Wurm einen vollständig neuen „Kopf". Werden fünf bis sechzehn vordere Segmente abgetrennt, kann er nur drei bis vier Ringe samt Prostomium regenerieren. Der Mistwurm *Eisenia foetida*, überaus häufig zum Beispiel in Komposthaufen, kann noch den Verlust der ersten acht Segmente vollständig ausgleichen. Neun bis 23 abgeschnittene Ringe ersetzt er durch höchstens acht neue. Größere Verluste machen den Wurm endgültig kopflos.

Fazit: „Aus eins mach zwei" funktioniert nicht. Der Normalfall ist das Überleben des Vorderendes, das wieder

zum ganzen, wenn auch meist etwas kürzeren Wurm heranwächst. Erwischt man den armen Wurm ganz unglücklich, nämlich etwa dreißig Ringe hinter dem Kopf, bringt man ihn sogar ganz um. Das trotzdem ganz erstaunliche Regenerationsvermögen hängt damit zusammen, dass das Tier aus lauter fast gleichartigen Segmenten besteht (vom Prostomium und den Geschlechtssegmenten abgesehen). Jedes dieser Segmente hat einen vollständigen Satz innerer Organe. Der Nervenknoten im Kopf – das Gehirn also, falls man Regenwürmern ein solches zubilligt – scheint bei der Neubildung von Segmenten eine besonders große Bedeutung zu haben. Das dürfte der Grund sein, warum sich der Verlust des Hinterendes leichter verschmerzen lässt als der des Vorderteils.

REGENWÜRMER lieben Regen.

In Maßen stimmt das, denn Regen sorgt für die Durchfeuchtung des Erdreichs und Regenwürmer lieben Feuchtigkeit. Sonnenlicht und Trockenheit meiden sie wie der Teufel das Weihwasser. Dass sie bei starkem Regen ihren Bau verlassen und sich ungeschützt den unzähligen Regenwurm-Liebhabern ausliefern, ist aber nicht ihrer großen Begeisterung über so viel Wasser zuzuschreiben. Das Gegenteil ist der Fall. Regenwürmer verlassen ihre unterirdischen Wohnröhren bei heftigem Regen, weil sie Gefahr laufen, in ihren sich mit Wasser füllenden Gängen zu ertrinken.

REHe sind weibliche Hirsche.

Hirsche haben ein Geweih, ihre Weibchen, die Rehe, keins. Klingt gut, ist aber leider falsch. Rothirsche wie Rehe sind zwei ganz verschiedene Arten der Familie der Hirsche, zu der auch Elch und Rentier zählen. Bei Hirschen gilt: Männer tragen ein Geweih, Weibchen keins (ein paar Ausnahmen wie das Rentier bestätigen diese Regel). Das ist auch beim heimischen Rothirsch so. Seine geweihlosen Weibchen werden Hirschkuh genannt. Beide unterscheiden sich von Rehen durch bedeutende Größe, lang gezogenes Gesicht mit großen Ohren und einen kleinen Schwanzwedel. Dem mächtigen Geweih des männlichen Hirschs kann der Rehbock nur ein schmächtiges entgegensetzen. Meist hat es nur drei Spitzen pro Stange. Ein stattlicher Hirsch kommt leicht auf acht, zehn oder gar zwölf. Letzterer läuft bei den Waidmännern als Vierundzwanzigender, denn sie zählen die Spitzen beider Stangen zusammen.

Die vergrößerten Eckzähne der Raubtiere werden als REISS-ZÄHNE bezeichnet.

Das typische Raubtiergebiss zeichnet sich nicht nur durch übergroße, dolchförmige Eckzähne aus, sondern auch durch gezackte Backenzähne. Und hier hinten, nicht vorne, sitzen die Reißzähne. Es sind die größten Backenzähne im Ober- und Unterkiefer, genauer gesagt, der vierte und letzte Vorbackenzahn des Oberkiefers und der erste Backenzahn des Unterkiefers. (Vorbackenzähne sind solche, die auch schon im Milchgebiss vorhanden sind, während die eigentlichen Backenzähne erst nach dem Zahnwechsel erscheinen. Beim Menschen sind die vorderen beiden Backenzähne also Vorbackenzähne, die hinteren drei einschließlich des Weisheitszahns echte Backenzähne.)

Diese beiden Zähne treffen bei Raubtieren nicht flächig aufeinander, wie wir das von unseren eigenen kennen. Sie arbeiten wie eine Schere und werden auch als „Brechschere" bezeichnet. Die Oberkieferzähne gleiten schleifend außen an denen des Unterkiefers vorbei. Die Aufgabe der Reißzähne: Fleisch zerschneiden, Knochen zerbrechen. Dass die Schere so weit hinten im Kiefer sitzt, hat einfache physikalische Gründe: Hier ist die Hebelwirkung und damit die Kraftentfaltung besser. Auch wir knacken Nüsse deshalb mit den hinteren Backenzähnen und nicht weiter vorne. Die Eckzahn-Dolche der Raubtiere haben dagegen eine andere Funktion. Mit ihnen wird Beute festgehalten, manchmal auch getötet. Dem entsprechend werden sie nicht Reißzähne, sondern Fangzähne genannt.

RIESENKRAKEN

sind Fabelwesen. Stiche in alten Seefahrtsbüchern zeigen sie immer wieder, die vielarmigen, mit Saugnäpfen bewehrten Riesenwesen, die sich in bewegter See in aller Ruhe damit beschäftigen, größere Segelschiffe umzukippen und unter Wasser zu ziehen. Alles Seemannsgarn und Ausgeburt zügelloser Fantasie? Nicht ganz, denn es gibt sie tatsächlich, diese Riesenkraken. Nicht verbürgt allerdings sind irgendwelche Angriffe auf Menschen. Im Gegenteil, die Wege von Mensch und Krake kreuzen sich so selten, dass wir bis heute nur wenig über die Riesen der Tiefsee wissen. Das meiste verdanken wir einigen zufällig angeschwemmten Kadavern. Demnach maß der größte bekannte Riesenkalmar, 1933 in Neufundland angetrieben, fast 22 Meter, wobei acht Meter auf den Körper und vierzehn auf die Fangarme entfielen. Genauere Informationen könnten uns die Pottwale liefern. Diese Rekordtaucher scheinen sich kilometertief unter der Meeresoberfläche regelmäßig mit den Riesenkraken anzulegen. Davon jedenfalls zeugen die Kampfnarben an den kastenförmigen Walköpfen ebenso wie die Mageninhalte gefangener Wale. In einem solchen Walmagen wurde das größte bekannte Tierauge gefunden. Es hat einen Durchmesser von vierzig Zentimetern – und stammt von einem Riesenkalmar. Auch von zwanzig Zentimeter großen Saugnäpfen hinterlassene Narben an Pottwalen lassen vermuten, dass sich in den Tiefen der Weltmeere noch größere Ungeheuer tummeln als wir kennen. Die größten bisher bekannten Kraken hatten nämlich „nur" Fünfzehn-Zentimeter-Saugnäpfe.

ROBBEN gibt es nur im Meer.

Gleich mehrere der 34 Robben-Arten halten sich nicht an die Regel, nach der die Wasserraubtiere auf die Küsten und Packeisgürtel der Meere beschränkt sind. Beginnen wir mit den weniger spektakulären Fällen. Dass sich die Ringelrobbe, die nicht nur rund um das arktische Eismeer, im Nordpazifik und Nordatlantik schwimmt, sondern auch in der Ostsee vorkommt, den (mit der Ostsee durch die Newa verbundenen) Ladogasee nahe Sankt Petersburg, den nordöstlich davon liegenden Onegasee und den etwas weiter westlich gelegenen finnischen Saimaasee erschlossen hat, verwundert noch nicht sehr. Schließlich ist die Geografie dieses Gebietes erst jüngeren Datums (vor 10 000 Jahren lag alles noch unter Eis) und so ist leicht nachvollziehbar, wie es hier zur Abtrennung und Isolierung der Robben in den großen, meeresnah gelegenen Seen kommen konnte. Seither muss aber schon geraume Zeit verflossen sein, denn die Ringelrobben sowohl des Ladoga- als auch des Saimaasees lassen sich schon als jeweils eigene Unterarten auffassen – der Beginn der Artbildung. Ringelrobben gibt es aber auch, und das ist zunächst viel verblüffender, in einigen ausgesprochenen Binnenseen im Inneren Asiens. Wenigstens bei zweien dauert dieses Exil bereits so lange, dass sie inzwischen als eigene Arten gelten: die Kaspi-Ringelrobbe und die Baikal-Ringelrobbe. Erstere bewohnt immerhin noch ein Meer, wenngleich ein Binnenmeer, das keinen Kontakt zu einem der Weltmeere hat und demzufolge auch als Riesensee betrachtet werden könnte. Das Kaspische Meer ist etwa 1200 Kilometer lang und über 300 Kilometer breit. Es hat nur Zuflüsse – der größte ist die Wolga – aber keinerlei Abfluss. Sein Salzgehalt von elf bis dreizehn Gramm pro Liter beträgt nur etwa ein Drittel dessen eines freien Ozeans. Die zweite Art bewohnt dagegen einen reinen Süßwassersee, den mitten in der asiatischen Landmasse liegenden Baikalsee. Mit über 600 Kilometer Länge, bis 80 Kilometer Breite und einer Tiefe von sage und schreibe bis zu 1620 Metern bildet er das größte Süßwasserreservoir der Erde. Und im Gegensatz zu fast allen anderen Seen existiert er nicht erst seit dem Ende der Eiszeit, sondern seit mehreren Millionen Jahren. Außerdem leben Ringelrobben in zwei weiteren, völlig isoliert liegenden asiatischen Binnenseen namens Kuku-Nor (oder Chöch Nuur), einem auf über 3000 Meter über dem Meeresspiegel gelegenen, großen Hochgebirgssee im Westen Chinas und Oron-Nor, einem kleineren See in der westlichen Mongolei. So schwierig man sich das angesichts dieser Vorkommen mitten in einem Kontinent vorstellen kann: Auch hier scheint die letzte Eiszeit nachgeholfen zu haben und den Vorfahren der Binnen-Robben den Weg bereitet zu haben – wie das im Einzelnen vor sich gegangen sein soll, wird aber immer noch diskutiert.

Weniger problematisch, weil eher an das Beispiel des Ladoga- und Saimaasees erinnnernd, sind die Seehunde des Lower Seal Lake

(Seal = Seehund) 150 Kilometer östlich der Hudsonbai in Ostkanada. Auch hier scheint die Eiszeit ein paar Seehunde vergessen zu haben, die sich seither im Süßwasser tummeln und möglicherweise ebenfalls bereits als eine eigene Unterart betrachtet werden müssen – die Vorstufe zum echten Süßwasser-Seehund. Aber auch „normale" Meeres-Seehunde scheuen das Süßwasser nicht grundsätzlich. In Nordeuropa ziehen sie gelegentlich weit die Flüsse hoch.

ROSEn haben Dornen.

Dass „keine Rose ohne Dornen" sei, gehört zum allgemeinen Sprichwort- und Erfahrungsschatz. Nur vor den strengen Augen des Botanikers kann diese Weisheit nicht bestehen. Für ihn trägt die Rose keine Dornen, sondern Stacheln. Der Unterschied? Dornen sind verholzte, kurz zugespitzte Seitenzweige, Stacheln dagegen nur Auswüchse der Rinde. Probieren Sie's aus: Ein Rosenstachel lässt sich einfach abbrechen, ohne das Holz zu beschädigen. Bei einem echten Dorn, wie ihn etwa Weißdorn und Schlehe tragen, geht das nicht. Übrigens: Auch der „stachelige" Kaktus trägt Dornen, entstanden aus umgebildeten Blättern oder Seitensprossen.

Die ROSE von Jericho ist eine Rose.

Zuerst einmal: Es gibt mehrere Anwärter auf den Titel „Rose von Jericho". Beginnen wir mit der ausdauernden Art, die unter diesem Namen in Geschenklädchen, im Devotionalienhandel und auf Krämermärkten viel verkauft wird. Bei ihr liegt gleich ein Doppelfehler vor: Diese Pflanze ist weder Rose noch von Jericho. Vielmehr handelt es sich um einen Moosfarn mit dem wissenschaftlichen Namen *Selaginella lepidophylla*. (Nebenbei bemerkt ist auch die Bezeichnung Moosfarn irreführend, denn Moosfarne sind weder Moose noch Farne im herkömmlichen Sinn, sondern eine zu den Bärlappgewächsen gehörende Gruppe innerhalb der äußerst vielfältigen Farnpflanzen.) Und nun zu Jericho: Jeder Bibelfeste weiß, dass diese Stadt, eine der ältesten der Menschheit, im Heiligen Land liegt. Der Moosfarn stammt aber aus den Trockengebieten im Südwesten der Vereinigten Staaten und in Mexiko. Kaufen kann man diese „Rose von Jericho" als zusammengerollten Ball, der sich, kaum ins Wasser gelegt, rosettenartig entfaltet und ergrünt. Im natürlichen Lebensraum beendet der seltene Regen den Zustand latenten Lebens, der angeblich bis zu dreißig Jahre dauern kann. Ist das Wasser verbraucht, rollt sich die Pflanze wieder zusammen und wartet auf den nächsten Guss. Allerdings ist das wasserabhängige Auf und Zu noch kein sicheres Lebenszeichen. Es funktioniert auch noch, wenn die Pflanze längst abgestorben ist.

Mit etwas mehr Recht kann sich der Kreuzblütler *Anastatica hierochuntica* „Rose von Jericho" nennen. Auch hier: keine Rose. Aber wenigstens stimmt die Geografie, denn die Art wächst in der Trockenzone Nordafrikas und des Nahen und Mittleren Ostens. Sie ist, anders als der amerikanische Konkurrent, einjährig, stirbt also nach der Fruchtreife ab. Ihre Zweige rollen sich dann zur Kugel, die vom Wind als „Steppenhexe" vor sich hergetrieben wird, wobei die Samen ausgestreut und damit verbreitet werden – so steht es jedenfalls in älteren Werken der Botanik, in den neuesten wird diese unkonventionelle Fortbewegungsweise der falschen Rose angezweifelt. Wie dem auch sei: Wird die Kugel feucht, entfaltet sie sich wieder, um sich bei erneuter Trockenheit wieder zum Ball einzukrümmen. In *Anastatica*, dem wissenschaftlichen Namen der Pflanze, steckt das griechische Wort Anastasis, zu deutsch Auferstehung. Damit wird

auf die beliebig häufig wiederholbare Auffaltung der ausgetrockne-
ten Pflanzenbälle angespielt, die in diesem Fall allerdings keine
echte Wiederbelebung ist, sondern lediglich auf physikalischen Pro-
zessen beruht. Trotzdem: Die „Auferstehungspflanze" passte zur
christlichen Symbolik und machte die Rose von Jericho als beliebtes
Pilger-Souvenir aus dem Heiligen Land populär.

Nur SÄUGETIERE
bekommen lebende Junge. Für Säugetiere ist

dies der normale Weg der Fortpflanzung. Die Jungen wachsen geschützt und mit allem Lebensnotwendigen versorgt im Mutterleib
heran und werden dann geboren. Wenn nur Säugetiere lebende Junge gebären, dann lautet der Umkehrschluss: Alle anderen Tiere tun
das nicht und sind Eierleger. Für Vögel gilt das tatsächlich ohne Einschränkung. Aber bei den übrigen Wirbeltieren gibt es zahlreiche
Ausnahmen von diesem Prinzip. „Regelwidrig" sind sie lebend gebärend!
Um das zu verstehen, kommt man ohne ein paar Fachwörter nicht
aus. Werden die Eier erst kurz vor dem Schlüpfen gelegt und
ernähren sich die Embryonen bis dahin ausschließlich vom Dottervorrat im Ei, bezeichnet man das als Ovoviviparie (von ovum = das Ei
und vivipar = „lebendige" Junge gebärend). Zahlreiche Haie und
manche Fische pflanzen sich auf diese Art fort, darunter auch der al-
tertümliche Quastenflosser *Latimeria*, ein lebendes Fossil. Der einheimische Feuersalamander bewahrt seine Eier zehn Monate im
Körper auf, bevor die Larven schlüpfen und kurz darauf in einer ge-
eigneten Wasserstelle, meist einer kleinen Quelle, geboren werden.
Bei der Blindschleiche zerreißen die Jungtiere ihre dünnen Eihäute
unmittelbar nach der Geburt.

Werden die Embryonen im Mutterleib nicht nur aufbewahrt, sondern auch versorgt, spricht man von Viviparie, also lebendige Junge gebärend. Der Unterschied zur Ovoviviparie ist nach dieser Definition ganz klar. Leider ist die Realität aber sehr viel komplizierter und es gibt zahlreiche Übergänge zwischen beiden Methoden, Kinder zu bekommen.

Viviparie ist uns von Säugetieren vertraut: Bei den meisten werden die Embryonen über ein eigens gebildetes Nährorgan, die Plazenta, versorgt. Weitgehend unbekannt ist, dass es auch einige Nicht-Säugetiere gibt, die sich solcher oder ähnlicher Methoden bedienen. Bei manchen Haien werden die Embryonen mit unreifen Eiern oder milchartigen Uterussekreten ernährt. Besonders spektakulär sind die Verhältnisse beim Sandhai: Wenn die Nährstoffe des eigenen Dottersacks verbraucht sind, fressen die Jungen zunächst andere Eier, dann aber beginnen sie, einander nachzustellen. Nach knapp einem Jahr Tragzeit sind nur noch zwei Junge (jedes in einem Uterus) übrig. Mit einem Meter haben sie bei der Geburt schon ein Drittel der Länge ihrer Eltern. Bei *Mustelus laevis*, dem „Glatthai des Aristoteles", der so heißt, weil schon der geniale Wissenschaftler der griechischen Antike ihn untersucht und seine spezielle Art der Fortpflanzung beschrieben hat, entsteht wie bei einigen anderen Hai-Arten durch den Kontakt von embryonalem und mütterlichem Gewebe eine echte Plazenta, die den Stoffaustausch zwischen Mutter und Kind übernimmt. Der kleine Hai ist mit dieser Plazenta durch eine Nabelschnur verbunden. Bei Amphibien gibt es ebenfalls einige wenige vivipare Arten. Das bekannteste Beispiel ist der Alpensalamander, der nach drei- bis vierjähriger Tragzeit keine Larven, sondern fertige Jungtiere zur Welt bringt. Häufiger lebend gebärend sind Reptilien. Auch hier werden Embryonen zum Teil über eine Plazenta ernährt.

Insgesamt also statt einfacher Verhältnisse zahlreiche Ausnahmen und Besonderheiten. Noch verwirrender wäre es, wenn wir auch die zahllosen Formen von lebend gebärenden Wirbellosen hier würdigen wollten. Aber das würde diesen kleinen Überblick vollends sprengen. Auf jeden Fall bleibt festzuhalten: So einmalig ist die Methode der Säugetiere gar nicht.

SÄUGETIERE legen keine Eier.

Die Zoologen des British Museum of Natural History in London staunten nicht schlecht, als sie im Jahr 1798 unter einigen aus dem jüngst entdeckten Australien gelieferten Tieren eines mit Fell und Schnabel entdeckten. Das Fell machte es unzweifelhaft zum Säugetier, wozu der merkwürdige Schnabel aber ganz und gar nicht passte. Eine Fälschung also, ein von kundiger Hand mit heißer Nadel zusammengeflickter Wechselbalg? Doch bei näherer Untersuchung wurde schnell deutlich, dass hier kein Wolpertinger vorlag. Kaum hatte man sich mit der Existenz eines flossenfüßigen geschnäbelten Säugers abgefunden, kam es noch dicker: Das Schnabeltier bringt keine lebenden Jungen zur Welt, sondern legt Eier. Brütend wärmt das Weibchen in seiner an einem Flussufer mündenden Erdhöhle die beiden Eier sieben bis vierzehn Tage lang, ehe die nur 25 Millimeter großen Jungen die Schale mit Hilfe ihres Eizahns öffnen. Dann aber erweisen sich die Schnabeltiere als echte Säugetiere. Ihre Babynahrung ist Milch, die bei Schnabeltieren nicht in Zitzen, sondern in einem Milchdrüsenfeld flächig austritt – ganz praktisch, denn so lässt sie sich auch mit einem Schnabel aufnehmen.

Auch die Schnabeligel Australiens und Neuguineas, die nächsten Verwandten des Schnabeltiers, legen Eier. Sie tragen ihr einziges Ei in einer Felltasche am Bauch mit sich herum. Dort bleibt auch das zunächst nur fünfzehn Millimeter große Junge, bis es nach sechs bis acht Wochen zu groß und zu stachelig wird.

Die Erklärung? Säugetiere stammen, wie zahlreiche Fossilien belegen, von Reptilien ab. Und Reptilien legen Eier. „Die Natur macht keine Sprünge" lautet eine alte Erkenntnis der Evolutionsbiologen. Das heißt: Vom Reptil zum Säuger war der Weg weit und der Umbau erfolgte schrittchenweise. Und irgendwann, nachdem Fell, Säugen und zahlreiche andere Säugermerkmale schon „erfunden" waren, nicht aber die Geburt lebender Kinder, klinkten sich die Vorfahren der Schnabeltiere und -igel aus dem „mainstream" der Säugerevolution aus und gingen ihre eigenen Wege. Nun präsentieren sie sich uns als seltsames und auf den ersten Blick äußerst verwirrendes Mosaik aus uralten Reptilienmerkmalen (wie dem Eierlegen), typischen Säugetiermerkmalen (wie dem Fell) und eigenen, nur bei ihnen vorkommenden neuen Merkmalen (wie dem Schnabel).

SÄUGETIERE sind den Sauriern überlegen und haben sich deshalb in der

Evolution durchgesetzt. 150 Millionen Jahre lang beherrschten die Saurier die Erde, bis vor 65 Millionen Jahre das ziemlich plötzliche Ende kam. Vermutlich war es ein Meteorit, der die Lebensverhältnisse auf unserem Planeten mit einem Schlag so umkrempelte, dass die Dinosaurier (und mit ihnen viele andere Tier- und Pflanzengruppen) ausstarben (siehe Seite 61). Die kleinen und wenig spezialisierten Säugetiere haben die Katastrophe überlebt, ohne die sie nicht geworden wären, was sie nun sind: die ökologisch dominierende Wirbeltiergruppe des Festlands. Wären sie den Sauriern wirklich grundsätzlich überlegen gewesen, hätten sie schon vorher lange Zeit gehabt, dies zu beweisen. Schließlich sind die ersten Säugetiere ziemlich gleichzeitig mit den frühesten Dinosauriern vor über zwei-hundert Millionen Jahren entstanden. Also: Wir Säugetiere haben keinen Grund, uns überlegen zu fühlen. Und angesichts der gerade mal fünf Millionen Jahre, die vergangen sind, seit sich unsere eige-nen noch sehr affenähnlichen Vorfahren auf zwei Beine stellten, sollte man sich mal überlegen, ob das Schimpfwort „Dinosaurier" für den unflexiblen Chef nicht eher ein Kompliment ist.

Alle SÄUGETIERE können schwimmen.

Diesem Irrtum unterliegt natürlich niemand, der den Menschen zu den Säugern zählt, wie sich das vom biologischen Standpunkt aus eigentlich gehört. Jeder weiß, dass Menschen jämmerlich ertrinken, wenn sie das Schwim-men nicht mühevoll erlernen. Auch an dieser Stelle erweist sich übrigens die überaus nahe Verwandtschaft des Menschen und der Menschenaffen. Orangs, Schimpansen, Bonobos und Gorillas sind neben uns wohl die einzigen geborenen Nichtschwimmer unter den Säugetieren. Mancher Gorilla ist im seichten Wasser eines Wasser-grabens im Zoo schon ertrunken, unfähig, sich zu retten, was oft durchaus möglich gewesen wäre.

Der Nichtschwimmer-Status von Mensch und Menschenaffen ist äußerst ungewöhnlich. Unter den Nicht-Menschenaffen scheint es keinen einzigen solchen Nichtschwimmer zu geben. Manche Arten stürzen sich sogar hemmungslos ins Wasser, wie die Nasenaffen der im Wasser wurzelnden Mangrovenwälder Borneos. Dort bleibt ein ge-legentlicher Absturz nicht aus, der fast immer im Wasser endet. Klei-ne Flüsse werden auch freiwillig schwimmend überquert. Auf der Nachbarinsel Java schwimmen und tauchen die Javaneraffen nach Krebsen und Muscheln. Auch die weitere Verwandtschaft hält es nicht anders mit dem feuchten Element. Wir gehen davon aus, dass sich, von der erwähnten Ausnahme abgesehen, alle Säugetiere erfolgreich über Wasser halten können, selbst solche, die unter natürlichen Umständen ihr ganzes Leben lang weder Fluss noch See sehen.

Unter den SÄUGE-TIEREn und Vögeln gibt es keine giftigen Arten.

Verteidigung oder Nahrungserwerb mit Hilfe von Gift ist im Tierreich gang und gäbe. Oft ist der Gifteinsatz so häufig und so effektiv, dass das Image ganzer Tiergruppen davon geprägt wird. Als Gifttiere schlechthin gelten zum Beispiel Schlangen (obwohl es unter ihnen viele harmlose gibt), Amphibien und Spinnen. Auch unter den Fischen finden sich zahlreiche hoch giftige Arten wie den Steinfisch oder den Rotfeuerfisch, die regelmäßig an Unfällen mit sehr unliebsamen Folgen beteiligt sind. Aber Säugetiere oder Vögel? Tatsächlich gibt es unter ihnen nur ganz wenige Gifttiere. Ausgerechnet eines der ursprünglichsten Säugetiere, das ostaustralische Schnabeltier, gehört dazu. Am hinteren Fußgelenk tragen die Männchen einen mehrere Zentimeter langen hohlen Sporn aus Horn, auf dem eine im Oberschenkel sitzende Giftdrüse mündet. Dieser soll hauptsächlich bei Rivalenkämpfen eingesetzt werden. Jedenfalls neigen die sonst sehr toleranten Schnabeltiermänner während der Fortpflanzungszeit dazu, ihr Revier unter Sporneinsatz gegen andere Männchen zu verteidigen. Einige Verletzungen von Menschen zeigten, dass mit dem Schnabeltier-Gift durchaus nicht zu spaßen ist. (Die nahe verwandten Schnabeligel haben ebenfalls einen solchen Sporn, allerdings ohne Giftdrüse.) Giftigen Speichel haben einige Spitzmaus-Arten, unter ihnen die heimische Wasserspitzmaus. Ihre Kieferdrüse liefert ein Sekret, das ein Nervengift enthält. Wenige Zehntel Milligramm des Drüsengewebes genügen, eine zwanzig Gramm schwere Wühlmaus umzubringen, wenn man es ihr injiziert. Mit Wasserspitzmaus-Bisswunden ist also nicht zu spaßen. Dritter im Bunde der Giftsäugetiere ist der gut rattengroße Dominikanische Schlitzrüssler, als Insektenfresser ein Verwandter der Spitzmäuse. Auch hier ist es die Unterkieferdrüse, die giftigen Speichel produziert. Die zweiten unteren Schneidezähne des Schlitzrüsslers sind tief gefurcht. Durch diese Kanäle gelangt das Gift zielsicher in die gebissene Beute.

Dass es auch giftige Vögel gibt, wurde der Wissenschaft erst 1989 bekannt, als ein amerikanischer Biologe in Neuguinea von einem Vogel gekratzt wurde, seine verletzten Finger in den Mund steckte und daraufhin ein Taubheitsgefühl (und leichte Panik) bekam. Federn und Haut von fünf übel riechenden Arten der Gattung *Pitohui* enthalten Homobatrachotoxin, ein Nervengift, das auch von südamerikanischen Pfeilgiftfröschen bekannt ist.

SCHIMMELPFERDE
sind Albinos. Wären sie welche, hätten sie rote Augen,

denn einem Albino fehlen sämtliche Farbstoffe, auch die der Iris. Dass Schimmel nicht grundsätzlich an Pigmentmangel leiden, zeigen ihre Fohlen ganz deutlich: Sie sind schwarz und erbleichen erst im Lauf der Zeit. Schimmel sind also schlichtweg weiße Pferde.

SCHIMMELPILZE
sind äußerst ungesund und verursachen Krebs.

Hier wird wieder mal das Kind mit dem Bade ausgeschüttet. Ja, es gibt Schimmelpilze, die des Teufels sind. Manche *Aspergillus*-Arten bilden Aflatoxine, die Krebs verursachen können. Sie können damit unsachgemäß gelagertes Getreide verseuchen. Das die Nieren schädigende und ebenfalls unter Krebserregungsverdacht stehende Ochratoxin wurde in schlecht behandeltem Kaffee gefunden. Auch angeschimmelte Walnüsse sollte man lieber wegwerfen. Andererseits haben Schimmelpilze auch Millionen von Menschenleben gerettet. Dem Schimmelpilz *Penicillium* verdanken wir das erste Antibiotikum, nach ihm Penicillin genannt. Und welcher Käse-Liebhaber möchte schon Camembert und Roquefort missen, hergestellt mit Hilfe anderer *Penicillium*-Arten, die sich dafür prompt mit dem Titel „Edelschimmel" schmücken dürfen?

Die SCHLANGE hört die Flötentöne des Schlangenbeschwörers.

Wenn sich die Schlange vor ihrem „Beschwörer" aufrichtet und hin und her bewegt, hat das nichts mit der Faszination der Musik zu tun. Schlangen sind nämlich vermutlich stocktaub. Weder eine Ohröffnung ist vorhanden noch ein Trommelfell oder eine Paukenhöhle. Dafür können Schlangen feinste Erschütterungen des Bodens wahrnehmen. Vielleicht dadurch, dass niederfrequente Schallwellen vom Untergrund über den Unterkiefer auf das durchaus funk-

tionsfähige Innenohr übertragen werden – eine sehr eigenartige Form des „Hörens". Außerdem sehen sie meist gut. Die Kobra des Schlangenbeschwörers richtet sich auf, weil sie das immer tut, wenn sie gestört oder erregt ist und sie folgt seinen wiegenden Bewegungen und dem Kreisen seiner Flöte mit ihrem eigenen Körper, um die mögliche Gefahr im Auge zu behalten.

SCHLANGEn drohen durch ihr Züngeln.

Für Schlangen besteht die Welt nicht nur aus Formen und Farben, sondern vor allem aus Düften. Chemische Reize (wozu ja auch die Düfte zählen) nimmt die Schlange weniger über die Nase als über das Jacobsonsche Organ wahr, zwei Sinnesgruben im Gaumen. Das ist der Grund fürs ständige Züngeln. In der feuchten Zungenschleimhaut lösen sich Duftstoffe. Die gespaltene Zunge wird abwechselnd herausgestreckt und eingezogen und dabei in die beiden Teile des Jacobsonschen Organs eingefädelt. Liegt die tote Maus eher links oder rechts? Die verschiedene Konzentration von „Tote-Maus-Geruch" auf den beiden Zungenspitzen gibt die Antwort. Züngeln bedeutet also nicht Drohen, sondern Umweltwahrnehmung. Und ganz nebenbei entpuppt sich auch die gespaltene Zunge, Sinnbild für die sprichwörtliche „Falschheit" der Schlangen (ihre Doppelzüngigkeit eben), als äußerst praktische Einrichtung.

SCHLANGEn hypnotisieren ihre Opfer.

Angesichts einer tödlichen Gefahr sitzen nicht nur Kaninchen vor der sich nähernden Schlange da wie ausgestopft, scheinbar hypnotisiert auf das sichere Ende wartend, statt sich zu wehren oder ihr Heil in der Flucht zu suchen. Auch Menschen können in lebensbedrohlichen Situationen – nicht nur angesichts einer Schlange – vor Schreck erstarren, unfähig sich zu regen oder auch nur zu schreien. Die Angststarre hat also nichts mit der Schlange als solcher zu tun, sondern mit der plötzlichen Konfrontation mit großer Gefahr. Manchmal

hilft sie sogar. Schlangen stoßen nämlich oft erst in dem Augenblick blitzschnell zu, in dem sich ihr Opfer regt. Wer sich nicht bewegt, hat vielleicht noch eine kleine Chance.

Allen **SCHLANGEn** fehlen die Beine. Das stimmt im Prinzip. Ein Schlangenskelett besteht aus dem Schädel, einer endlosen Wirbelsäule und Rippen. Ein rudimentäres Becken und sogar von außen sichtbare Gliedmaßen-Stummel haben lediglich die besonders ursprünglichen Rollschlangen und die Riesenschlangen. Die winzigen Beinchen haben keine Funktion, sind aber wenigstens eine kleine Erinnerung daran, dass die Schlangen von vierbeinigen Reptilien-Vorfahren abstammen.

SCHLANGEn sind glitschig und kalt. Glatt und glänzend sind viele Schlangen, nicht aber feucht und schleimig. Glitschig ist die drüsenreiche Haut der Amphibien (zum Beispiel von Fröschen, Molchen

und Salamandern), während die Reptilien, zu denen außer den Schlangen noch die Krokodile, die Schildkröten und die Echsen gehören, ein trockenes Schuppenkleid tragen. Schlangen sind auch nicht immer kalt. Wie bei allen wechselwarmen Tieren entspricht ihre Körpertemperatur normalerweise der der Umgebung. Der Trick der Schlange, um schnell auf „Betriebstemperatur" zu kommen: ein Sonnenbad – und schon fühlt sich die Schlange angenehm warm an.

Alle SCHLANGEn sind giftig.

Lassen wir die trockene Statistik sprechen: Bisher sind etwa 2 800 Schlangen-Arten bekannt, von denen nur etwa 480 einen wirksamen Giftapparat haben. Dazu gehört neben dem Gift selbst, das in Drüsen produziert wird, eine Injektionskanüle. Die Giftspritze besteht meist aus einem gefurchten oder röhrenförmig hohlen Giftzahn, über den das Gift wirkungsvoll eingesetzt werden kann. Manche eigentlich als ungiftig geltende Schlange hat durchaus giftigen Speichel, aber keine Möglichkeit, ihn gezielt zu injizieren. Übrigens ist Schlangengift nicht gleich Schlangengift. Manche wirken als Nervengifte, manche als Blutgifte. Viele Gifte haben sich bei genauerer Untersuchung überdies als komplizierte Wirkstoff-Cocktails erwiesen.

Kaum Angst haben muss man in einheimischen Gefilden. Die wenigen Schlangen-Arten, die in Mitteleuropa vorkommen, sind überwiegend harmlos. Lediglich die seltene Kreuzotter kann gefährlich werden. Wie schlimm ein Kreuzotterbiss wirkt, hängt davon ab, ob sie nur eine oder beide Giftdrüsen entleert, ob sie kurz zuvor vielleicht Beute gemacht hat und die Gifttanks deshalb halb leer sind und ob sie ihr Gift direkt in eine größere Ader oder nur ins Gewebe spritzt. Außerdem spielt die Konstitution des gebissenen Menschen eine entscheidende Rolle. Während manche schon bei dem Gedanken an einen Schlangenbiss in Ohnmacht fallen, lässt er andere ziemlich kalt. Auch allergische Reaktionen müssen bedacht werden. Schließlich wissen wir, dass für Allergiker schon ein Bienenstich lebensbedrohend sein kann. So wundert es nicht, dass manche Gebissene den Otterbiss mit dem schmerzhaften, aber nicht weiter gefährlichen Stich einer Wespe oder Hornisse vergleichen, während andere schwerer leiden. Der letzte der Kreuzotter angelastete Todesfall in Deutschland ereignete sich im Jahr 1959. Etwas mehr Vorsicht ist in Südeuropa angebracht. Hier gibt es weitere fünf giftige Viper-Arten.

Ob eine Schlange giftig oder ungiftig ist, sieht man ihr nicht so ohne weiteres an. Genaue Artenkenntnis ist gefragt. Manche harmlose tropische Schlange legt es sogar darauf an, mit einer ihrer giftigen Verwandten verwechselt zu werden. Gleicht ein solcher harmloser Nachahmer dem giftigen Vorbild in Färbung oder Verhalten, trägt das zu seinem eigenen Schutz bei – eine im Tierreich weit verbreitete, als Mimikry bekannte Mogelei.

Mungos und Igel sind immun gegen SCHLANGENGIFT.

Die indischen Mungos schrecken vor Schlangen nicht zurück. Die kleinen Raubtiere betrachten selbst Giftschlangen einfach als Nahrung. Wer Auseinandersetzungen zwischen Mungo und Schlange verfolgt, bei denen sich der Mungo immer wieder vorsichtig nähert und von der blitzschnell zubeißenden Schlange genauso oft zurückgetrieben wird, bis diese schließlich ermüdet und mit einem Nackenbiss ins Jenseits befördert wird, glaubt gerne, dass Schlangengift den Mungos überhaupt nichts anhaben kann. Ganz so ist es nicht.

Zwar sind Mungos tatsächlich unempfindlicher als Menschen. Obwohl sie nur fünf Kilogramm wiegen, verkraften sie die vierfache Dosis, die einen Menschen umbringen würde. Der Rest aber ist gewiefte Taktik. Dabei wird die Schlange zu Angriffen provoziert, die vor dem zurückzuckendem Mungo ins Leere gehen. Viele Bisse landen auch im dichten Fell, die Angriffe verpuffen wirkungslos. Dabei entleeren sich die Vorratsbehälter der Giftdrüsen allmählich, sodass später selbst ein erfolgreicher Biss kaum mehr Wirkung zeigt.

Ganz ähnlich gehen unsere einheimischen Igel vor, wenn sie einer Schlange begegnen. Auch hier beißt die vorschnellende Schlange meist ins gesträubte Stachelkleid und wird zur Strecke gebracht, sobald sie erschöpft ist.

SCHMETTERLINGE
saugen nur Blütennektar. Wer in Afrika viele
bunte Schmetterlinge auf engem Raum beobachten will, sollte sich
an eine Tränke begeben. Nicht weil hier Schmetterlinge neben Elefanten ihre Rüssel ins Wasser halten, sondern weil sich ganze Fal-
terwolken auf dem Urin der großen Säuger sammeln. Wo Mineral-
salze knapp sind, muss man sehen, wie man dazu kommt. Auch bei
uns sieht man Schmetterlinge nicht selten auf Hunde- oder Vogel-
kot oder sogar auf Aas. Wenn schwitzende Menschen angeflogen
werden, haben die Falter es ebenfalls auf Salze abgesehen. Nektar
nämlich besteht fast nur aus einer wässrigen Zuckerlösung und
kann deshalb nicht alle Bedürfnisse befriedigen.

SCHMETTERLINGS-BLÜTLER werden von Schmetter-lingen besucht. Wie der Name schon sagt: Die Blüte
selbst ist der „Schmetterling". Das oberste Blütenblatt ist stark ver-
größert, die beiden seitlichen stehen ab wie Flügel (und werden auch
so genannt) und die beiden unteren sind kielförmig miteinander verbunden – fertig ist der Schmetterling! Zu den Schmetterlingsblütlern
gehören zum Beispiel Klee, Wicke, Lupine, Ginster und Robinie.
Letztere liefert den Akazienhonig und gibt damit einen Hinweis darauf, dass es vor allem die Honigbienen und ihre überaus artenreiche
wilde Verwandtschaft sind, die Schmetterlingsblüten besuchen.
Blüten, die überwiegend von Schmetterlingen genutzt werden, gibt
es auch; sie werden „Falterblumen" genannt. Beispiele sind zahlreiche Nelken-Arten oder der in vielen Gärten angepflanzte und an
Bahndämmen verwilderte Sommerflieder, der seinen Zweitnamen
„Schmetterlingsstrauch" zu Recht trägt.

SCHNAKEn stechen.

Was landläufig als Schnake bezeichnet wird, die berühmt-berüchtig-te Rheinschnake zum Beispiel, läuft bei den Zoologen als Stechmücke. Die eigentlichen Schnaken sind harmlos und können nicht stechen. Wer eine echte Schnake sehen will, muss nur an lau-en Abenden das Licht brennen und die Fenster offen lassen. Schon tanzen die großen Zweiflügler mit den schmalen, manchmal apart gefärbten Flügeln und den endlos langen, dünnen Beinen um die Lichtquelle. Blut interessiert sie, wie gesagt, nicht; Wasser und Nek-tar genügen. Weniger ätherisch als die Schnaken selbst sind ihre im Boden lebenden Larven, deren Hinterende ein grimmiges Gesicht vortäuscht („Teufelsfratze").

SCHNECKEn erkennt man am Schneckenhäuschen.

Dass nicht alle Schnecken ein Häuschen haben, weiß zumindest jeder Gärtner, zu dessen größten Feinden die Nacktschnecken gehören, die sich mit erbarmungslos gründlicher Gefräßigkeit über seine Setzlinge her-machen. Bei ihnen ist die Schale ins Innere verlagert und weitge-hend zurückgebildet oder sogar vollständig verschwunden. Kein Problem für Zoologen, denn Rückbildungen von Organen sind in der Biologie an der Tagesordnung.

Viel verwirrender als die Nacktschnecken war die Entdeckung von Schnecken mit zweiklappigen Schalen. Solche sind eigentlich ty-pisch für Muscheln und ein gutes Merkmal, um Schnecken und Mu-scheln zu unterscheiden (siehe Seite 218). Und so wundert es nicht, dass auch diese Schalen zunächst zu den Muscheln gerechnet wur-den, bis im Jahr 1959 das erste lebende Tier gefunden wurde – und siehe da, es war eine Schnecke, die mit den „Muschelschalen" ein-

herkroch. Eine genauere Analyse ihrer
Jugendentwicklung offenbarte, dass
die linke Seite das eigentliche
Schneckenhaus trägt, während
die rechte Schale zusätzlich hergestellt wird. Ein Schloss, mit der
die beiden Hälften verzahnt sind,
wie das bei Muscheln der Fall zu sein
pflegt, fehlt aber. Wer solche Schnecken
im Süßwasser treffen will, muss nach Japan

fahren. Im Meer sind sie in warmen Gewässern weiter verbreitet,
aber sehr schwer zu finden, weil sie wegen ihrer hervorragenden
Tarnfarbe auf den Algen, von denen sie sich ernähren, kaum zu erkennen sind. Vielleicht ist das der Grund dafür, dass diese kuriosen
Schnecken bis heute noch keinen ordentlichen deutschen Namen
haben, sondern nur unter den klingenden Bezeichnungen *Betheli-
nia*, *Midorigai* oder – noch schöner – *Julia* in den Zoologiebüchern
zu finden sind.

Was SCHNECKEn fres-
sen, ist ungiftig für den Menschen. Spä-
testens wenn man die großen Löcher bewundert, die Schnecken in
einen Fliegenpilz gefressen haben, sollte man stutzig werden: An
dieser Regel kann offensichtlich etwas nicht stimmen. Schließlich
laufen nicht alle Stoffwechselvorgänge in allen Tieren völlig identisch ab. Deshalb wirken auch nicht alle Gifte auf alle gleich. So findet selbst die Tollkirsche ihre Liebhaber unter den Tieren, ohne sie
gleich umzubringen. Viele Gifte wurden von Pflanzen als Fraß-
schutz entwickelt; andererseits haben einzelne Tier-Arten später oft

wieder Tricks entwickelt, diesen Schutz auszuhebeln – eine Art
natürliches Wettrüsten. Wer herausfinden will, ob eine Pflanze oder
ein Pilz für uns Menschen genießbar ist, sollte sich also auf keinen
Fall auf Vorkoster wie die Schnecken verlassen.

SCHNECKENHÄUSER sind immer gleich gewunden.

Bevor man über links- oder rechtsgewundene Schneckenhäuschen
diskutiert, sollte man sich auf eine Betrachtungsrichtung einigen.
Schneckenforscher begucken sich zur Festlegung der Windungsrichtung
die Schale von oben. Wer das tut, stellt schnell fest, dass die
meisten Schneckenhäuser im Uhrzeigersinn drehen, also rechtsgewunden
sind. Ausnahmen sind zum Beispiel die Schließmundschnecken,
eine artenreiche Gruppe, deren Häuschen hohen, schmalen,
eng gewendelten Türmchen gleichen. Aber auch unter den normalen
Rechtswindern gibt es immer mal wieder spiegelbildliche
Ausnahmen. Als „Schneckenkönig" waren solche Häuschen früher
sehr begehrt. Erst im Jahr 1670 sei der erste Schneckenkönig unter
den Weinbergschnecken – in unseren Breiten *die* Schnecke schlechthin
– gefunden worden, schreibt ein Pastor Chemnitz aus Kopenhagen
im Jahr 1786 in einem Fachblatt und fährt fort: „Man hält sie für
außerordentliche Seltenheiten und glaubt, ihr Besitz sei den Juwelen
gleich zu achten und erhöhe am meisten den Werth und Vorzug eines
Conchyliencabinettes." (Conchylien sind Schalen von Schnecken
und Muscheln, die sich schon damals einer hohen Beliebtheit als
Sammelobjekte erfreuten.) Chemnitz hielt die Linkswinder für eine
andere Art und bemühte sich, sie zu züchten. Er erhielt aber nur
rechtsdrehende Nachkommen, ebenso wie alle anderen, die später
ähnliche Versuche anstellten. Damit dürfte klar sein, dass Schne-

ckenkönige keine Folge von Erbgutveränderungen sind, sondern auf Störungen während der individuellen Entwicklung zurückgehen.

SCHWALBENNES-TER kann man essen. Wer in das Nest einer
Schwalbe beißt, hat den Mund voller Erde. Es ist nämlich überwiegend aus Lehm gebaut. Die berühmten essbaren „Schwalben"-Nester werden nicht von Schwalben, sondern von einigen südostasiatischen Segler-Arten, den Salanganen, produziert. Ähnliche Anpassungen an ein Leben, das in rasantem Flug vergeht, führen immer wieder zur Verwechslung der beiden nicht näher verwandten Vogelgruppen (siehe Seite 202). Zu Beginn der Brutzeit schwellen den Salanganen die Speicheldrüsen. Aus dem zähen Schleim, der an der Luft schnell erhärtet, werden kleine, flache Näpfe geformt. Salanganen brüten meist in dichten Kolonien an Felsen, oft in Höhlen. Hier werden die Nester seit alters regelrecht geerntet, wobei frische weiße Näpfe einen höheren Preis erzielen als schon länger bewohnte oder solche, in die der Vogel auch Federn oder Pflanzenteile mit eingebaut hat.

SCHWÄMME sind Pflanzen. Schwammerln sind Pilze, wenn nicht alle, so doch
die essbaren. Außerhalb Bayerns werden nur einige Baumpilze als Schwämme bezeichnet, der Zunderschwamm etwa (siehe Seite 379). So oder so: Pilze sind keine Pflanzen. Und die eigentlichen Schwämme sind weder Pilze noch Pflanzen. Sie gehören zu den Tieren, auch wenn sie weder echte Muskeln noch Nerven, weder Fortbewegungs- noch Sinnesorgane haben. Vielen Arten fehlt auch eine klar definierte Form. Ihre Zellen aber lassen sich sicher als Tierzel-

len erkennen und auch die Ernährung läuft nicht wie bei Pflanzen über Fotosynthese, sondern über die Aufnahme von Plankton. Seine Form erhält der Schwamm durch sein Skelett. Das kann aus Kieselsäure, Kalk oder – beim Badeschwamm zum Beispiel – aus Spongin, einer hornähnlichen Substanz, bestehen. Die einzelnen Zellen eines Schwammes sind frei beweglich und bilden nur an der Oberfläche ein echtes Gewebe. Sie sind wenig spezialisiert. Deshalb ist selbst ein durchs Sieb passierter Schwamm in der Lage, sich wieder zum Schwamm zusammenzufinden. Der ganze Schwamm wird von einem Kanalsystem durchzogen, in dem Zellen durch Geißelschläge für einen steten Wasserstrom sorgen, aus dem sie Nahrung filtern. Als lebende Filter haben Schwämme eine große Bedeutung bei der biologischen Gewässerreinigung. Durch einen Badeschwamm, der lediglich einen Liter Wasser fasst, strömen stündlich 250 Liter. Ihre größte Vielfalt erreichen Schwämme im Meer. Hier leben die meisten der 5000 Arten. Oft überziehen sie in einem unglaublich bunten Mosaik ganze Felsen.

SCHWÄNE können singen.

Es gibt ihn tatsächlich, den Singschwan. Er brütet in der nordischen Tundra und in den Wäldern der Taiga. Bei uns ist er nur im Winter zu sehen. Die laut trompetenden Rufe fliegender Singschwäne verschmelzen zu einer wohltönenden Melodie, wenn ein ganzer Trupp vorüberzieht. Von unserem heimischen Höckerschwan unterscheidet man den nordischen Sänger am bes-

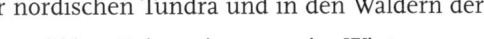

ten am Schnabel, der bei letzterem gelb mit schwarzer Spitze ist. Der Höckerschwan hat einen roten Schnabel mit schwarzem Stirnknubbel. Von ihm hört man meist nur ein paar leise schnarchende und zischende Laute, wenn man seinem Nest am Teich im Park zu nahe kommt. Musik macht der Höckerschwan auf andere Weise. Sein laut pfeifend-sausender Fluglärm ist auf große Entfernung zu hören, während der Singschwan ein Flüsterflieger ist. Bleibt noch zu klären, was es mit dem sprichwörtlichen Schwanengesang auf sich hat. Ihn stimme der Schwan jubelnd an, wenn es ans Sterben gehe, meinte Plato vor 2300 Jahren. Schließlich öffne der Tod die Tür zu einem neuen, besseren Leben bei den Göttern. Noch in der Antike wurde die Legende auf den Menschen übertragen. Sein Schwanengesang: eine letzte bedeutende Rede vor dem jähen Tod, kluge Worte für die Nachwelt.

SCHWEINe
sind „Dreckschweine". Zugegeben, ein bisschen
streng riechen Schweine schon, besonders die Eber oder Keiler. Aber Gerüche bergen für viele Säugetiere wichtige Informationen. Was uns Menschen unangenehm in die Nase steigt, kann bei denen, die es eigentlich angeht, allerliebste Empfindungen auslösen. Wie dem auch sei: Mit der Hygiene nehmen Schweine es ernst. Statt der Dusche ziehen sie allerdings die Suhle vor. Hier verpassen sie sich eine ordentliche Fangopackung, was weder Stechmücken und andere Pla-

gegeister noch die zahlreichen im Fell hausenden Parasiten wie Flöhe und Zecken mögen. Außerdem dient das Schlammbad der Kühlung. An heißen Sommertagen geht's den Sauen so wie den Schwimmbadfans unter den Menschen. Immer wieder werfen sie sich ins kühlende Nass. Dem Handtuch der menschlichen Wasserratte entspricht der meist harzverkrustete, traditionelle Malbaum, an dem sich das Schwein schubbert, um den mehr oder weniger angetrockneten Schlammpanzer wieder abzurubbeln.

Der bestialische Gestank vieler Schweineställe ist eine Folge viel zu intensiver und nicht artgerechter Haltung. Stellen Sie sich mal vor, man würde hunderte von Menschen ohne die Möglichkeit zu ausreichender Körperpflege auf ein paar Quadratmetern zusammenpferchen ...

SEEanemonen, -rosen und -nelken sind Pflanzen.

Meist lassen sich Pflanzen und Tiere ganz einfach an ihren Symmetrieverhältnissen unterscheiden. Tiere sind gewöhnlich bilateral symmetrisch, sie haben also eine linke und, spiegelbildlich dazu, eine rechte Seite. Pflanzen scheinen die radiäre Symmetrie zu bevorzugen. Eine Tulpen- oder Rosenblüte lässt sich an beliebiger Stelle schneiden und spiegeln. Dass es ganz so einfach nicht ist, wird spätestens beim Betrachten einer komplizierten Orchideenblüte klar, die ebenfalls nur eine einzige Schnittebene hat. Bei Löwenmäulchen, Klee oder Salbei ist es nicht anders. Viel seltener sind die Ausnahmen bei den Tieren. Und so ist es kein Wunder, dass viele radiär symmetrischen Tiere mit Pflanzennamen bedacht wurden, sei es nun die Seegurke (siehe Seite 293) aus der Verwandtschaft der Stachelhäuter oder die hier genannten Arten, bei denen die Pflanzenähnlichkeit noch dadurch verstärkt wird, dass sie festgewachsen sind, einen „Stiel" haben und eine „Blütenkrone". Für Nesseltiere ist das ein normaler Bauplan. Die Blütenkrone besteht aus mit giftigen Nesselkapseln bewaffneten Tentakeln, die Beute machen und sie zur zwischen ihnen liegenden Mundöffnung führen. Im Stiel liegt der Magen. Unverdauliches wird durch den Mund wieder ausgeschieden. Den Luxus der später gebräuchlich gewordenen Trennung von Mund und After gibt es bei den sehr ursprünglich gebauten und auf das Wesentliche beschränkten Nesseltieren noch nicht.

Der SEEBÄR ist mit den Bären verwandt.

Der Seebär: Vor unserem inneren Auge taucht ein muskelbepackter, wettergegerbter und sturmerprobter Fahrensmann auf. Zoologen verstehen unter einem Seebären allerdings nicht das maritime Gegenteil der wasserscheuen Landratte. Hinter dem Namen versteckt sich ein Tier. Wenn einer den Titel Seebär wirklich verdiente, dann der Eisbär, der einen großen Teil seines Lebens im nördlichen Packeisgürtel verbringt und

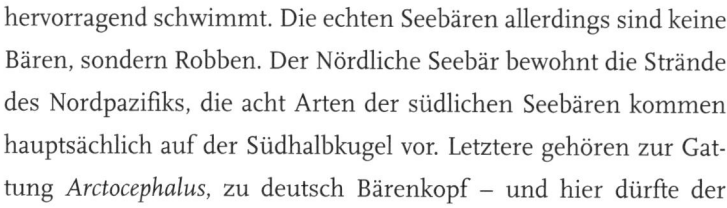

hervorragend schwimmt. Die echten Seebären allerdings sind keine Bären, sondern Robben. Der Nördliche Seebär bewohnt die Strände des Nordpazifiks, die acht Arten der südlichen Seebären kommen hauptsächlich auf der Südhalbkugel vor. Letztere gehören zur Gattung *Arctocephalus*, zu deutsch Bärenkopf – und hier dürfte der

Schlüssel zur Erklärung der Bezeichnung „Seebär" liegen. Tatsächlich haben die Seebären oder Pelzrobben einen dicken Kopf, eine kurze Schnauze, eine steile Stirn und (wie es sich für die Gruppe der Ohrenrobben gehört) kleine Ohrmuscheln. Damit gleichen sie entfernt einem Bären, mit dem sie natürlich nicht näher verwandt sind. Übrigens läuft ausgerechnet die größte Art, der bis 2,3 Meter lange Seebär Südafrikas, unter dem Namen Zwergseebär. Wie es dazu kam? Die Zoologen hatten bei der ersten Beschreibung ein Jungtier vor sich.

Der SEE-ELEFANT ist mit den Elefanten verwandt.

Elefanten gehen gerne baden und sie schwimmen auch erstaunlich gut. Aus Südostasien gibt es Berichte und sogar Unterwasserfotos eifrig strampelnder Elefanten, die auf diese Weise mehrere Kilometer vom Festland entfernte Inseln erreichen können. Hilfreich ist dabei der eingebaute Schnorchel, manchmal das einzige, was von dem schwimmenden Dickhäuter zu sehen ist. Trotzdem: See-Elefanten sind sie deshalb noch lange nicht. Selbige nämlich sind Riesenrobben.

Elefantös sind am echten See-Elefanten gleich zwei Dinge: Masse und Rüssel.

Erstens Größe und Masse: Mit einem Gewicht, das vier Tonnen erreichen kann, spielt diese mit bis zu vier oder gar fünf Metern Länge größte aller Robben-Arten in der gleichen Liga wie die grauen Landriesen. Diese Maße gelten für die Südlichen See-Elefanten, die ums Kap Hoorn und einige subantarktische Inselgruppen verbreitet sind. Der nahe verwandte Nördliche See-Elefant von der Westküste Nordamerikas bleibt etwas schlanker. Bei gleicher Länge bringen die Bullen nur etwa zweieinhalb Tonnen auf die Waage. Viel kleiner sind die Weibchen. Bei beiden Arten bleiben sie bei einer Länge von zwei bis drei Metern unter einer Tonne. Dieser deutliche Größenunterschied ist die Folge eines Paarungssystems, bei dem sich nur die stärksten Bullen einen Harem von meist etwa vierzig Weibchen erkämpfen können, während die schwächeren gewöhnlich ganz leer ausgehen. Zweitens Rüssel: Mit der meterlangen Elefantennase können die Riesenrobben nicht mithalten. Aber zur Paarungszeit können die Bullen ihre vergrößerten Nasen durch Atemluft und, so wird vermutet, einen örtlichen Blutstau zu einem gewaltigen, ziemlich unförmigen Kurzrüssel aufblasen. Hoch aufgerichtet, laut brüllend und mit vor Erregung geblähter Rüsselnase schlagen sich die Bullen mit ihren Eckzähnen tiefe und oft heftig blutende Wunden. Schließlich geht es um Sein oder Nichtsein – jedenfalls im übertragenen Sinne. Denn wenn die Kämpfe auch selten tödlich enden, so eröffnet erst ein Sieg im Kampf Paarungschancen und damit die Möglichkeit, das eigene Erbgut weiterzugeben. Masse und Rüssel: Viel mehr Gemeinsamkeiten haben die beiden grauen Riesen, die Robbe und der Elefant, nicht.

SEEGURKEn sind Wasserpflanzen.

Dass die riesigen dicken Würmern gleichenden Seegurken kein Fall für die Botaniker sind, ist ziemlich offensichtlich: Keine Wurzeln, keine Blätter, nicht grün. Ihre wahre Verwandtschaft sieht man der Seegurke oder Seewalze erst auf den zweiten Blick an. Mit Würmern haben die bis zu zwei Meter langen, meist ziemlich reglos am Meeresboden liegenden Tiere trotz einiger Ähnlichkeiten nichts zu tun. Ihre Vettern und Basen heißen Seestern und Seeigel; gemeinsam mit ihnen (und einigen anderen) bilden sie den Stamm der Stachelhäuter. Das stabile Skelett der Verwandtschaft lassen die Seegurken vermissen. Hier liegen nur zahlreiche winzige Kalkkörperchen unter der Haut. Die Fünfstrahligkeit der anderen Stachelhäuter, an vielen Seesternen am leichtesten zu sehen, zeigen aber auch sie. Die typischen Füßchen (siehe Seite 300) sind in fünf Längsreihen angeordnet. Mit ihnen kriechen die Seegurken im Schneckentempo. Mehr als ein Meter in der Viertelstunde ist nicht drin. Aber größere Geschwindigkeiten sind bei der bevorzugten Lebensweise als „Staubsauger" am Meeresboden auch gar nicht nötig.

SEEHASEn gibt es nicht.

Hinter diesem Namen verbirgt sich nicht die Strandversion des Skihasen, sondern ein Tier. Genau genommen sogar zwei. Denn Seehasen gibt es als Fisch und als Schnecke. Der Fisch ist aus zwei Gründen bemerkenswert. Seine Bauchflossen sind Teil einer erstaunlich kräftigen Saugscheibe, mit der er sich an Felsen festhält. Und er liefert Kaviar – falschen zwar, aber erschwinglichen, denn der echte Kaviar des Störs wird mit zunehmender Seltenheit des Lieferanten immer teurer. Die Schnecke kommt ebenfalls im Meer vor. Ihren Namen verdankt sie zwei lappigen Fortsätzen am Vorderende, die mit ein bisschen Fantasie an Hasenohren erinnern. Mehr haben die bis zu zweieinhalb Kilogramm schweren behäbigen Nacktschnecken mit den schnellen Läufern aber nicht gemein.

SEEKÜHE können sin-
gen. „Auf grasigen Auen neben Haufen von faulenden Men-
schenleibern, Knochen und schrumpfenden Häuten, mit tönenden
Liedern Zauber verbreitend" locken die Sirenen, schöne Meeres-
frauen, Seefahrer an Land, wo sie kläglich umkommen. Dies erzählt
der griechische Dichter Homer in seiner vor 2700 Jahren entstandenen Beschreibung der Irrfahrten des Odysseus. Schön und gut –
aber was hat das mit den Seekühen zu tun? Nun, die Seekühe, die
ihren Namen ihrer Lebensweise als Wei-
degänger in Algen- und Seegraswäl-
dern verdanken, haben noch einen zweiten Namen. Sirenen,
wissenschaftlich Sirenia, heißen sie, wie die verhängnisvollen Sängerinnen der Antike. An ihrem berücken-
den Gesang kann's nicht liegen. Mehr als ein schwaches
Quieken scheinen sie nicht hervorbringen zu können. Aufschlussrei-
cher sind vielleicht bildliche Darstellungen von Sirenen, die es von
der Antike bis in die Neuzeit zuhauf gibt. Schon bald wurden aus
den bei den alten Griechen ursprünglich mit einem Vogelunterleib
versehenen Fabelwesen Zwitter aus Mensch und Fisch, vorzugsweise blühende Frauen mit schwellenden Brüsten und einem Fischschwanz, die den arglosen Schiffer mit ihren weiblichen Reizen locken, um ihn ins Verderben zu ziehen. Auch hier fällt uns der Vergleich mit den nach landläufigen Maßstäben eher unattraktiven Seekühen schwer. Aber stellen wir uns vor: Wochenlang war das Schiff
auf hoher See, wochenlang weder Land noch Frau in Sicht. Es

herrscht Flaute. Man dümpelt in der Abenddämmerung. Plötzlich taucht in einiger Entfernung ein üppiger Körper aus dem Wasser, die Umrisse scheinen menschlich. Als das Wesen wenig später wieder abtaucht, lässt es einen breiten Fischschwanz erkennen und ist spurlos verschwunden. Wundert es da, dass die Fantasie ein bisschen mit den Seeleuten durchgeht? Seekühe stehen tatsächlich oft senkrecht im Wasser und beobachten mit herausragendem Oberkörper die Umgebung. Ihre Milchdrüsen, bei säugenden Weibchen deutlich angeschwollen, sitzen brustständig, die Vorderflossen, mit denen sie ihre Jungen Kindern gleich an sich drücken können, ähneln Armen. Nur dass sie singen können, ist echtes Seemannsgarn.

SEELILIEn sind unterseeische Blumen. Zarte, von langen, dünnen Stielen getragene Blütenkelche erscheinen unter der vorsichtigen Hand des Präparators auf der dunklen Schieferplatte. Später hängen die Seelilien, filigranen Blumen gleichend, im Museum, Zeugen einer längst vergangenen Welt zur Zeit des Jurameeres vor zweihundert Millionen Jahren. Noch heute leben ihre Verwandten in der Tiefsee, wenn auch die frühere Formenvielfalt und Größe nicht annähernd mehr erreicht wird. Immerhin gab es Seelilien mit 21 Meter langen Stielen und halbmeterlangen „Blütenblättern". Heutige Formen haben höchstens zwanzig Zentimeter lange Arme und viel kürzere Stiele. Sie sehen nicht nur sehr zer-

brechlich aus, sie sind es auch. Aufgewühlter See können sie nicht standhalten. Sie leben deshalb im stillen Wasser der Tiefsee. Oberhalb von einhundertfünfzig Meter Wassertiefe braucht man gar nicht nach ihnen zu suchen. Der Tiefenrekord liegt bei 8330 Metern. Natürlich sind es keine Blumen, die da am Meeresgrund blühen. Radiär symmetrische und deshalb an Pflanzen erinnernde Formen kennen wir bei den Tieren vor allem von den Hohltieren, zu denen die nicht zufällig als „Blumentiere" bezeichneten Korallen und Seeanemonen gehören, und von den Stachelhäutern – und Seelilien gehören zusammen mit Seesternen und Schlangensternen, Seeigeln und Seegurken zu diesem Tierstamm. Der „Blütenkelch" ist der Körper des Tiers, die „Blütenblätter" die als Planktonfilter arbeitenden Arme. Nächst verwandt sind die Haarsterne, die wie eine vom Stiel gelöste Krone einer Seelilie erscheinen und frei beweglich sind.

Die SEEMAUS ist eine Küsten bewohnende Maus.

Weder ist die Seemaus eine küstenbewohnende Maus noch ein kleiner Verwandter der Schiffsratte. Vielmehr handelt es sich hier um einen im Meer lebenden Ringelwurm, der bis zu zwanzig Zentimeter lang und sechs Zentimeter breit wird und räuberisch in weichen Böden unterwegs ist. Eine dich-

te Behaarung lässt den Namen Seemaus oder Filzwurm für dieses Tier plausibel erscheinen. Wissenschaftlich ist das Tier dagegen ausgerechnet nach der griechischen Schönheitsgöttin Aphrodite benannt. Nur wer den wunderschön grün und golden schillernden Haarborstenfilz an den Seiten der Seemaus einmal selbst bewundern konnte, kann verstehen, warum Carl von Linné, der schwedische Biologe, der in der Mitte des 18. Jahrhunderts zahlreiche Tiere und Pflanzen benannte und erstmals in einem übersichtlichen System ordnete, auf eine solche Idee kam.

SEEPOCKEn sind
Muscheln oder Schnecken. Allzu schnell wird

alles, was am Meeresstrand lebt und eine harte Schale hat, zur Muschel oder Schnecke erklärt. Wie so oft hilft auch hier ein genauerer Blick weiter. Schneckenhäuschen bestehen fast immer aus einer einzigen gewundenen Schale, Muscheln aus zwei Klappen. Seepocken aber haben eine Wand aus vier bis acht Kalkplatten und einen Deckel aus zwei Plattenpaaren. Liegen sie trocken, ist dieser Deckel fest verschlossen. Unter Wasser öffnet er sich und es erscheinen feine, in regelmäßigem Takt nach Plankton schlagende, filigrane Filterfüße. Also weder Muschel noch Schnecke – aber was dann? Dass Seepocken Krebse sind, erscheint weniger unglaublich, wenn man ihren Werdegang kennt. Als Kinder gleichen sie nämlich anderen Krebslarven sehr und sind frei beweglich. Erst nach dieser wild bewegten Jugend denken sie an Sesshaftigkeit. Sie suchen sich eine Wohnstelle auf Felsen, großen Walen oder ähnlichem, an der sie sich mit dem Kopf anheften und die sie nach ihrer grundlegenden Umwandlung zur erwachsenen Seepocke nie wieder wechseln können.

SEESCHLANGEn

sind Fabeltiere. Nicht von Nessie soll hier die Rede sein,

deren fragwürdige Existenz im Loch Ness immer mal wieder für Gesprächsstoff sorgt, wenn auf der Welt sonst nichts Besonderes los ist. Will man echten Seeschlangen begegnen, sollte man sein Glück nicht in schottischen Seen probieren, sondern an den warmen Küsten des Indischen und des Pazifischen Ozeans baden gehen. Mit ein bisschen Glück (oder – je nachdem – Pech, denn Seeschlangen gehören zu den Giftnattern) sieht man dann eine der meist etwa anderthalb bis maximal drei Meter langen Schlangen, die sich mit ihrem seitlich zusammengedrückten Ruderschwanz antreiben und 120 Meter tief tauchen können. Einige Arten gehen noch regelmäßig an Land, um sich zu sonnen oder Eier zu legen. Andere sind zu reinen Meerestieren geworden, die lebende Junge in die Welt setzen und sich dadurch den Landgang vollends ersparen.

Die SEESPINNE ist eine

Spinne. See- oder Meerspinnen sind eine Familie der äußerst

vielgestaltigen Krebstiere. Zu ihnen gehört neben der eigentlichen Seespinne, die auch im Mittelmeer vorkommt, der größte Krebs, die Japanische Riesenkrabbe. Groß ist allerdings nicht deren Körper, der nur etwa dreißig Zentimeter lang wird, sondern die Spannweite der langen Beine, die bis zu drei Meter betragen kann. Diese spinnenartig langen Beine, zwischen denen der vergleichsweise kleine Körper hängt, mögen die Namensgebung erklären. Krebse sind mit Spinnen aber nur sehr entfernt verwandt (beide sind, wie auch die Tausendfüßer und Insekten, Gliederfüßer). Während Krebse überwiegend im Meer oder Süßwasser leben, sind Spinnen gewöhnlich wasserscheu. Eine der wenigen Ausnahmen: die heimische Wasserspinne. Da sie, anders als ein Krebs, keine Kiemen hat, muss sie sich unter Wasser mit einem Luftvorrat versorgen. Die Atemluft wird zwischen den Haaren des Hinterleibs festgehalten und lässt diesen dadurch unter Wasser silbrig glänzen. Als Spinnen-Heim und -Kinderstube dienen Taucherglocken, fein gewebte Netzkuppeln, die von der Spinne mit Luft gefüllt werden.

SEESTERNe haben keine Füße.

Wer fünf oder sogar noch mehr Arme hat, braucht eigentlich keine Füße, sollte man meinen. Tatsächlich benutzen manche Seesterne ihre Arme zur Fortbewegung. Oft aber sieht man einen Seestern scheinbar ohne jede Bewegung langsam über den Boden gleiten. Hunderte von kleinen Füßchen schieben ihn vorwärts. Sie funktionieren hydraulisch und werden über ein kompliziertes Wassergefäßsystem in Körper und Armen des Seesterns bedient. Als echte Multifunktions-Beine helfen sie nicht nur bei der Fortbewegung, sondern dienen auch noch der Atmung. Und schließlich spielen sie eine wichtige Rolle bei der Nahrungsaufnahme. Mit den Saugfüßchen lassen sich selbst hartnäckig Widerstand leistende Muscheln auseinanderziehen. Die Kräfte, die ein Seestern dabei aufbringt, sind beträchtlich. Ein Dauerzug von fünfzig Newton bricht den Widerstand auch starker Muscheln. Ein Spalt von weniger als einem Millimeter genügt. Durch ihn dringen die vorgestülpten Magenlappen des Seesterns ein und beginnen bei lebendigem Leib mit der Verdauung.

SEETEUFEL sind Fabelwesen.

Wassermann, Meerjungfrau und Seeteufel – eine fabelhafte Verwandtschaft aus Märchen und Mythos? Als real existierender „Seeteufel" ließ sich mancher gnadenlose Korsar vergangener Zeiten stolz bezeichnen. Der wahre Seeteufel aber ist ein Fisch, der diesen Titel nicht weniger verdient. Fast zwei Meter groß kann er werden, wobei die Hälfte davon Kopf ist und davon wieder ein großer Teil Maul (daher sein Zweitname Froschfisch). Durch Farbe und seitliche Hautlappen gut getarnt und deshalb kaum zu sehen, lockt er Beute mit Hilfe einer dünnen, lang ausgezogenen ersten Rückenflosse, deren wurmähnliche Spitze sich direkt vor seinem zähnestarrenden Maul windet (daher sein Drittname Anglerfisch). Wer sich dem Köder hungrig nähert, wird selbst zur Beute. Er wird in das sich blitzschnell öffnende Maul gesaugt, selbst wenn er größer ist als der „angelnde Frosch" selbst.

Die SEEWESPE ist ein Insekt.

Wespen werden mit einem schnellen Stich assoziiert, gefolgt von jähem Schmerz. Insofern ist der Vergleich berechtigt, wenn auch die Seewespen nicht zu den hoch komplexen Insekten, sondern zu den mit am einfachsten gebauten Vielzellern gehören, den Nesseltieren (siehe Seite 246). Sie wurden früher mancher Übereinstimmungen wegen als Quallen betrachtet, inzwischen aber als eigene Gruppe der Würfelquallen abgetrennt. In hiesigen Gewässern braucht man die Würfelquallen nicht zu fürchten, in subtropischen und tropischen Meeren dagegen sehr wohl. Denn der Kontakt mit den „sea wasps" kann tödlich enden. Zwei der nur sechzehn Würfelquallen-Arten erzeugen ein so starkes Nervengift, dass sie Kinder und Jugendliche sowie empfindlich reagierende Erwachsene sofort umbringen können. Auch wer davonkommt, wird noch lange an die Seewespen denken. Wo die nesselnden Tentakel mit der Haut in Berührung kommen, entstehen schwere und nur langsam heilende Nekrosen, die tiefe Narben hinterlassen. Kein Wunder, dass bei Seewespen-Alarm die Badestrände sofort gesperrt werden.

Menschen verfügen über fünf SINNe.

Sehen, Hören, Riechen, Schmecken, Tasten: Mit dieser Grundausstattung an Sinnen erschließen wir uns die Welt. Droht Gefahr, warnt uns, wenn wir Glück haben, vielleicht noch der sechste Sinn, eine dumpfe Ahnung, die wir keinen eindeutigen Sinneseindrücken zuschreiben können. Spätestens hier, meinen rational denkenden Zeitgenossen, ende die Normalität und beginne das Paranormale, die Welt des Unerklärlichen, der Wahrsager und Hellseher.

Wenn dem wirklich so wäre, wären wir arm dran. Denn der Mensch verfügt zum Glück über einige mehr als die immer wieder genannten fünf Standardsinne. Wir können zum Beispiel Wärme und Kälte wahrnehmen – Sinneseindrücke, für deren Erfassung eigene Sinneszellen zuständig sind. Wir können Schmerzen fühlen. Wir haben mit dem ans Innenohr gekoppelten Labyrinth ein Messgerät für Beschleunigungen. Wo bliebe ohne das Labyrinth der lustvolle Kitzel, den uns eine Fahrt mit der Achterbahn verschafft? Aber selbst die wildesten Loopings können uns allenfalls kurz darüber täuschen, wo oben und unten ist. Ein eigenes, auf die Richtung der Schwerkraft ansprechendes Sinnesorgan sorgt dafür, dass wir immer mit beiden Beinen auf dem Boden stehen. Und schließlich verfügen wir über einen eingebauten Zeitsinn, ohne dass es allerdings bis jetzt gelungen wäre, herauszufinden, wo die innere Uhr sitzt, die in jedem von uns tickt. Unstrittig ist dennoch, dass sie das tut. Denn Menschen, die versuchsweise über Monate ohne Kontakt zur Außenwelt, ohne natürliche Beleuchtung, Geräusche von außen oder sonstige Hinweise auf die Tageszeit in unterirdischen Bunkern gelebt haben, fielen keineswegs dem Chaos anheim. Ihr Tag-Nacht-Rhythmus änderte sich auch ohne Umwelteinflüsse nicht wesentlich. Also: Wer nur seine fünf Sinne beisammen hat, kriegt bloß die Hälfte mit.

SONNENBLUMEN

haben große Blüten. Eigentlich ist jede Sonnenblume eine ganzer Blumenstrauß, besteht sie doch aus vielen einzelnen kleinen Blüten, die jeweils eine Frucht (den bekannten Sonnenblumenkern) bilden. Die Zusammenfassung vieler kleiner Blüten zu einem großen Blütenstand erhöht die Attraktivität für Bestäuber – überlebenswichtig für die Pflanze. Gesteigert wird die Signalwirkung noch durch die flammend gelben Randblüten. Sie machen Reklame fürs große Ganze. Was für die Sonnenblume gilt, gilt auch für die ganze übrige vielfältige Verwandtschaft der Korbblütler, zu der unter anderem Aster, Kamille und Gänseblümchen zählen.

Ohne SONNENLICHT ist kein Leben möglich.

Sonne ist Leben. Diese einfache Gleichung gilt für fast alle Lebewesen. Für die Pflanzen ist das offensichtlich. Sie stellen mit Hilfe der vom Sonnenlicht gelieferten Energie in einem sehr komplizierten chemischen Prozess, der Fotosynthese, aus Wasser und Kohlendioxid Zucker her, der Grundlage vieler weiterer Verbindungen ist. In völliger Dunkelheit sterben Pflanzen nach kurzer Zeit ab. Und Tiere? Schließlich gibt es viele Nacht- und Bodentiere, die nie ans Licht kommen. Ihre Abhängigkeit ist indirekt. Denn alle Tiere müssen etwas fressen. Sind es keine Pflanzen, dann sind es andere Tiere, die wiederum von Pflanzen oder von Pflanzen fressenden Tieren leben. Wie man es auch dreht: Tiere brauchen Pflanzen und damit auch Sonne. Nebenbei bemerkt nicht nur wegen des Fressens: Während der Fotosynthese wird (unter anderem von Tieren ausgeatmetes) Kohlendioxid verbraucht und es entsteht Sauerstoff – für die Pflanze ein Abfallprodukt, für Tiere lebensnotwendig.

Szenenwechsel. Langsam gleitet ein Tauchboot 2500 Meter unter dem Meeresspiegel durchs ewige Dunkel, das nie ein Sonnenstrahl erhellt. Plötzlich tauchen im Lichtkegel des Scheinwerfers seltsame Kreaturen auf: Kolonien großer bleicher Würmer mit roten „Köpfen", riesige Muscheln, weißliche Krabben. Eine eigene, eine eigenartige Welt, die erst im Jahr 1977 entdeckt wurde. Ihre Bewohner sind vollständig unabhängig vom Sonnenlicht. Ihre Lebensenergie beziehen sie aus dem Inneren von Mutter Erde. Dort, wo an den Nähten der auseinander weichenden Erdplatten Magma in geringer Tiefe ansteht, speien extrem heiße Quellen mineralreiches Wasser. In gebührender Entfernung gewinnen Bakterien aus der Oxidation des darin gelösten Schwefelwasserstoffs Energie. Andere ernähren sich von den Bakterien. Sie stehen damit am Anfang einer Nahrungskette und sind Grundlage dieser außergewöhnlichen Lebensgemeinschaft.

Die SPANISCHE Fliege ist eine Fliege.

Mancher, der mit der Spanischen Fliege Bekanntschaft gemacht hat, hat vorzeitig „die Fliege gemacht". Denn der Käfer mit dem merkwürdigen Namen enthält einen hoch giftigen Inhaltsstoff, das Cantharidin, das für alles Mögliche verwendet wurde. Früher wurde es sowohl als Aphrodisiakum in Liebestränke gemischt als auch zur Beseitigung der späteren unliebsamen Folgen eingenommen, nämlich um die Leibesfrucht abzutreiben. In der Antike (und sicher auch darüber hinaus) war das Käfergift auch beliebt, um Widersacher um die Ecke zu bringen. Dazu genügen schon dreißig Milligramm. Der Vergiftete litt zunächst an einer Entzündung aller Schleimhäute, dann an brennenden Schmerzen der ihre Funktion allmählich einstellenden Harnorgane. Pharmazeutische Verwendung fand Cantharidin äußerlich in blasenziehenden Pflastern (den „Spanischen Pflastern"), innerlich zur Behandlung aller möglichen Zipperlein. Der ein bis zwei Zentimeter lange und apart grün-metallisch glänzende Giftlieferant gehört zu den Ölkäfern, die durch eine sehr extravagante Kindheit bekannt sind. Sie wachsen als Parasiten in Wildbienen-Nestern auf. Der erwachsene Käfer ist in Südeuropa weit verbreitet und frisst Eschen- und Ölbaumblätter.

SPINAT enthält viel Eisen.

Generationen von Kindern wurden (und werden) mit Spinat gequält, weil er enorm viel Eisen enthalte, was wiederum zur Blutbildung beitrage. Letzteres stimmt, Ersteres nicht. Ein Kommafehler in einer der ersten Lebensmitteltabellen, der später immer wieder abgeschrieben wurde, ist an diesem besonders hartnäckigen Vorurteil Schuld: Dreißig Milligramm Eisen sollten in hundert Gramm Spinat enthalten sein. In Wirklichkeit sind es gerade mal drei Milligramm. Um auf die empfohlene tägliche Eisendosis von zehn bis fünfzehn Milligramm zu kommen, muss man also statt 50 Gramm Spinat mindestens ein ganzes Pfund verdrücken ...

Dagegen können sich die Spinat-Vitamine durchaus sehen lassen. Weniger erfreulich ist aber der hohe Oxalatgehalt (der die Eisenaufnahme in den Körper hemmt) und die besonders für Kleinkinder nicht ungefährlichen Nitritmengen. Sie bilden sich in stark nitratgedüngtem Spinat, wenn er nicht schnell nach der Ernte gegessen oder eingefroren wird. Fazit: Ersparen Sie Ihren Kindern das Gemüse, wenn sie's nicht mögen.

SPINNEn sind Insekten.

Eine gewisse Ähnlichkeit ist schon da und wird auch von den Zoologen bestätigt. Wie die Insekten gehören die Spinnentiere zu den Gliederfüßern. Ein Außenskelett aus Chitin und Beine mit mehreren Gelenken gehören zur Grundausstattung beider. Ansonsten überwiegen die Unterschiede. Der Einfachheit halber konzentrieren wir uns auf die eigentlichen Spinnen und lassen Skorpione, Weberknechte, Milben und einige andere exotische zur Verwandtschaft der Spinnentiere zählende Tiergruppen einfach weg. Also: Insekten haben sechs Beine, Spinnen acht. Insekten bestehen aus drei Körperabschnitten, dem Kopf, der Brust (an der die Beine sitzen) und dem Hinterleib, Spinnen nur aus zweien. Insekten haben fast immer Flügel, Spinnen nie – wenn sie mal fliegen, überlassen sie dem Wind die Arbeit. Im Altweibersommer sind Millionen von Jungspinnen an langen Spinnfäden unterwegs. Das namengebende

Spinnen allerdings ist keine exklusive Fähigkeit der Spinnen. Denken Sie zum Beispiel an die Seide, das Produkt einer Schmetterlingsraupe, eines Insekts also.

Alle SPINNEn bauen Netze.

Langsam bewegt sich die Zebra-Springspinne über den rauen Putz der Hauswand. Mit ihren riesigen Augen hat sie eine kleine Fliege im Blick, die sich ahnungslos in der Morgensonne wärmt. Die letzten Zentimeter überwindet die Spinne im Sprung – ein echtes Raubtier. Die Giftklauen erledigen den Rest. Derweil sucht im Blumenbeet eine Biene nach Pollen und Nektar. Auf einer gelben Blüte fliegt sie direkt in die weit geöffneten Arme einer Krabbenspinne, ebenfalls gelb gefärbt und dadurch nahezu unsichtbar. Die Speispinne, in Mitteleuropa nur in Gebäuden unterwegs, aber (weil nachtaktiv) nur selten zu sehen, schleicht auf der Suche nach kleinen Insekten oder anderen Spinnen mit langsamen Bewegungen durchs Dunkel. Entdeckt sie Beute, richtet sie den Vorderkörper leicht auf und fixiert ihr Opfer aus Zentimeterentfernung mit einem blitzschnell ausgestoßenen, zickzackartig verlaufenden Klebfaden am Untergrund.

Nur drei von zahlreichen Strategien, die Spinnen verfolgen, um Beute zu machen. Was landläufig als „typisch Spinne" gilt, das wunderschöne, im Morgentau schimmernde Radnetz der Kreuzspinne nämlich, ist also nur eine Möglichkeit des Beutefangs unter vielen. Auch Spinnennetze können äußerst verschieden aussehen. Die Zitterspinnen etwa, häufige Bewohner von Zimmerecken, bauen lediglich ein unordentliches Fadengewirr, in dem sich Passanten verheddern. An trockenen, sonnigen Rainen haust die Tapezierspinne in einem geschlossenen Seidenschlauch. Krabbelt ein unvorsichtiger Käfer drüber, schlagen sich die langen Giftklauen der Spinne durch das Gewebe in seinen Körper. Männchen, die zum Weibe gehen, vermeiden dieses Schicksal, indem sie mit den Beinen ein zartes Trommelsolo auf dem Fangschlauch geben.

Alle SPINNEn sind giftig.

Tatsächlich gehören zur Grundausstattung der Webspinnen Giftklauen, rechts und links der Mundöffnung liegende, schlanke Dolche mit einer kleinen Öffnung knapp unterhalb der Spitze. Dort münden die Giftdrüsen, mit deren Hilfe alle Spinnen ihre Beute bewegungsunfähig machen. Alle – bis auf die Kräuselradnetzspinnen (Uloboridae), zu deren etwa 150 Arten auch die heimische Dreieckspinne (*Hyptiotes paradoxus*) gehört. Ihre Giftdrüsen sind zurückgebildet, den Giftklauen fehlt die kanülenartige Öffnung. Sie müssen sich also auf die mechanische Wirkung ihrer Dolche verlassen. Zusätzlich macht eine besonders starke Fesselung im Netz die Beute wehrlos.

SPINNWEBEN sind zarte Fäden.

Wenn zart dünn bedeutet, dann sind Spinnweben zart. Die dicksten Fäden, die der tropischen Seidenspinne *Nephila*, sind 0,012 Millimeter stark und damit immer noch dünner als ein Menschenhaar (0,05 bis 0,1 Millimeter). Die dünnsten, die bei einigen Spinnen-Arten aus einer siebartigen Platte gepresst und später mit einem Beinkamm zu einem wolligen Kräuselfaden aufgebürstet werden, sind gerade mal 0,000015 Millimeter dick.

Wenn zart allerdings zerbrechlich bedeutet, dann sind Spinnfäden nicht zart. Die Stabilität eines Fadens lässt sich in zwei Werten ausdrücken, in seiner Festigkeit einerseits, in seiner Dehnungsfähigkeit andererseits. Um ein paar Daten zu nennen (der erste Wert gibt die Dehnungsfähigkeit in Prozent an, der zweite Wert die Festigkeit): Glas 3/96, Stahl 8/44, Nylon 22/67, Spinnfaden 31/100, Wolle 43/20. Ein spinnenfadendünner Glasfaden ist also zwar nahezu so fest wie ein Spinnfaden, aber lange nicht so elastisch. Wolle wiederum ist zwar elastischer, aber nicht so fest. Stahl erreicht weder in seiner Dehnungsfähigkeit noch in seiner Festigkeit die Fäden einer Spinne – wobei, das sei angemerkt, nicht alle Fäden gleich stabil sind. Die Kokonfäden, mit denen Spinnen ihre Gelege einwickeln, sind weniger fest als die hier verglichenen Wegfäden, ihr Sicherheitssystem, das sie herstellen, wo sie stehen und gehen. Man könnte ja mal abstürzen ...
Spinnenfäden vereinigen also in idealer und bisher von keiner Technik erreichten Weise Festigkeit und Elastizität.

SPITZMÄUSE sind Mäuse.

Dass Mäuse und Spitzmäuse wenig miteinander gemein haben, wissen sogar die Hauskatzen. Die einen werden genüsslich verspeist, die anderen zwar erlegt, dann aber angeekelt liegen gelassen. Zu streng sind Geruch und Geschmack der Spitzmäuse. Die Gemeinsamkeiten der beiden „Mäuse" sind schnell aufgezählt. Sie erschöpfen sich weitgehend in der Mäusegestalt mit kurzen Beinchen und einem dünnen Schwänzchen, einer leicht hektischen Lebensart und einer flinkwuselnden Fortbewegung. Die Unterschiede wiegen schwerer. Die Spitzmäuse haben winzige Augen und Ohren. Sie orientieren sich mit langen Tasthaaren und vor allem mit Hilfe ihrer dauernd schnüffelnden Nase, die zu einem kleinen be-

weglichen Rüssel ausgezogen ist. Darunter liegt ein Maul mit zahlreichen nadelspitzen Zähnen, mit denen Spitzmäuse alles überwäl-
tigen, was sie erwischen können (sofern es nicht größer ist als sie
selbst): Regenwürmer, Käfer, Tausendfüßer, Spinnen, Asseln. Dagegen sind die echten Mäuse harmlos. Zwar fressen sie auch ganz gerne gelegentlich Insekten, pflanzliche Nahrung
überwiegt aber bei weitem. Die dank großer Augen und fehlender Rüsselschnauze nied-
licher aussehenden Tiere haben
das typische Nagetiergebiss: Vorne
stehen ewig wachsende, sich beim täg-
lichen Verschleiß selbst schärfende Nagezähne, hinter einer großen Zahnlücke dann die
Backenzahnreihe, die für die Mahlarbeit zuständig ist.
Der Unterschied zwischen Mäusen und Spitzmäusen spiegelt sich
natürlich auch im System der Zoologen wider. Erstere sind Nagetiere, Verwandte von Hamster, Meerschweinchen und Eichhörnchen. Letztere gehören mit Igel und Maulwurf zur Ordnung der
Insektenfresser.

STÄDTE sind biologische Wüsten.

Wer seltene Pflanzen finden und Tiere beobachten
will, kann sich heutzutage überlegen, ob er ins freie Feld zieht oder
mit der S-Bahn in die Stadt fährt. In manchen amerikanischen
Großstädten werden inzwischen schon Wildlife-Safaris angeboten.
Städte bieten nämlich manche Vorteile für viele Arten, unter denen
sich auch einige finden, die durchaus zu den seltenen und gefährdeten gehören, der Wanderfalke zum Beispiel. Milde Temperaturen,
ein reiches Nahrungsangebot und weniger Feinde lassen an den

mittelalterlichen Slogan denken: „Stadtluft macht frei". Städte bestehen eben nicht nur aus Asphaltflächen und ragenden Betontürmen, sondern auch aus Gärten, Parks mit Gewässern und alten Bäumen, aus Ruderalflächen und Bahngelände, wo sich die Natur teils jahrelang ungestört entfalten kann. Vor allem Spezialisten für die Besiedlung flüchtiger Lebensräume, wie sie früher etwa entlang der Flüsse bestanden, finden hier ideale Bedingungen.

STALLHASEN sind zahme Hasen. Einen Feldhasen zu zähmen hat wohl

noch keiner geschafft. Wird's dem Hasen mulmig, „drückt" er sich, verschmilzt gleichsam mit dem Boden und wird dadurch fast unsichtbar. Erst im letzten Augenblick legt er einen furiosen Blitzstart hin und entkommt dadurch dem verblüfften Feind. Dieses angeborene Verhalten legen Hasen auch in Gefangenschaft nicht ab – nur endet ihre Flucht hier bald am Gitter. Panisch werfen sie sich dagegen und verletzen sich oft schwer. Das Kaninchen dagegen verschwindet in seinem Erdbau, wenn's brenzlig wird. Dort fühlt es sich sicher. Vom gemütlichen unterirdischen Kessel bis zum Stall ist es nur ein kleiner Schritt. Schon die Römer hielten Kaninchen und sorgten auch dafür, dass die von der Iberischen Halbinsel stammenden Tiere bald an allen möglichen Stellen des riesigen römischen Reiches hoppelten. Unter menschlicher Obhut entstanden dann bereits vor über fünfhundert Jahren verschiedene Rassen, je nachdem, ob das Kaninchen im Kochtopf landen

oder seinen Pelz abgeben sollte. Zur Wollgewinnung wurde das Angorakaninchen gezüchtet. Und natürlich sind auch die niedlichen, als Spielkameraden beliebten Zwerghasen ebenso wie ihre Kollegen aus dem Stall, keine Hasen, sondern Kaninchen.

Alle STECHMÜCKEN stechen.

Nur vor den Weibchen der Stechmücken muss man sich in Acht nehmen, die Männchen sind harmlose Blütenbesucher. Ihnen genügt, falls sie überhaupt Nahrung aufnehmen, ein bisschen Nektar als Treibstoff für die Flugmuskulatur. Um Eier aufbauen zu können, muss aber hochwertigeres Futter her. Das ist der Grund für den Blutdurst der Weibchen. Auch wenn sie gewaltig tanken können – eine Mahlzeit kann das Doppelte des Eigengewichts ausmachen – ist weniger der Blutverlust als der mit der Injektion gerinnungshemmender Stoffe verbundene Juckreiz unangenehm. Wirklich gefährlich sind die von tropischen Arten übertragenen Krankheiten wie Malaria oder Gelbfieber.

Die Männchen der Stechmücken (nach denen zu schlagen sich also nicht lohnt) erkennt man übrigens leicht an den büschelartigen Fühlern. Sie dienen einerseits als Fluggeschwindigkeitsmesser und helfen andererseits beim Hören, indem sie auf den von fliegenden Weibchen erzeugten Summton ansprechen.

STECHPALMEN sind Palmen.

Beide wurden und werden als Deko-Artikel für christliche Feste benutzt, die Stechpalmen mit ihren immergrünen, glänzenden Blättern und den knallroten Beeren als Beiwerk in Adventskränzen, die Palmenblätter am Palmsonntag (wobei hier oft

auch Palmfarnblätter zum Einsatz
kommen, die – Sie haben es vielleicht schon vermutet – von einer Pflanze stammen, die weder Palme noch Farn ist). Damit aber ist schon Schluss
mit Gemeinsamkeiten. Ver-
wandtschaftlich stammen die
echten Palmen als einkeimblät-
trige Pflanzen aus einer ganz anderen Ecke des Pflanzenreiches als
die zweikeimblättrigen Stechpalmen.

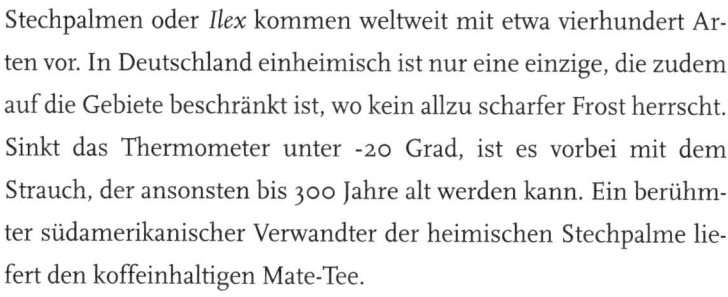

Stechpalmen oder *Ilex* kommen weltweit mit etwa vierhundert Arten vor. In Deutschland einheimisch ist nur eine einzige, die zudem
auf die Gebiete beschränkt ist, wo kein allzu scharfer Frost herrscht.
Sinkt das Thermometer unter -20 Grad, ist es vorbei mit dem
Strauch, der ansonsten bis 300 Jahre alt werden kann. Ein berühm-
ter südamerikanischer Verwandter der heimischen Stechpalme liefert den koffeinhaltigen Mate-Tee.

STEINBRECH auf
Mauern und Felsen sprengt das Ge-
stein. Nicht nur der deutsche Name dieser überaus artenrei-
chen Pflanzengattung unterstellt dem Steinbrech Sprengkraft, sondern auch sein wissenschaftlicher, das lateinische Wort *Saxifraga*,
was genau dasselbe bedeutet (saxum = Stein, frangere = brechen).
Sehr viele der etwa 350 Arten wachsen in Hochgebirgen und klam-
mern sich dort in die kleinsten Ritzen der Felsen. Unterstellt man
ihnen allerdings, sie hätten diese Spalten selbst geschaffen, ver-

wechselt man Ursache und Wirkung. Denn nur dort kann ein Stein-brechsame keimen, wo ein kleiner Riss wenigstens eine minimale Humusansammlung ermöglicht. Die Wurzeln der Pflanzen dringen nicht in den Stein selbst vor und entfalten auch keine Sprengwir-kung in den Spalten, die sie durchziehen. In Kalkgesteinen ist aller-dings denkbar, dass chemische Prozesse eine Rolle spielen. Pflan-zenwurzeln geben nämlich Kohlensäure ab und erhöhen dadurch die Löslichkeit von Phosphaten und Carbonaten, und aus letzteren besteht Kalkgestein: statt brachialen Steinbrechens also allenfalls subtiles Anlösen.

Eine zweite Namensdeutung ergibt sich aus der Volksmedizin: „Wenn man des Krautes Wurzeln nimmt in Wein, bricht sie den Stein in den Blasen." *Saxifraga* als steinbrechende Medizin gegen Blasen- und Nierensteine.

STIERe mögen kein Rot.

Das Rote Tuch ist schon sprichwörtlich geworden. Wer einen Stier reizen wolle, brauche es ihm nur zu zeigen und schon schäume die blinde Wut und der Tanz gehe los. Nur: Stiere sind rot-grün-blind, erkennen die Farbe also gar nicht. Die gequälte Kreatur in der Stier-

kampfarena greift in hilfloser Verzweiflung alles an, was ihr vor den Nüstern flattert. Und selbst der entspannt auf der Weide stehende Bulle duldet es nicht, wenn man sein Revier betritt, auch wenn man sich in Tarnfarben kleidet und Rot vermeidet.

Der Vogel STRAUSS steckt den Kopf in den Sand.

Strauße sind schnell, ausdauernd und mit ihren muskulösen, mit zwei harten Klauen bewaffneten Füßen auch recht wehrhaft. Keine leichte Beute also. Strauße haben schon Löwen umgebracht. Hat der Strauß Eier, steckt er allerdings in einem Dilemma. Flieht er vor Gefahr, rettet er zwar sein Leben, die nicht geringe Investition in seine Nachkommenschaft aber kann er in den Mond schreiben. Strauße setzen deshalb auf Tarnung und praktizieren Arbeitsteilung. Der auffällig schwarz-weiße Hahn brütet in der Nacht, die braune Henne am Tag. Nähert sich Gefahr, gibt es zwei Möglichkeiten, will der Strauß weder sein eigenes Leben riskieren noch die Lage des Geleges ohne Not verraten. Entweder schleicht sich der diensthabende Vogel vom Nest, um in einiger Entfernung die „lahme Ente" zu markieren und das interessierte Raubtier dadurch wegzulocken. Oder er breitet sich ganz flach über sein Gelege und zieht auch den verräterisch langen Hals ein. Den Kopf flach auf den Boden gelegt verfolgt er aufmerksam, ob die Gefahr vorübergeht. Das und nicht das dümmliche Ignorieren von Gefahren durch Kopf-in-den-Sand-Stecken nach dem Motto: „Was ich nicht sehe, sieht auch mich nicht" ist die wahre Vogel-Strauß-Politik.

Der Biss der **TARANTEL**
ruft eine schwere Krankheit hervor. Fast

alle Spinnen sind giftig. Bis auf wenige Ausnahmen schaffen es aber die mitteleuropäischen Arten nicht, mit ihren Injektionsspritzen die menschliche Haut zu durchdringen. Weiter südlich muss man dagegen schon besser aufpassen. Die in Erdlöchern lebende Tarantel, eine kräftig gebaute Spinne von der Größe einer kapitalen Hausspinne, kann schon heftig zubeißen. Der Schmerz entspricht ungefähr dem nach einem Wespenstich. Zeitlich und lokal begrenzt wurden dem Biss aber noch weitreichendere Nebenwirkungen unterstellt. Apulien wurde zwischen dem 13. und 18. Jahrhundert vom „Tarentismus" heimgesucht. Dabei fielen die Menschen – wie man annahm, nach dem Biss einer Tarantel – wie vom Blitz getroffen zu Boden und klagten über alle möglichen Beschwerden. Die Therapie: Musik, bei welcher der Kranke mehr oder weniger ekstatisch zu tanzen begann, bis die Krankheit besiegt war – die Geburt der Tarantella, eines schnellen Tanzes. Medizinhistoriker sehen als Auslöser der Krankheit nicht die Tarantel, die schon ab 1693 durch Selbstversuche eines Arztes die Absolution bekam, sondern schlicht und einfach einen Hitzschlag.

TAUBEn sind besonders
zärtlich. „Sie turteln wie die Tauben" – das eifrige Bemühen

des rucksend und gurrend um seine Angebetete trippelnden Taubers wird manchem im Lauf der Jahre etwas schwunglos gewordenen Liebhaber als leuchtendes Vorbild präsentiert. Als Friedenstaube avancierte der harmlose Vogel, von der Natur weder mit Krallen noch mit einem kräftigen Schnabel ausgestattet, gar zum öffentlichen Symbol. Zu viel des Guten. Wer nur lieb und nett ist, kann sich auf Dauer nicht durchsetzen. Etwas salopp könnte man sagen: Tauben sind auch nur Menschen. In der Auseinandersetzung um Nistplätze, Reviere und Geschlechtspartner wird heftig gedroht und notfalls mit Flügelschlägen, Bruststößen und Schnabelhie‑

ben gekämpft, manchmal sogar, bis Blut fließt. Im Freiland führt das meist sehr schnell zur Flucht des Unterlegenen. Im Käfig, wo das nicht möglich ist, beobachtete schon der Verhaltensforscher und Nobelpreisträger Konrad Lorenz entsetzt, wie ein Täubchen das andere in stundenlanger Kleinarbeit regelrecht zerfleischte.

TAUBNESSEL und
Brennnessel sind nahe Verwandte. Das

einzige, was Brenn- und Taubnessel gemeinsam haben, sind die kantigen Stängel und die großen, vorne zugespitzten und am Rand gesägten Blätter. Ein ähnliches Erscheinungsbild jedoch ist noch kein Zeichen naher Verwandtschaft. Die drückt sich bei Pflanzen meist im Blütenbau aus und hier könnten die Unterschiede zwischen den beiden größer kaum sein. Die Taubnesseln gehören zur großen Familie der Lippenblütler. Ihre auffällig gefärbten, in eine Ober- und eine Unterlippe geteilten Blüten sind eine Einladung an Hummeln und Bienen, hier zu landen. Brennnesseln dagegen haben sehr unauffällige grüne Einzelblüten in dafür umso auffälligeren dichten Blütenständen und verlassen sich bei der Bestäubung auf den Wind. Die Brennnessel-Arten bilden eine eigene Familie und sind nahe verwandt mit Hopfen und Hanf. Wenn allerdings kei‑

ne Blüten zu sehen sind, wird's schwieriger. Die hohen Brennnesseln wachsen dort, wo Nährstoffe in Hülle und Fülle zur Verfügung stehen, in sehr dichten Beständen. Lange Ausläufer sorgen für eine geschlossene Besiedlung und rasche Ausbreitung. Ihre Blätter sind dunkelgrün, eher schmal, mit einer lang ausgezogenen Spitze. Die Stängel sind längs gerieft und sehr faserig. Für unsere Altvorderen war die Brennnessel deshalb nicht nur „Unkraut", das es unter allen Umständen zu bekämpfen galt, sondern ein wichtiger Rohstoff für Textilien (siehe Seite 51). Was heutzutage als Nesselstoff verkauft wird, wird allerdings aus Baumwolle gefertigt.

Die Taubnessel dagegen hat einen vierkantigen Stängel. Ihre Blätter sind weniger spitz als die der Brennnessel und dicht mit drüsigen Haaren besetzt. Die Pflanzen bleiben kleiner und bilden keine alles andere erstickenden Monokulturen. Und falls es mit der Unterscheidung überhaupt nicht klappen will, bleibt ja immer noch der Brenntest.

Ein TAUSENDFÜSSER

hat 1000 Füße. Auch viele Tausendfüßer fangen bescheiden an. Während manche schon als Baby die volle Beinzahl haben, schlüpfen andere nur mit sechs oder ein paar mehr Beinen aus dem Ei. Bei jeder Häutung kommen dann neue beintragende Körpersegmente dazu. Die größten einheimischen Tausendfüßer haben aber auch ausgewachsen kaum mehr als hundert Beinpaare. Weltweit liegt der Rekord bei etwa 350 Beinpaaren, sprich siebenhundert Füßen. Ein echter Tausendfüßer wurde also noch nicht entdeckt. Paradoxerweise schließt die Gruppe der Tausendfüßer auch die winzigen Wenigfüßer mit ein, die nur neun Beinpaare haben.

Kein Lebewesen kann TEMPERATUREN von 100 °C ertragen.

Für uns Menschen sind die Grenzen des Lebens sehr eng gesteckt. Schon kleine Abweichungen von einer Körpertemperatur von 37 Grad Celsius gelten als Krankheit. Oberhalb von 42 Grad Celsius ist für uns endgültig Schluss. Für andere noch lange nicht. Die Extremisten des Lebens finden sich unter den Archaebakterien. Manche von ihnen fühlen sich erst bei Temperaturen zwischen sechzig und achtzig Grad Celsius wohl. *Sulfolobus acidocaldarius* (lat. caldarium = Kochtopf) stirbt unterhalb von 55 Grad Celsius sogar den Kältetod. Natürliche „Kochtöpfe" finden sie in heißen Quellen. In solchen des Yellowstone-Nationalparks und auf glosenden Kohlenhalden lebt ein anderes Archaebakterium mit dem sprechenden Namen *Thermoplasma acidophilum*. Sechzig Grad Celsius und ein pH-Wert von 1 bis 2 sagen ihm besonders zu, sozusagen ein heißes Bad in 0,5-prozentiger Schwefelsäure. Normalerweise kocht Wasser bei 100 Grad Celsius. Nicht jedoch in der Tiefsee, wo es unter hohem Druck steht und deshalb viel heißer werden kann. In der Nähe von Tiefseeschloten, die solch überhitztes Wasser speien, wurden Archaebakterien sogar schon bei 105 Grad Celsius nachgewiesen.

TERMITEn sind weiße Ameisen.

Riesige Staaten mit zehntausenden oder gar Millionen Bürgern, die von einer Königin und Mutter des ganzen Volkes regiert werden, haben viele Termiten- und Ameisen-Arten gemeinsam. Wer genauer hinsieht, entdeckt aber zahlreiche Unterschiede. Einer ist zum Beispiel, dass im Termitenstaat Männer und Frauen zusammen wohnen, arbeiten, Futter holen oder anbauen und die Verteidigung (durch Soldaten und/oder Soldatinnen) besorgen, während im Ameisenstaat das Matriarchat herrscht. Auch die Königin wohnt nicht einsam in der geschützt im Zentrum des Nestes liegenden Königskammer, sondern in Begleitung ihres Ehegatten, des Königs. Das überaus komplexe Sozialgefüge bei Termiten und Ameisen muss völlig unabhängig voneinander entstanden sein, denn beide Insektengruppen sind nicht näher miteinander verwandt. Die Ameisen sind (wie Bienen und Wespen) Hautflügler und durchlaufen eine vollständige Verwandlung. Dazu gehört ein Puppenstadium, aus dem erst das ganz anders als die Larve aussehende erwachsene Tier hervorgeht. Die Termiten dagegen bilden eine eigene Insektenordnung und machen eine unvollständige Verwandlung durch. Ihre Kinder gleichen den Erwachsenen von Häutung zu Häutung mehr.

TEUFELSZWIRN

ist besonders festes Garn. Ein dichtes Geflecht bleicher Fäden überzieht die Brennnesseln, erst auf den zweiten Blick selbst als Pflanze erkennbar. Der Teufelszwirn ist kein besonders festes Garn und auch kein Utensil aus der Hexen- und Magierszene, sondern eine parasitische Pflanze aus der Verwandtschaft der Windengewächse. Wurzeln fehlen ihr, die Blätter sind zu kleinen Schüppchen zurückgebildet. Blattgrün, mit dessen Hilfe Pflanzen Fotosynthese betreiben und energiereiche Zuckerverbindungen aufbauen, ist nur in Spuren vorhanden. Über Saugorgane, die direkt in den Wirt geschoben werden, besorgt sich der Teufelszwirn die nötigen Nährstoffe. Unzweifelhaft wird seine Pflanzennatur, wenn er blüht. Allerdings sind die Blüten eher unauffällig. Viele Arten der auch Seide genannten Parasiten sind ziemlich wirtsspezifisch, was sich auch in ihren Namen niederschlägt: Nesselseide, Leinseide, Quendelseide oder Kleeseide.

Der Tasmanische TIGER ist eine Raubkatze. Tigerähnlich machen den Tasmanischen Tiger (engl. native tiger) lediglich seine Querstreifen.

Ansonsten wird der im Deutschen gebräuchlichere Name Beutelwolf diesem früher in ganz Australien, in historischer Zeit nur noch in Tasmanien verbreiteten, auf den ersten Blick (von seinem aparten Streifenmuster abgesehen) hunde- oder wolfsähnlich aussehenden Raubbeutler eher gerecht. Hier stimmt wenigstens ein Namensteil, der Beutler. Der Wolf, zunächst einleuchtend, führt dagegen wieder in die Irre. Seine Wolfsgestalt verdankt das größte Fleisch fressende Beuteltier nämlich nicht der nahen Verwandtschaft mit diesem, sondern einem Phänomen, das Evolutionsbiologen Konvergenz nennen. Dabei entstehen durch ähnliche Anpassungen in einem vergleichbaren Lebensraum trotz ganz unterschiedlicher stammesgeschichtlicher Herkunft verblüffende Übereinstimmungen im Körperbau. Salopp gesagt: Der Beutelwolf hat den Job des Wolfs im wolfsfreien fünften Kontinent übernommen und erhielt durch Erbgutveränderungen (Mutationen) und natürliche Auslese (Selektion) allmählich Wolfsgestalt, obwohl er mit Beutelratten und Kängurus viel näher verwandt ist als mit Wölfen.

Übrigens sollte ich hier nicht in der Gegenwarts-, sondern in der Vergangenheitsform schreiben. Der Tasmanische Tiger weilt nicht länger unter uns. Ihm widerfuhr das Schicksal so vieler „Raubtier"-Arten, die wegen ihres anstößigen Lebenswandels erbarmungslos verfolgt wurden. Seit 1936, als der letzte Beutelwolf im Zoo starb, wurde kein lebendes Exemplar mehr beobachtet.

In Sibirien gibt es TIGER.

Schließlich gibt es Sibirische Tiger. So jedenfalls heißt eine der acht Unterarten der großen Raubkatze (von denen mindestens eine, vermutlich aber zwei oder drei, nämlich Balitiger, Javatiger und Kaspitiger, bereits ausgerottet sind). Nun ist Sibirien zwar riesig, aber nicht grenzenlos. Und ausgerechnet der ferne (Süd-)Osten Russlands gehört nicht dazu – und dort stoßen die „Sibirischen" Tiger an ihre nördliche Verbreitungsgrenze. Weil das Fluss-System des Amurs das russische Areal dieser großen Tiger-Unterart durchzieht, wurde als treffenderer Ersatzname Amurtiger vorgeschlagen. Früher allerdings erstreckte sich das Tigerland weit über den Amur hinaus, im Süden bis nach Korea. Außerdem, wie das so ist, halten wir an gewohnten Bezeichnungen hartnäckig fest, selbst wenn sie sich als falsch erweisen. So wird der Sibirische Tiger wohl weiter so heißen, auch wenn dort allenfalls in früheren, tigerreichen Zeiten gelegentlich ein umherstreifendes Einzeltier beobachtet wurde.

Nebenbei bemerkt: Nicht nur der deutsche, sondern auch der wissenschaftliche Name des Sibirischen Tigers führt in die Irre. *Panthera tigris altaica* heißt er – dabei liegt das Sibirien nach Süden begrenzende Altaigebirge weit außerhalb seines Verbreitungsgebiets. Tiger gab es dort allerdings einst wirklich, aber keine sibirischen, sondern Kaspi-Tiger *Panthera tigris virgata* – eine Unterart, von der seit 1968 jedes Lebenszeichen fehlt und die deshalb als ausgerottet gilt.

TINTENFISCHE

sind Fische. Der weitaus treffendere Name für diese Tiergruppe lautet Kopffüßer oder Cephalopoda (was genau dasselbe bedeutet). Er spielt auf die zahlreichen Tentakel an, die am Kopf dieser
Tiere entspringen und die Mundöffnung umstehen. Eigentlich sind
sie in ersten Linie für die Nahrungsbeschaffung zuständig, aber bei
einigen Kopffüßern dienen sie zusätzlich wie Füße der Fortbewegung. Prototyp dafür sind die Kraken. Die normale Fortbewegungs-
art der Kopffüßer allerdings ist der Düsenantrieb. Durch eine enge
und sehr bewegliche Röhre wird Wasser ausgepresst. Der Rückstoß
treibt das Tier voran.

Um systematisch vorzu-
gehen: Kopffüßer gehö-
ren zum Stamm der
Weichtiere oder Mol-
lusken, also in die Ver-
wandtschaft von Schne-
cken und Muscheln. Mit den
Fischen, die bekanntlich Wirbeltiere sind, haben sie nicht das Ge-
ringste zu tun. Innerhalb der Kopffüßer lassen sich die altertümlichen Vierkiemer, heutzutage nur noch durch die Perlboote (*Nautilus,* siehe Seite 17) vertreten, von den modernen Zweikiemern unterscheiden. Diese sind wesentlich artenreicher. Bekannt sind vor allem die Kraken, die Kalmare und die Verwandten des Gemeinen
Tintenfisches *Sepia vulgaris,* die man sowohl von seiner Paella am
spanischen Urlaubsort als auch (allerdings nur partiell) vom heimischen Vogelbauer kennt, wo die kalkige Rückenschale, der Schulp,
den Piepmätzen zum Schnabelwetzen dient. Manche Zoologen bezeichnen die zweikiemigen Kopffüßer als Tintenschnecken, um den
unliebsamen, weil nicht zutreffenden „Fisch" aus dem Namen los-

zuwerden. Das mit der Tinte stimmt dagegen. Der Tintenbeutel wird bei Gefahr geleert. *Sepia* betätigt sich dabei als Nebelwerfer und verdrückt sich in der Deckung einer großen diffusen Tintenwolke. Der Krake *Octopus* stößt eine kompakte Tintenwolke aus, die Feinde zum Zubeißen verleiten soll – in die Tinte. Übrigens heißt die Tinte nicht nur so, sondern wurde früher auch zum Schreiben gewonnen und benutzt. Der getrocknete Inhalt des Tintenbeutels wurde gelöst, und dann mit Salzsäure gefällt. Das braun- oder grauschwarze Pigment, nach seinem Ursprung Sepia genannt, diente zur Herstellung von Tuschen.

TROPISCHE Regenwälder sind fruchtbar.

Pflanzen brauchen vier Dinge, um zu gedeihen: Wasser, Wärme, Licht und Nährstoffe. An den beiden ersten herrscht im tropischen Regenwald kein Mangel. Bei einem Jahresniederschlag von mindestens zweitausend Liter pro Quadratmeter (dreimal so viel wie hierzulande) und einer Temperatur um die 27 Grad Celsius ist üppiges Wachstum vorprogrammiert. Ausgeprägte Jahreszeiten, die den Pflanzen Ruhepausen aufnötigen könnten, fehlen. Mit dem Licht ist es schon schwieriger. Zwar befinden wir uns in der Nähe des Äquators, wo die Sonne das ganze Jahr hoch am Himmels steht und kein Winter mit kurzen, dämmrigen Tagen zu befürchten ist. Aber unter dichten Pflanzen herrscht Schatten. Die tropischen Regenwälder sind geprägt vom Kampf um das Licht. Wer nicht, wie die Urwaldriesen, auf eigenen Wurzeln stehend einen Platz an der Sonne ergattern kann, versucht es mit anderen Methoden. Lianen schlingen sich an Bäumen empor, Aufsitzerpflanzen (Epiphyten) keimen hoch oben im Geäst ihrer Wirtsbäume. Am Boden des Urwalds herrscht Dämmerung. Nur wenn ein alter Baum fällt und eine Schneise schlägt, dringt genügend Licht nach unten. Dann entsteht dort für kurze Zeit eine grüne Insel. Bleibt noch der vierte Faktor, die Nährstoffe. Schon früh ließen sich Geografen und Bevölkerungskundler angesichts der Fruchtbarkeit tropischer Böden im indonesischen Java zu optimistischen Hochrechnungen hinreißen. Ihre Prognose: Eine milliardenstarke Weltbevölkerung ließe sich ohne weiteres ernähren, wenn man die Urwälder rodete und unter den Pflug nähme. Ihr Irrtum: Verführt von der strotzenden Üppigkeit der tropischen Vegetation und vom Beispiel Javas, wo junge vulkanische (also sehr nährstoffreiche) Böden anstehen, hatten sie vorschnell vom Einzelbeispiel aufs Ganze geschlossen. In anderen Gegenden waren die Erfahrungen nämlich ganz anders. Zwar fuhr man im ersten Jahr nach der Rodung (meist durch Brand) noch Rekordernten ein, nach zwei, drei Jahren jedoch sank der Ertrag derart stark, dass sich der Anbau kaum mehr lohnte. Die meisten Böden im Bereich der tropischen Regenwälder sind nämlich tiefgründig verwittert und enthalten kaum Nährstoffe. Sind die Mineralien aus der Asche der verbrannten Vegetation verbraucht oder weggeschwemmt, leiden die Pflanzen Mangel, der nicht einmal durch teuren Kunstdünger zu beheben ist. Den tropischen Böden fehlen nämlich bestimmte Tonminerale, die Nährstoffe festhalten können.

Ein Paradoxon scheint die überwältigende Vegetation, die in unglaublichem Arten- und Strukturreichtum auf diesen armen Böden wächst. Des Rätsels Lösung: Die Nährstoffe befinden sich in den Pflanzen, nicht im Boden. Der Wald ernährt sich aus sich selbst. Ein raffiniertes Zusammenspiel verschiedener Lebewesen verhindert den Verlust an Nährstoffen durch Ausschwemmung. Eine besondere Rolle spielen dabei Pilze, die mit den Bäumen kooperieren. Sie bauen herabgefallene Blätter und Äste ebenso schnell ab wie

Tierkot und Kadaver und führen die dabei recycelten Nährstoffe direkt den Baumwurzeln zu, mit denen sie in enger Verbindung stehen. Eine Einbahnstraße ist diese Mykorrhiza („Pilzwurzel") genannte Beziehung nicht. Die Pilze erhalten im Gegenzug vom Baum zuckerreiche Verbindungen, die aus dessen Fotosynthese-Stoffwechsel stammen. Wie bei jeder Symbiose profitieren also beide Partner.

Mit der Rodung eines Stücks Regenwald wird dieses fein aufeinander abgestimmte System des Gebens und Nehmens vollständig vernichtet. Damit verschwinden nicht nur ein paar Baumstämme, sondern das gesamte über Zehntausende von Jahren angesammelte Nährstoffkapital auf Nimmerwiedersehen.

TUKANE sind
Pfefferfresser.
Tukane ernähren sich überwiegend von Früchten, die sie mit ihren mächtigen bunten Schnäbeln abpflücken. Weil der Riesentukan in Gefangenschaft gelegentlich aber auch mal Paprikafrüchte verspeist, wurde die ganze Familie früher als Pfefferfresser bezeichnet. Gemeint ist also nicht der echte Pfeffer, der zwar heute weltweit in den Tropen angebaut wird, aber wohl aus Südindien stammt, sondern die auch als Spanischer Pfeffer bezeichnete Gewürzpaprika. Sie ist in Südamerika heimisch, wo auch die Tukane vorkommen.

Wer lange ÜBERLEBT, ist, evolutionsbiologisch betrachtet, erfolgreich.

Das gilt sicher für Arten oder höhere Kategorien. Es wäre unfair, den Schildkröten, die den Aufstieg und Untergang der Dinosaurier in aller Seelenruhe er- und überlebt haben, keinen Erfolg in der Geschichte des Lebens zu bescheinigen. Ganz sicher falsch ist es aber, wenn wir den Evolutionserfolg des Individuums an seinem Lebensalter abzulesen versuchen. Überleben zählt nämlich nichts, Fortpflanzung alles. Nur wer es schafft, seine Gene in die nächste Generation einzuschleusen, kann einen persönlichen Erfolg für sich verbuchen. Wer alt wird, aber kinderlos stirbt, ist, evolutionsbiologisch betrachtet, ein Auslaufmodell. Das ist der Grund, warum viele Vogelmännchen mit aberwitzigen Schmuckfedern und auffälligem Verhalten auf sich aufmerksam machen. Was soll Mann auch tun, wenn Tarnfarben und Heimlichkeit zwar keine Feinde anlocken, aber auch keine Weibchen beeindrucken? Ginge es lediglich darum, in Frieden alt zu werden, dürfte kein Pfauenhahn sich mit einem derart übertriebenen Schwanzgefieder belasten, ein Handicap sowohl beim Sich-Verbergen als auch auf der Flucht. Kein Rothirsch wäre gezwungen, wertvolle Mineralstoffe und Spurenelemente Jahr für Jahr in ein möglichst großes Geweih zu investieren, und, falls es ihm tatsächlich gelingt, ein Rudel zu erobern und gegen Rivalen zu verteidigen, seine Kraftreserven im Herbst dermaßen zu erschöpfen, dass dadurch das Überleben im Winter ernstlich gefährdet wird. Angesichts der Unmenge solcher Beispiele, die uns die Biologie bietet, ist man versucht, die Individuen nicht als die Herren der Schöpfung, sondern als die Sklaven ihrer Gene zu betrachten.

UNKEn werfen sich bei Gefahr auf den Rücken.

Amphibien scheiden aus Hautdrüsen Giftstoffe aus, die sie mehr oder weniger ungenießbar machen. Manches Amphibiengift ist aber zu schwach, um alle Fressfeinde abzuschrecken. Kein Storch wird einen Gras- oder Wasserfrosch sitzen lassen. Das beste Mittel für diese Arten, Feinden zu entgehen, sind gute Verstecke, Tarnfarben und im Notfall Sprungkraft. Wer über potentere Gifte verfügt, plakatiert dies dagegen oft auffällig. Ein Beispiel aus der heimischen Fauna ist der Feuersalamander, dessen schwarz-gelbe Warnfärbung Übergriffe verhindern soll, was auch ganz gut funktioniert bei denen, die schon einmal Feuersalamander probiert haben. Noch wesentlich giftiger sind zahlreiche tropische Frösche, allen voran die Blattsteigerfrösche, deren Gifte zu den stärksten bekannten Tiergiften zählen (siehe Seite 132) Hier kann die erste Erfahrung bereits die letzte sein ... Die heimischen Unken, in Mittelgebirgen die Gelbbauchunke, im Flachland die Rotbauchunke, kombinieren die beiden typischen Froschlurch-Strategien. Oben tragen sie Tarnung, unten Warnung. Die rot oder gelb gefleckte Unterseite wird aber nur dezent zur Geltung gebracht. Ärgert man eine Unke, wirft sie sich keineswegs wie oft behauptet auf den Rücken, sondern biegt denselben nur durch, hebt den Kopf und dreht Arme und Beine nach oben. Dadurch werden die bunten Flecken der Unterseite teilweise sichtbar – eine Warnung an alle, die sich an ihr vergreifen wollen. Der stark riechende weißliche Schleim, den die Unke dabei ausscheidet, führt selbst beim Menschen zu Niesen, brennenden Schleimhäuten und Sekretfluss („Unkenschnupfen"). Die Warnung „Rühr-mich-nicht-an-ich-bin-ungenießbar" ist also durchaus berechtigt.

Der URVOGEL *Archaeopteryx* konnte so gut fliegen wie heutige Vögel.

Der Streit um die Flugfähigkeit des Urvogels *Archaeopteryx lithographica* tobt, seit die sensationellen Funde geborgen wurden, und – um es gleich vorweg zu sagen – er ist bis heute nicht endgültig entschieden. *Dass* er (oder sie, denn *Archaeopteryx* lässt sich entweder mit „alter Flügel" oder mit „alte Feder" übersetzen) fliegen konnte, steht außer Zweifel. Schließlich entsprechen die Anordnung der Federn und ihre asymmetrische Form weitgehend der bei flugfähigen heutigen Vögeln. Die Fußgänger unter den Vögeln haben dagegen keine asymmetrischen Federn mehr. Nur *wie gut* er fliegen konnte und ob er auch in der Lage war, sich vom Boden aufzuschwingen, ist umstritten. Arme und Schultergürtel waren nämlich noch sehr echsenähnlich. Insbesondere fehlt ein gekieltes Brustbein, an dem bei heutigen Vögeln die leistungsfähige Flugmuskulatur befestigt ist. Jeder, der sein Hähnchen mit der gebotenen Aufmerksamkeit verspeist, bemerkt, dass das leckere „Brustfleisch" immer in zwei Portionen zerfällt. Direkt am Knochen liegt die kleinere Portion. Das ist der Muskel, der den Flügel nach oben zieht. Die größere, außen liegende Portion besorgt den Abschlag. Beide Muskeln sitzen am zu diesem Zweck enorm großen Brustbein, das zusätzlich sogar noch mit einem die Muskelansatzfläche weiter vergrößernden Kiel versehen ist. Kaum vorstellbar, dass einer ohne ein solches gut entwickeltes Brustbein ordentlich fliegen kann. Denn wo sollte die kräftige Flugmuskulatur ansetzen? Aber vielleicht war es ja bei *Archaeopteryx* doch schon da – nicht als Knochen, sondern als am Fossil nicht erhaltener Knorpel?

Vor diesem Hintergrund wird die Aufregung verständlich, die der siebte *Archaeopteryx*-Fund im Jahr 1992 auslöste: An diesem Fossil wurde nämlich tatsächlich ein Brustbein nachgewiesen, zwar klein, aber verknöchert! Das und die längeren Hinterbeine lassen manche Wissenschaftler vermuten, dass dieser Urvogel nicht zur selben Art wie die sechs früher gefundenen gehört. Als Bayerischer Urvogel *Archaeopteryx bavarica* wurde er dem schon lange bekannten *Archaeopteryx lithographica* zur Seite gestellt.

VAMPIRe sind Fabelwesen.

Wer die Begegnung mit echten Vampiren nicht scheut, sollte seine nächste Reise nicht nach Transsylvanien buchen, sondern nach Südamerika fahren. Dort leben sie, der Gemeine Vampir, der Weißflügelvampir und der Kammzahnvampir, die drei einzigen Fledermaus-Arten, die sich von Blut ernähren. Geschickt auf allen vieren laufend nähert sich der Vampir einem Säugetier oder Vogel. Oft sind das Haustiere, es kann aber durchaus auch mal ein Mensch sein. Mit rasiermesserscharfen Zähnen schneidet er eine winzige Hautfalte ab und lässt das austretende Blut mit Hilfe der Zunge in seinen Mund fließen – eine kleine, fast schmerzlose Operation. Jede Nacht nimmt er bei einer Zehn-Minuten-Mahlzeit ungefähr vierzig Milliliter Blut auf, mehr als er selbst mit leerem Magen wiegt. Gefährlicher als der Aderlass selbst ist bei Weidetieren übrigens die Übertragung von Tollwut-Viren durch Vampire.

Je größer der VOGEL, desto größer die Eier.

Diese Aussage scheint auf den ersten Blick banal: Natürlich legen größere Vögel auch größere

Eier. Der statistische Zusammenhang besagt, dass eine Verdoppelung der Körpermasse des Weibchens eine Erhöhung der Eimasse um gut siebzig Prozent zur Folge hat. Betrachten wir die beiden Enden der Größenskala, bestätigt sich das: Die Eier des größten aller lebenden Vögel, des Afrikanischen Straußes, wiegen bei einer Größe von durchschnittlich 159 × 131 Millimeter etwa 1500 bis 1600 Gramm (die erst in historischer Zeit ausgestorbenen oder ausgerotteten Madagaskarstrauße mit ihren Neun-Kilogramm-Eiern lassen wir mal außen vor), die der winzigsten Kolibris bei einer „Größe" von 11 × 8 Millimeter etwa 0,4 Gramm. Allerdings, setzen wir das Ganze in Relation zum Körpergewicht, sieht die Sache schon anders aus. Dann braucht man etwa 80 bis 100 Straußeneier, um einen Strauß aufzuwiegen, aber nur vier oder fünf Kolibrieier wiegen schon genauso viel wie ein erwachsener Vogel! Im Vergleich zur Körpergröße legt der kleine Vogel das wesentlich größere Ei, und es wundert nicht, dass Kolibris nur ein oder zwei Eier ausbrüten, Strauße dagegen fünf bis elf Eier legen – trotz der gewaltigen Größe der Eier eine ungleich geringere Investition.

Wenn es um Eigröße geht, muss unbedingt der Kiwi genannt werden, der seltsame Wappenvogel Neuseelands, als flugunfähiger Laufvogel ein entfernter Verwandter des Straußes. Er ist der Vogel mit dem allergrößten Ei, verglichen mit seiner Körpergröße: Beim Zwergkiwi, der vom Schnabel bis zur Spitze des kaum vorhandenen Schwanzes ganze 35 bis 45 Zentimeter misst und zwischen einem und knapp zwei Kilogramm wiegt, ist es etwa elf Zentimeter lang, 7,2 Zentimeter breit und wiegt im Durchschnitt 300 Gramm. Es macht damit etwa ein Viertel des Gewichts eines (ebenfalls durchschnittlich viel wiegenden) Weibchens aus und ist vier Mal so groß wie der für einen Vogel dieser Größe erwartete Wert. Riesig ist auch der Dotter, der über 60 Prozent des Eivolumens einnimmt.

So wie der Kiwi durch seine überdimensionierten Eier überrascht der Kuckuck durch seine viel zu kleinen. Das hängt damit zusammen, dass der ziemlich große Kuckuck seine Eier zu viel kleineren Singvögeln ins Nest bugsiert, wo sie keinesfalls auf den ersten Blick als Mogelpackung erkennbar sein dürfen (siehe S. 181).

Einen Unterschied macht es auch, ob die Jungen als Nesthocker oder als Nestflüchter aus dem Ei schlüpfen. Erstere sitzen nahezu nackt im Nest, haben geschlossene Augen und sind weitgehend hilflos, letztere sind gleich nach dem Schlüpfen auf den Beinen und müssen, meist von den Eltern geführt und angeleitet, schon selbst Verantwortung übernehmen. Nehmen wir eine Rabenkrähe und einen Austernfischer, die beide ein gutes Pfund wiegen. Rabenkrähen mit ihren Nesthockerküken legen Eier mit einer Durchschnittsgröße von 42 × 30 Millimetern und einem Gewicht von etwa 19 Gramm. Beim Austernfischer, dessen Junge Nestflüchter sind, messen die Eier 56 × 40 Millimeter und wiegen durchschnittlich 46,5 Gramm, also mehr als das Doppelte! Zudem nimmt bei Nestflüchtern der Eidotter etwa 40 Prozent ein, bei Nesthockern lediglich 25 Prozent.

Genug der Zahlenspielerei! Eines aber wurde hoffentlich klar: Statistik hin oder her – die Natur lässt sich nur selten in ein einfaches Schema pressen.

Je größer der VOGEL, desto länger die Brutzeit.

Es gibt eine klare, mathematisch beschreibbare Beziehung zwischen Eimasse und Brutdauer. Verdoppelt sich die Eimasse, verlängert sich die Brutdauer um 16 Prozent. Wer den vorhergehenden Abschnitt bereits gelesen hat, weiß, dass sich aus der Körpergröße einer Vogelart nicht immer auf die Eigröße schließen lässt – und damit natürlich auch nicht auf die Brutdauer, die von eben dieser Eigröße abhängt.

Der Kiwi mit seinem Riesenei (siehe vorheriger Abschnitt) brütet denn auch zwei bis drei Monate (63 bis 92 Tage), nicht nur eine Folge der enormen Eigröße, sondern auch der relativ geringen Bebrütungstemperatur von etwa 35 Grad Celsius. Ähnlich lange sitzen nur noch einige Albatrosse auf ihren Eiern. Der Strauß bringt es gerade auf 42 bis 46 Tage. Eine der kürzesten Brutzeiten hat der heimische Buntspecht, dessen Küken bereits nach zehn Tagen schlüpfen und damit schneller als die vieler wesentlich kleinerer Singvögel, die meist zwölf bis vierzehn Tage brüten.

VOGELSCHNÄBEL sind starr und gefühllos.

Anders als Säugetiere mit ihren beweglichen Lippen lassen Vögel Mimik weitgehend vermissen. Das hängt sicher auch am Schnabel, der scheinbar starr mitten im Gesicht steht und dessen Oberfläche an totes, gefühlloses Horn erinnert. Das aber täuscht. Zunächst zur Beweglichkeit: Vögel können nicht nur, wie wir, den Unterkiefer gegen den Schädel bewegen, sondern auch den Oberkiefer. Zwei dünne Schubstangen, die im Zusammenhang mit dem Unterschnabelgelenk stehen, sorgen dafür, dass sich beim Öffnen des Schnabels auch der Oberschnabel bewegt. Dieser ist nicht über ein echtes Gelenk, sondern über eine Biegestelle mit dem Schädel verbunden – und das lange bevor diese Art der Verbindung zweier Formteile durch die Hersteller von Plastikdosen populär wurde. Wenn Sie sich ein Bild von der Beweglichkeit des Oberschnabels machen wollen, bleiben Sie beim nächsten Zoobesuch mal eine Weile bei den Papageien stehen. Ein spezielles Problem haben viele Schnepfenvögel. Stellen Sie sich zum Beispiel eine Bekassine vor. Von ihren 25 Zentimetern Körperlänge entfallen sieben Zentimeter auf den Schnabel. Und nun malen Sie sich aus, wie dieser dünne Schnabel bis zum Ansatz in den feuchten, schweren Schlamm gerammt wird, dann geöffnet wird, einen Wurm ergreift und wieder geschlossen wird. Dass das nicht funktionieren kann, leuchtet ein. Die Lösung der Schnepfen: Das durch die Schubstangen bewegte Biegegelenk liegt hier knapp hinter der Schnabelspitze, die dadurch separat beweglich wird.

Und wie steht's mit den Gefühlen? Zahlreiche sensible Nervenendigungen sorgen dafür, dass besonders Schnabelspitze und Schnabelrand zu den tastempfindlichsten Organen des Vogels gehören. Die Bekassine, die eifrig im feuchten Erdreich nach Nahrung sucht, stochert also nicht auf gut Glück „mit der Stange im Nebel", sondern erhält über ihre sensible Schnabelspitze genaue Informationen über das Ergebnis ihrer Sondierungen.

VOGELSPINNEN

ernähren sich von Vögeln. Ein klassischer Stich von Maria Sybilla Merian (1647–1717), die zu den frühen Erforscherinnen der südamerikanischen Flora und Fauna gehörte, zeigt die haarige Spinne an der Kehle eines von ihr überwältigten Kolibris. Die gefährliche, unheimliche, braune, erdgebundene Spinne tötet die bunten, harmlosen, Freude spendenden Wesen der Luft

– darin erfüllte sich ein Klischee, das viel zu schön war, um so
schnell wieder aufgegeben zu werden. Trotzdem: Derlei ist die absolute Ausnahme und keineswegs die Regel. Zu selten kreuzen sich
die Wege von Spinne und Vogel. Vogelspinnen ernähren sich ganz
überwiegend von Gliederfüßern, von Insekten, Asseln oder anderen
Spinnentieren also.

VOGELSPINNEN
sind die gefährlichsten Spinnen Süd-
amerikas. Vogelspinnen entsprechen dem klassischen Bild
der gruseligen Spinne so perfekt, dass ihnen viele häufig und ohne
groß nachzudenken auch die wirksamsten Gifte zuschreiben. Jeder
Punk, der eine Vogelspinne als cooles Accessoire hält und sie gelegentlich, mit den weit verbreiteten Spinnenphobien spielend, über
seine Hand laufen lässt, weiß aber, dass er sich damit keinesfalls
tödlicher Gefahr aussetzt. Abgesehen davon, dass Vogelspinnen gut-
mütig und ziemlich berechenbar sind, ließe sich auch ein gelegent-
licher Unfall verschmerzen. Ein reines Vergnügen ist ein Vogelspin-
nenbiss zwar nicht, aber das Risiko des anschließenden Ablebens
bleibt gering. Da weist die Spinnenwelt ganz andere Kaliber auf. Die
wahre Gefahr geht in Südamerika von der Kammspinne *Phoneutria*
aus (und wenn man Pech hat, kann man auch im Hamburger Hafen
ihre unangenehme Bekanntschaft machen; sie gehört zu den

„Bananenspinnen", die gelegentlich als blinde Passagiere auf Obstfrachtern importiert werden). Ich zitiere Horst Sterns Spinnen-Klassiker ‚Leben am seidenen Faden': „Sie macht mit den klassischen Warnfarben Schwarz und Rot, die sie in Gestalt lackschwarzer Giftklauen inmitten einer feuerroten Behaarung trägt, deutlich genug auf sich aufmerksam. Zudem hebt und spreizt sie, wenn sie sich bedroht fühlt, die vorderen Laufbeinpaare in die Höhe. An den Klauenenden, den Cheliceren, tritt Gift aus. Dann ist es höchste Zeit, einen Meter zurückzutreten, denn knapp die Hälfte dieser Distanz überwindet *Phoneutria* im Sprung, obwohl sie nur von mittlerer Größe ist: drei bis vier Zentimeter Körperlänge. Kleinkinder überleben ihren Biss nur selten; das rasch wirkende Nervengift lähmt ihnen das Atemzentrum, und sie ersticken. Es gilt bei diesen Kammspinnen nicht, dass gerade die giftigsten Spinnen die beißunlustigsten sind." Deshalb passieren in Südamerika zahlreiche Unfälle mit *Phoneutria*. Noch ein paar Details zur Wirkung des Giftes? „Es ist vor allem ein Schmerzgift, und … heftiger Schmerz allein kann einen Menschen töten, zumal dann, wenn dieser Schmerz stundenlang unvermindert anhält. Schon nach einer halben Stunde treten nervöse Störungen und eine teilweise Lähmung der Augenmuskeln ein, so dass die Lider kaum mehr gehoben werden können. Doppelbilder entstehen und heftige Schweißausbrüche bei Untertemperaturen. Die nervalen Reizleitungen versagen ihren Dienst, das Herz schlägt arhythmisch, das Atemzentrum ist gestört, und als Folge tritt in schweren Fällen Tod durch Ersticken ein … Dies Martyrium kann sechs oder zehn Stunden nach dem Biss eintreten. Es kann am Tag darauf aber auch alles spurlos überstanden sein, wenn nicht innerhalb der ersten Stunden der Tod eintritt." Dem ist nichts mehr hinzuzufügen.

Alle VÖGEL bauen Nester.

Unglaublich vielfältig sind die Bauwerke der Vögel. Vom schlampigen Spatzennest bis zum kunstvoll geflochtenen Bau eines Webervogels, vom offenen Napf einer Amsel bis zur geschlossenen Kugel einer Schwanzmeise reicht die Skala. Dabei werden die verschiedensten Materialen verarbeitet. Nicht nur Halme und Äste sorgen dafür, dass Eier und Nachwuchs es warm haben und weich liegen. Viele Schwalben bauen ihre Nester aus Lehm, ebenso der Töpfervogel, dessen Junge in der großen Tonkugel mit dem seitlich um die Ecke führenden Eingang sowohl vor Hitze als auch vor Nesträubern gut geschützt sind. Salanganen formen ihre kleinen Nestnäpfe aus ihrer eigenen Spucke (siehe Seite 287). Spechte meißeln in tagelanger Kleinarbeit Baumhöhlen. Das merkwürdige Thermometerhuhn türmt riesige Komposthaufen auf, in denen es seine Eier durch die Verrottungswärme ausbrüten lässt.

Auf der anderen Seite: Es geht auch ohne Nest. Woher sollten zum Beispiel die Kaiserpinguine im ewigen Eis der Antarktis Nistmaterial nehmen? Sie machen aus dem eigenen Körper ein Nest, indem sie ihr Ei auf den Füßen balancieren und es mit einer Bauchfalte einmummeln. Viele am Boden brütende Nestflüchter – dazu gehören zahlreiche Seevögel – investieren ebenfalls kaum Arbeit in aufwändige Nestkonstruktionen. Eine in den Sand gedrehte Mulde, ein paar symbolische Halme oder dekorative Muschelschalen genügen oft. Schließlich dient das Provisorium nicht als Kinderstube, sondern nur als Brutstätte. Die Kleinen sind wenige Stunden nach dem Schlüpfen schon mit ihren Eltern auf und davon. Völlig auf den Nestbau verzichten die Falken, die entweder Felsnischen nutzen oder sich umsehen müssen, ob sie nicht einen günstigen Altbau beziehen können, ein Krähennest vom Vorjahr etwa. Und natürlich kommt auch der Kuckuck ganz ohne (eigenes) Nest aus.

VÖGEL brüten nur im Frühjahr.

Brüten im Frühjahr hat zwei entscheidende Vorteile: Die Temperaturen steigen, so dass die Gefahr der Auskühlung von Gelege und Jungen geringer wird (bzw. die elterliche Investition in die Heizkosten sinkt). Der zweite und weit wichtigere Vorteil des Frühjahrs: Die Welt wimmelt plötzlich von kleinen Tieren. Die meisten heimischen Singvögel füttern ihre Jungen mit Insekten und Spinnen, die im Winter kaum zu finden, im Frühjahr dagegen reichlich vorhanden sind. Da Nestbau, Brut und Aufzucht der Jungen bei kleinen Vogelarten nur wenige Wochen in Anspruch nehmen, brüten zahlreiche Arten sogar zwei Mal im Jahr. So zieht sich die Brutperiode oft weit in den Sommer hinein.

Das Nahrungsangebot ist auch der Grund, warum sich eine unserer Singvogel-Arten diesem Schema gänzlich entzieht: der Fichtenkreuzschnabel. Kreuzschnäbel sind auf die Ausbeutung von Nadelbaumzapfen spezialisiert. Mit den vorne gekreuzten Schnabelspitzen haben sie auch das entsprechende Werkzeug, um Samen aus Zapfen zu gewinnen. Trotzdem ist das recht mühsam, solange die Zapfen noch fest geschlossen sind. Zur Selbstversorgung genügt es zwar, nicht aber um noch ein Nest voller Jungen durchzufüttern. Im Winter aber beginnen die Zapfen endlich, sich zu öffnen und ihre Samen freizugeben. Dann ist der Tisch für die Kreuzschnäbel reich gedeckt. Die auf der Suche nach Gebieten mit einer reichen Ernte herumvagabundierenden Vögel bauen jetzt dort ihr Nest, wo viele Zapfen locken. Die meisten Kreuzschnäbel beginnen im Januar oder Februar mit der Brut. Mitten im Winter ziehen sie ihre Jungen auf.

Alle VÖGEL können fliegen.

„Alle Vögel fliegen hoch!" Einen Vogel zu erkennen, ist wirklich ein Kinderspiel: Er hat einen Schnabel, er hat Federn, und wenn's brenzlig wird, fliegt er weg. Tatsächlich treffen die beiden ersten Merkmale ausnahmslos zu. Das Fliegen jedoch haben manche Vögel aufgegeben. Die Pinguine zum Beispiel, die ihre Flügel allerdings noch zum „Flug unter Wasser" benutzen. Die bekanntesten Fußgänger sind der größte aller Vögel, der Vogel Strauß und seine Pendants aus Südamerika (Nandu-Arten), Australien (Emu) und Neuguinea (Kasuar). Auch die Nationalvögel Neuseelands, die merkwürdigen Kiwis, haben nur noch winzige Flügelreste, versteckt unter einem pelzähnlichen Federkleid. Die meisten Nicht-Flieger haben sich wie die Kiwis auf Inseln entwickelt, auf denen ihnen keine Feinde das Leben schwer machen. Oder machten, denn im Gefolge des Menschen sind oft Ratten, Katzen, Marder oder Füchse aufgetaucht. Kein Wunder, dass viele der wehrlosen Vögel schnell ausstarben oder extrem selten geworden sind. Oft hat auch der Mensch selbst nachgeholfen. Der pinguinähnliche Riesenalk des Nordatlantiks landete ebenso im Kochtopf wie die berühmte Dronte, ein truthahngroßer Vogel von Mauritius, von dem außer einigen mumifizierten Körperteilen und skurrilen Bildern nichts übrig blieb.

Nur VÖGEL haben Federn.

Vom heutigen Standpunkt aus betrachtet, ist das eine Binsenweisheit. Schließlich weiß jeder, dass alle Vögel Federn haben und dass ausschließlich die Vögel, und nicht etwa auch noch andere Tier-Arten, befiedert sind. Kompliziert wird es erst, wenn wir einen Blick in die Vergangenheit werfen. Der Urvogel *Archaeopteryx*, der vor

V 140 Millionen dort flatterte, wo heute Bayern liegt (von dem damals noch keiner sprach), ist an den bei einigen Funden hervorragend erhaltenen Federabdrücken zwar deutlich als Vogel erkennbar. Manche Urvögel mit sehr schlecht erhaltenen Federn wurden allerdings erst nachträglich identifiziert. Ihre Reste schlummerten in Museumsschubladen, einsortiert bei den Reptilien. Am Skelett des Urvogels gibt es nämlich kein einziges Merkmal, das nicht auch bei kleinen Sauriern nachgewiesen ist. Wäre das Evolutions-Experiment *Archaeopteryx* & Co nicht so erfolgreich verlaufen und gäbe es heute keine Vögel, würden Paläontologen den Urvogel ohne größere Bauchschmerzen als merkwürdigen kleinen Saurier klassifizieren. Noch schwieriger wird die scheinbar so einfache Sache mit den Federn durch weitere Funde gefiederter Echsen aus der Zeit kurz nach *Archaeopteryx*, die in den letzten Jahren in China gelangen. Waren die Vögel also gar nicht das einzige Federvieh der Erdgeschichte?

Alle ZugVÖGEL fliegen nach Afrika.

Natürlich ziehen die amerikanischen Brutvögel ein Winterquartier in Mittel- und Südamerika vor. Aber selbst wenn wir den Blickwinkel auf unsere heimische Vogelwelt verengen, stimmt das nicht. Denn bei weitem nicht alle Zugvögel gehören zu den Fernwanderern wie der Storch, der im westlichen und südlichen Afrika überwintert und im letzteren Fall zwei Mal im Jahr über 10 000 Kilometer zurücklegen muss. Zahlreiche Arten sind Kurzstreckenzieher, die damit lediglich den Härten des Winters ausweichen. Das geht in Europa (wie wir alle wissen – Mallorca lässt grüßen) schon an den Gestaden des Mittelmeers. Viele dieser Vogel-Arten ziehen aber weniger nach Süden als nach Westen. Denn im vom Meer geprägten Westeuropa mit seinen milden Wintern lässt es sich schon gut aushalten. Manche Mönchsgrasmücken, traditionell Überwinterer in Südeuropa, haben in den letzten Jahren sogar England als Winterquartier entdeckt und ziehen im Herbst nach Nordwesten statt in den Süden.

Nicht immer nehmen Zugvögel den kürzesten Weg. Während viele Kleinvögel das Mittelmeer nonstop überfliegen, machen Störche und viele Greifvögel den Umweg über Gibraltar oder den Bosporus. Die spezialisierten Segelflieger bedienen sich lieber der Thermik über dem Festland, statt im Kräfte raubenden Schlagflug übers Meer zu ziehen. Schwieriger zu erklären ist der weite Weg des Steinschmätzers. Der in ganz Europa und Nordasien verbreitete Kleinvogel brütet auch in Nordamerika, und zwar in Alaska und Ostkanada. Alle Steinschmätzer überwintern in Afrika, auch die „Amerikaner", obwohl in Südamerika geeignete Winterquartiere viel näher lägen. Dabei wandern die Brutvögel aus Alaska nach Südwesten durch ganz Sibirien, während die Kanadier, ebenso wie die Brutvögel Grönlands und Islands, nach Südosten fliegend den Atlantik überqueren. Wahrscheinlich vollziehen die Steinschmätzer mit ihrer Zugroute jedes Jahr die nacheiszeitliche Eroberung ihrer heutigen Brutgebiete nach.

Bei VÖGELn sind Männchen immer schöner als Weibchen.

Abgesehen davon, dass Schönheitsempfinden subjektiv ist und manchem vielleicht das vornehm dezente Muster der Auerhenne besser gefällt als das protzig prangende Gefieder des Hahns, lässt sich doch feststellen, dass das buntere und auffälligere Geschlecht bei den Vögeln gewöhnlich das männliche ist. Das hängt mit der Rollenvertei-

W lung bei Balz und Brut zusammen. Männer übernehmen bei der Werbung meist den aktiven Part, stellen sich zur Schau und spreizen sich vor der holden Weiblichkeit, die dann die Wahl trifft – und nachher oft den Hauptteil des Brutgeschäfts übernimmt. Besonders exotisch gefärbt sind Männchen von Arten, die sich in Balzarenen treffen und dort konkurrieren. Kampfläufer zum Beispiel, bei denen jedes Männchen eine verschieden gefärbte Halskrause hat, oder Paradiesvögel, das Nonplusultra, was Gefiederfarbe, Federschmuck und skurrile Verhaltensweisen anbelangt.

Solche Unterschiede gibt es aber nicht überall. Bei zahlreichen Vogel-Arten sind die Geschlechter gleich gefärbt und, falls überhaupt, nur an winzigen Details zu unterscheiden. Reiher, Störche, Gänse, viele Greifvögel, Möwen, Seeschwalben, zahlreiche Watvögel, Tauben, Eulen, aber auch Singvögel wie Rotkehlchen, Laubsänger oder Krähen gehören zu dieser Gruppe. Und schließlich gibt es noch die wenigen Fälle, in denen die Rollen vertauscht sind. Beim Odinshühnchen und Thorshühnchen, trotz dieses Namens keine Hühner-, sondern Watvögel des hohen Nordens, sind die Weibchen prächtiger als die Männchen. Sie balzen und übernehmen die Initiative bei der Begattung. Das nicht sehr aufwändig gestaltete Nest wird überwiegend vom Männchen gebaut, das auch das ganze Brutgeschäft erledigt – bis auf das Eierlegen selbst natürlich. Damit ist die Partnerschaft auch schon am Ende. Das Interesse des Männchens an seinem Weibchen erlischt schlagartig, es konzentriert sich nun ganz auf seine neue Aufgabe als Vater. Derweil hat seine Holde das Brutgebiet meist schon längst verlassen.

WAL ist die Kurzform
von Walfisch.
Dass Wale keine Fische sind, sondern Säugetiere, ist heute (fast) jedem geläufig. Aber wie oft rutscht uns in unbedachten Momenten der verräterische „Walfisch" heraus! Zu frappierend ist die äußere Ähnlichkeit der Meeressäuger mit den Fischen, eine Übereinstimmung allerdings, die nicht auf naher Verwandtschaft, sondern auf gleich gerichteter Anpassung an den Lebensraum Meer beruht. Die Evolution belohnt Energiesparer, und die elegante Spindelform mit Heckantrieb (bei Fischen mit einer senkrechten Schwanzflosse, bei Walen mit der typischen waagerechten Fluke) ist für schnelle Hochseeschwimmer optimal. Strömungsgünstiger können auch Techniker nicht konstruieren.

Unter der extravaganten Verpackung entpuppt sich der Wal aber als typisches Säugetier mit einer Lunge und warmem Blut. Statt eines Fells, das bei einem dauernd im Wasser lebenden Tier nutzlos wäre, besorgt eine Fettschicht die nötige Isolation. Wale wachsen im Mutterleib heran und werden in den ersten Lebensmonaten gesäugt – mit einer Milch, die fünfzig Prozent Fett enthält (zum Vergleich: Sahne hat nur fünfundzwanzig bis dreißig Prozent). In den Vorderflossen der Wale verbergen sich altbekannte Knochen: Schulterblatt, Oberarm, Elle und Speiche, Finger. Hinterbeine sucht man allerdings vergebens. Bei frühen Walen äußerlich noch sichtbar, sind sie im Lauf der Evolution verschwunden. Bei den heutigen Walen erinnert nur noch eine äußerlich nicht sichtbare Knochenspange, der Rest des rückgebildeten Beckens, daran, dass Wale vierbeinige Vorfahren hatten. Ganz funktionslos ist der kleine Knochen aber noch nicht. Zumindest beim Pottwal sitzt daran ein Teil der Muskulatur, die den Penis aufrichtet. Schließlich benehmen sich Wale auch in intimen Stunden ganz so, wie es sich für Säugetiere gehört ...

WALe blasen beim Auftauchen Wasser aus.

Aus der Tiefe des Meeres taucht ein gewaltiger Körper auf. Kaum hat der Wal die Wasseroberfläche erreicht, stößt er eine hohe Wasserfontäne aus – jedenfalls in Comics und Trickfilmen. In Wirklichkeit ist alles heiße Luft. Wie jedes andere Säugetier hat auch der Wal eine Nasenöffnung. Allerdings liegt sie an einer unkonventionellen Stelle: Im Lauf der Evolution ist sie von vorne nach oben auf den Kopf gewandert.

Nach einem langen Tauchgang wird die verbrauchte, warme Atemluft mit lautem Zischen unter hohem Druck ausgestoßen. Was dann passiert, kennt jeder aus eigener winterlicher Erfahrung: In der kühlen Umgebung kondensiert der Wasserdampf und es entsteht eine Wolke, bei Walen „Blas" genannt, der Ursprung der Legende vom Springbrunnen. An Form und Größe des Blas' lassen sich einzelne Wal-Arten sogar unterscheiden. Beim Blauwal schießt der Blas in Form einer hohen dünnen Säule neun Meter empor. Der Grauwal erzeugt mit Hilfe seiner beiden Nasenlöcher eine doppelte, der Pottwal, der nur ein Blasloch hat, eine einzelne, schräg nach vorn weisende Wolke. So gewaltig wie oft erwartet ist das Lungenvolumen der Wale übrigens gar nicht. Sauerstoff wird überwiegend im roten Farbstoff der Muskeln (Myoglobin) gespeichert. Bei langen Tauchgängen werden Herz und Hirn bevorzugt mit Sauerstoff versorgt.

WALe sind riesig.

Zwar stellen Wale mit dem Blauwal (bis 33 Meter Länge) und dem Finnwal (bis 25 Meter) die größten Tiere der Erde (siehe Seite 63). Das heißt aber noch

lange nicht, dass Wale ausnahmslos riesig groß sind. Schauen wir
an das andere Ende der Größenskala der ungefähr neunzig Wal-Arten. Hier sind es die vier Schwarz-Weiß-Delfin-Arten der Gattung
Cephalorhynchus, die keine eineinhalb Meter lang werden. Der Jaco-
bita, der Chile-Delfin, der Heavyside-Delfin und der Hector-Delfin,
überaus aparte, schwarz und weiß gefärbte Erscheinungen, passen
mit diesen Maßen sogar noch in eine Badewanne. Artgerechte Haltung wäre das allerdings nicht. Die Jacobitas können mit siebzig Kilometer pro Stunde durch das Wasser sausen. Wer diese winzigen
Wale beobachten will, muss auf die Südhalbkugel reisen. Aber auch
der einzige regelmäßig in einheimischen Gewässern der Nordsee
kreuzende Wal, der Schweinswal (*Phocaena phocaena*), ist mit eineinhalb bis knapp zwei Meter Länge und 54 bis 65 Kilogramm Masse ein Leichtgewicht unter den Walen.

WALe und Delfine gehören zu verschiedenen Tiergruppen. Zwischen

den elegant durchs Wasser schießenden, verspielten Delfinen und
den ruhig die Ozeane durchpflügenden Riesenwalen scheinen Welten zu liegen, und doch sind Delfine nichts anderes als kleine Wale.
Leicht erkennbar ist das zum Beispiel an der waagerechten Schwanzflosse, dem Blasloch und den zu Flossen umgebildeten Armen.
Im streng hierarchischen System der Biologen bilden die Wale eine
Ordnung der Säugetiere. Die ungefähr neunzig Wal-Arten wiederum lassen sich in Bartenwale (zehn Arten) und Zahnwale (etwa
achtzig Arten) unterteilen. Zu Ersteren, die ihre überwiegend aus
Plankton-Krebsen (Krill) bestehende Nahrung mit hornigen Barten
aus dem Wasser seihen, gehören die Riesen der Meere, angeführt
vom bis 33 Meter langen Blauwal. Noch der kleinste Bartenwal, sin-

nigerweise Zwergglattwal genannt, wird fünf bis sechs Meter lang. Die meisten Zahnwale sind kleiner als die Bartenwale (der bis zu zwanzig Meter lange Pottwal ist die Ausnahme). Ihnen steht der Sinn nach Habhafterem. Sie jagen Fische und Tintenfische, der Schwertwal auch Robben und andere Wale. Die Delfine, mit zwanzig Arten die umfangreichste Familie der Wale, werden zwischen 1,2 und viereinhalb Meter lang.

WALe haben keine Haare.

Wale sind Säugetiere und zum Grundplan des Säugetiers gehört das Haarkleid wie zum Vogel die Federn. Die Aufgabe des Fells ist die Isolation. Denn Säugetiere sind gleichwarm und wer gut isoliert ist, spart Energie. Ausnahmen von dieser Regel gibt es allerdings. Heutige Elefanten und Nashörner zum Beispiel sind weitgehend haarlos. Das Problem dieser in tropischen Gefilden lebenden Riesensäuger ist nicht, sich gegen Wärmeverlust zu schützen, sondern – ganz im Gegenteil – sich keinen Hitzschlag zuzuziehen. Denn die gewaltigen Körper produzieren so viel Wärme, die bei allen Muskelbewegungen und Stoffwechselvorgängen zwangsläufig als „Abfall" anfällt, dass diese Gefahr ständig besteht. Deshalb also statt Fell eine fast nackte Haut. Darüber hinaus kühlen sich die Elefanten, indem sie an der Rückseite der gewaltigen Ohrmuscheln Feuchtigkeit abgeben, die beim Verdunsten Wärme entzieht. Viele Wale schwimmen dagegen in kalten Gewässern. Sie brauchen eine effektive Isolierung. Trotzdem fehlt ihnen das Fell. Das leuchtet ein, denn ein nasses Fell wärmt nicht. Seine Aufgabe übernimmt eine dicke Fettschicht unter der Haut. Dass Wale von ganz „normalen" vierbeinigen und behaarten Landsäugern abstammen, lässt sich aber gleich doppelt belegen. Einmal dadurch, dass Walembryonen im mütterlichen Uterus eine behaarte Phase durchmachen, ein deutlicher Hinweis darauf, dass früher auch die Erwachsenen ein Fell hatten. Zum anderen dadurch, dass die großen Meeressäuger selbst noch eine kleine Erinnerung an ihre bepelzten Vorfahren tragen (Evolutionsbiologen sprechen in solchen Fällen von „Rudimenten"): Am Kopf der großen Bartenwal-Arten finden sich einige Reihen entfernt voneinander stehender Haare, die vielleicht die Rolle von Geschwindigkeits- und Strömungsmessern spielen. Und ein schütterer kleiner Kinnbart dient vermutlich als Tastorgan.

Vor strengen Wintern bilden WALDBÄUME viele Samen.

Vieles ist berechenbar geworden, nicht aber das Wetter. Hartnäckig entzieht es sich allen Versuchen längerfristiger Vorhersage, obwohl wir seit Jahrhunderten nach verlässlichen Regeln suchen. Bäume jedenfalls können ebenso wenig in die Zukunft schauen wie wir. Ob ein Baum fruchtet oder nicht, hängt eher vom vergangenen Frühjahr ab als vom kommenden Winter. Gutes Flugwetter für die Pollen – die meisten heimischen Waldbäume sind windbestäubt – ist eine Voraussetzung für reichen Fruchtansatz. Auch die Kondition des Baumes spielt eine Rolle. Eine Buche oder eine Eiche mit ihren großen, energiereichen Samen kann sich nicht jedes Jahr voll verausgaben. Bei einer Lebensdauer, die in die Jahrhunderte geht, ist das auch überhaupt nicht nötig. Alle paar Jahre eine „Vollmast" genügt vollauf. Der unregelmäßige Rhythmus der Samenproduktion hat noch einen weiteren, wichtigen Vorteil: Er vermindert die Verluste durch Pflanzen fressende Insekten. Viele Insekten sind nämlich auf die Samen bestimmter Baumarten spezialisiert. Der Eichelbohrer zum Beispiel, ein kleiner Rüsselkäfer, hat seine Kinderstube in der Eichel. Gäbe es Jahr für Jahr ein hohes Angebot an Eicheln, wäre das ein gefundenes Fressen für den Eichelbohrer. Er könnte einen hohen Bestand aufbauen und halten. Folgen aber mehrere magere Jahre aufeinander, können sich jeweils nur wenige Käfer fortpflanzen. Einer plötzlichen Eichelschwemme in einem Mastjahr stehen dann nur ein paar Käfer gegenüber, die das riesige Angebot nicht nutzen können – der Baum hat seinem Schädling ein Schnippchen geschlagen! Kranke Bäume halten sich allerdings oft nicht an diese Regel. Sie fruchten nicht selten jährlich, eine Art „Witwe-Bolte-Effekt". Sie erinnern sich: Jede legt noch schnell ein Ei, und dann kommt der Tod herbei.

Der Ausdruck „Mast" stammt übrigens aus einer Zeit, in der die Schweine noch in den Wald getrieben wurden. Ein Mastjahr mit vielen Bucheckern und Eicheln gab fette Schweine.

WALDBEEREN zu essen ist äußerst riskant. *Echinococcus multilocularis* heißt der Übeltäter, der uns die letzten Freuden im deutschen Wald vergällt. Die Angst vor Infektionen mit dem Fuchsbandwurm – so sein deutscher Name – führt inzwischen zu regelmäßigen Warnungen vor dem Konsum von Waldbeeren. Manche Zeitungen (besonders die mit den riesigen Buchstaben) schüren gar Hysterie. Wer dem lockenden Rot der Walderdbeere nicht widerstehen könne, sei so gut wie todgeweiht. Blau-, Him- und Brombeeren tabu, Bärlauchblätter des Teufels? Wie real ist die Gefahr wirklich?

Normalerweise führt sein Lebenszyklus den Fuchsbandwurm durch Fuchs und Maus. Im Darm des Fuchses leben die winzigen, nur ein bis drei Millimeter langen erwachsenen Würmer, ohne groß zu schaden. Ihre Eier werden mit dem Kot des Fuchses nach außen transportiert. Wird ein solches Ei zufällig von einer Maus aufgenommen, entwickelt sich in dieser ein tumorartig wucherndes Gebilde, das später Hunderttausende winziger „Bandwurmköpfchen" enthält. Fängt und frisst ein Fuchs die Maus, kann jedes dieser Köpfchen zu einem erwachsenen Tier werden. Gerät ein vom Fuchs ausgeschiedenes Ei aber (wie auch immer) in den Menschen, passiert meist – gar nichts. Unser Immunsystem macht gewöhnlich kurzen Prozess mit dem Eindringling. In seltenen Fällen aber versagt es. Dann wächst im befallenen Menschen, ähnlich wie in der Maus, larvales Bandwurmgewebe wie ein Tumor. Meist ist die Leber befallen. Symptome treten oft erst nach vielen Jahren auf, wenn Operationen unmöglich geworden sind. Medikamente vermögen die Krankheit allenfalls zu bremsen, nicht aber zu heilen. Alles in allem eine scheußliche und tatsächlich zum Tode führende Krankheit, gegen die man sich natürlich vorzusehen versucht, selbst wenn sie nur sehr selten auftritt – kein Trost für den Betroffenen.

Wie aber kann man sich schützen? Ein Problem besteht darin, dass zwischen Infektion und Diagnose meist viele Jahre liegen. Wie sollen nach so langer Zeit Infektionswege sicher rekonstruiert werden? So ist es bisher in keinem Fall gelungen, nachzuweisen, auf welchem Weg das Parasitenei in den Körper des späteren Opfers kam. Soviel ist aber bekannt: Landwirte und Jäger sind etwas stärker gefährdet als andere Personen.

Soll man nun angesichts dieser äußerst unsicheren Beweislage und des zwar geringen, aber doch vorhandenen Risikos der leckeren Waldbeeren völlig entsagen? Mein eigener Ausweg aus dem unbestreitbaren Dilemma: Ich meide an Waldrändern und in der Umgebung von Baumstubben oder ähnlich herausgehobenen Stellen in Bodennähe wachsende Beeren. An solche Stellen koten Füchse gerne und in der Nähe von Fuchskot wachsende Beeren zu essen, heißt nun wirklich, das Schicksal herauszufordern. Wer ganz auf Nummer sicher gehen will, muss auf frische Waldfrüchte zwar wirklich verzichten, kann aber immerhin noch Marmelade kochen. Erhitzung auf über sechzig Grad Celsius tötet die Bandwurmeier zuverlässig ab.

Die krautigen Pflanzen des WALDBODENS sind Schattenpflanzen.

Alle Pflanzen brauchen Licht zum Leben (von wenigen Parasiten mal abgesehen). Trotzdem stehen nicht alle gerne in der prallen Sonne. Dort nämlich kann Wasser knapp werden. Wenn die Pflanzen nicht gerade im Sumpf wurzeln, müssen aufwändige verdunstungshemmende Maßnahmen das Austrocknen verhindern. Im Schutz der Bäume kann man sich solche sparen. Hier bleibt der Boden meist feucht. Dafür wird Licht zur Mangelware. Unter den geschlossenen Baumkronen erreichen nur wenige Prozent des Lichtes den Untergrund – zu wenig für viele Pflanzen am Waldboden. Die Lösung des Dilemmas: In Laubwäldern dehnt sich ein Blütenteppich aus Buschwindröschen, Schlüsselblumen und Blausternen aus, solange die Sonnenstrahlen ungehindert auf den Waldboden fallen, bevor die Bäume ausschlagen also. Wenn die Bäume dann oben dicht machen, ist unten alles schon gelaufen. Die unterirdischen Speicherorgane sind für die nächste Saison gefüllt und Samen gebildet.

Im Schatten dichter „Fichtenäcker" fehlt Unterwuchs dagegen völlig. Den Lichtblick im Frühjahr gibt es hier nicht. Denn unter den immergrünen, eng gepflanzten Nadelbäumen reicht das Licht auch für „Schattenpflanzen" nicht zum Leben.

Wenn der WALDKAUZ ruft, kündet er den nahen Tod an. Als die

Menschen noch mit den Hühnern zu Bett gingen, war die Welt nachts dunkel. Keine Straßenlaternen, keine Leuchtreklame, keine hellen Fenster. Kerzen brannten allenfalls noch am Bett schwer Kranker, die nächtlicher Pflege bedurften. Licht aber zieht Nachtfalter magisch an. Warum, wissen wir bis heute nicht genau. Aber wir können davon ausgehen, dass sich früher, als Lichter viel knapper und Falter viel häufiger waren, an einsamen Leuchtquellen ganze Wolken von Schmetterlingen einfanden. Und natürlich auch ein paar Schmetterlings-Liebhaber: Fledermäuse, Spitzmäuse, die die Abgestürzten einsammelten, Steinkäuze und Waldkäuze. Und wenn Letztere dann noch ihr durchdringend lautes „kju-witt", also „komm mit", ertönen lassen und im Verlauf der nächsten Tage, gar nicht so unwahrscheinlich, der Todkranke stirbt – na, da kann man doch fast verstehen, dass unseren Altvorderen der Ruf des „Totenvogels" durch Mark und Bein ging!

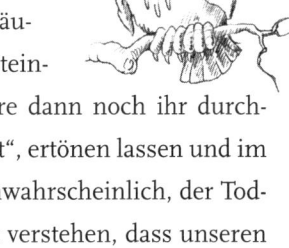

WALNÜSSE sind Nüsse.

Als Nuss darf sich von Rechts wegen nur bezeichnen, was außen eine harte Schale hat. Das ist bei der Walnuss zwar der Fall, wenn sie auf dem Markt verkauft wird, nicht aber, wenn sie noch am Baum hängt. Dann ist sie nämlich in eine grüne fleischig-faserige

Hülle verpackt, die erst zur Fruchtreife aufspringt und die „Nuss" freigibt. Das Ganze nennt sich, botanisch korrekt, einsamige Steinfrucht. Dass auch Pflaumen, Pfirsiche und Holunder„beeren" Steinfrüchte sind, verblüfft zunächst. Aber hier umgibt ebenfalls das Fruchtfleisch einen harten Kern, der den Samen einschließt. Und die Kokosnuss? Auch hier Fehlanzeige: Wie die Walnuss (und aus den gleichen Gründen) wird sie als einsamige Steinfrucht bezeichnet. Nur die Haselnuss enttäuscht uns nicht. Wenigstens sie findet auch vor dem strengen Auge des Botanikers Gnade: eine echte Nuss.

WALROSSE graben mit den Stoßzähnen nach Muscheln.

Die Walrosse, nach den See-Elefanten die größten und schwersten Robben, haben beeindruckende Stoßzähne. Die Hauer, verlängerte und zeitlebens wachsende obere Eckzähne, können bei Männchen über einen Meter lang werden, wenn sie auch selten länger als einen halben Meter sind. Bei Weibchen bleiben die Hauer kleiner. Walrosse ernähren sich überwiegend von Muscheln. Lange galt deshalb als ausgemacht, dass ihre riesigen Eckzähne vor allem dem Freilegen von Muscheln am Meeresboden dienten. Eine andere Deutung ist im lateinischen Gattungsnamen *Odobenus* verborgen, der „Zahngänger" bedeutet. Beides mag hin und wieder vorkommen, sowohl der Hauereinsatz beim Ausgraben von Muscheln als auch beim Übers-Eis-Ziehen des schweren Körpers. Die Hauptaufgabe der Riesenzähne liegt aber im sozialen Bereich. Walrosse sind sehr gesellig, wobei die begehrtesten Plätze die mitten in der Gruppe sind. Dort liegen regelmäßig die Bullen mit den längsten Hauern. Sie dominieren auch während der

Paarungszeit über weniger üppig ausgestattete Konkurrenten. Damit ist klar: Stoßzähne sind (ähnlich den Geweihen der Hirsche) soziale Rangabzeichen, die einerseits wohl schon im Vorfeld signalisieren, mit wem man es zu tun hat, andererseits auch direkt dazu eingesetzt werden können, eben diesen Rang zu verteidigen.

Alle WANZEn saugen Blut.

„Flöh' und Wanzen gehören auch zum Ganzen". Ob Goethe damit resignierend die Realität bedichtet oder schon ganz moderne Einsichten in ökologische Zusammenhänge? Ihr Blutsauger-Image verdanken die Wanzen vor allem der flügellosen Bettwanze, die nächtens aus Matratzenritzen krabbelnd unschuldige Schläfer ansticht. Verbesserte Hygiene setzte dem zu Goethes Zeiten noch weit verbreiteten Ungeziefer schwer zu. In Mitteleuropa eine Bettwanze zu finden, ist inzwischen ein echtes Kunststück. Vor Menschenblut saugenden Wanzen muss man bei uns deshalb keine Angst mehr haben. Südamerikareisende dagegen sollten sich vor Raubwanzen hüten. Sie können einen gefährlichen parasitischen Einzeller übertragen, der die Chagas-Krankheit hervorruft.

Zwar haben alle Wanzen einen Stechrüssel. Sehr viele Arten saugen damit aber nur Pflanzensäfte. Die räuberisch lebenden Arten erbeuten ganz überwiegend andere Insekten. Manche spielen deshalb auch bei der biologischen Schädlingsbekämpfung eine wichtige Rolle.

WASCHBÄREN

waschen ihr Futter, bevor sie es fressen. Eigentlich müsste er nicht Waschbär, sondern „Tastbär" heißen. Ohne genau hinzusehen tastet er mit den Pfoten im seichten Wasser kleiner Bäche nach Beute, sucht in Ritzen, Spalten und unter Steinen nach Krebsen, Würmern, Schnecken oder Insektenlarven. Was er erbeutet, wird beschnuppert und, falls essbar, gründlich durchgekaut. Den Waschzwang scheinen nur gefangene Waschbären zu entwickeln, die sich dieser von ihnen bevorzugten Art des Beutefangs nicht hingeben können. Sie beginnen, ersatzweise Futter ins Wasser zu werfen und zu „waschen", oder führen sogar die entsprechenden Bewegungen als reine Trockenübung durch, wenn Wasser ganz fehlt.

Ohne WASSER gibt es keine Frösche.

Frösche lieben das Wasser. Das heißt aber nicht, dass sich jeder Frosch nur wohl fühlt, wenn ihm das Wasser bis zum Hals steht. Einen richtigen Wüstenfrosch gibt es in der Sonorawüste Nordamerikas. Der Schaufelfuß überdauert, metertief eingegraben in Höhlungen, die er mit Schleim auskleidet, elf Monate Trockenheit. Das Trommeln des Regens auf der Erdoberfläche erweckt ihn zum Leben. Jetzt geht's in Windeseile um die beiden wichtigsten Dinge der Erde: Fressen und Sex. Eine einzige Nacht im Jahr schallt ein vielstimmiges Froschkonzert durch die Wüste, dann wird gelaicht.

Dort, wo der Gesprenkelte Kurzkopffrosch lebt, geht es sogar noch extremer zu. In der südafrikanischen Küstenwüste regnet es so gut wie nie. Feuchtigkeit bringt nur der Nebel. Die Frösche „trinken" das kondensierte Wasser durch die Haut. Selbst die Kinder dürfen nie schwimmen. Ihre Eier, aus denen direkt kleine Fröschchen schlüpfen, legen die Weibchen in den Sand und decken sie zum Schutz gegen Austrocknung mit einer Schicht unbefruchteter Eier ab.

Holz schwimmt immer auf dem WASSER.

Mit Wasser vollgesaugt, sinkt fast jedes Holz. Selbst Balsaholz, in trockenem Zustand mit einem spezifischen Gewicht von 0,18 fünfmal leichter als Wasser, geht dann unter. Ungewöhnlich ist aber Holz, das selbst in trockenem Zustand nicht schwimmt. Sein sprechender Name: Eisenholz. So werden die Hölzer einiger Baum-Arten bezeichnet, die alle extrem schwer und hart sind. Zum Teil lassen sie sich nur maschinell bearbeiten, mit Äxten steht man ihnen machtlos gegenüber. Genutzt werden sie heutzutage für Eisenbahnschwellen, Telegrafenmaste, Turngeräte und – Geigenbögen. Ihre Dichte kann bis zu 1,4 Gramm pro Kubikzentimeter betragen, womit sie fast den eineinhalbfachen Wert von Wasser erreichen. Klar, dass sie untergehen wie ein Stein. Trotzdem bauten die Polynesier früher Kanus aus solchem Holz, weil es sehr widerstandsfähig ist. Ihre zweite Verwendung für das eisenharte Holz: Streitkolben.

WASSERFLÖHE sind Insekten.

In Größe und Form bestehen zwar gewisse Ähnlichkeiten, aber ansonsten sind der eigentliche Floh, ein blutsaugendes Insekt, und der Wasserfloh, ein kleiner Krebs, nur sehr entfernt miteinander verwandt. Der Gemeine Wasserfloh ist drei bis vier Millimeter lang und schwimmt hüpfend (eine weitere Parallele zum Floh) mit Hilfe seiner langen, gefiederten Antennen in Teichen und Tümpeln. Die eigentlichen Beine sitzen in der glasartig durchsichtigen, zweiklappigen Schale, die den ganzen Körper umhüllt. Mit ihnen filtert der kleine Krebs Plankton-Algen aus dem Wasser.

WEBERKNECHTE

sind echte Spinnen. Die Langbeine mit dem Kugelkörper sind ohne Zweifel Spinnentiere, wie ein schnelles Abzählen der acht Beine bestätigt, zwischen denen der kugelförmige und erst auf den zweiten Blick als zweigeteilt erkennbare Körper aufgehängt ist. Aber in die Ordnung der Echten Spinnen oder Webspinnen (Araneae) gehören die Weberknechte oder Kanker nicht. Ihnen fehlen Spinndrüsen ebenso wie die für die Webspinnen charakteristischen Giftdrüsen an den Zangen der rechts und links der Mundöffnung stehenden Cheliceren. Dafür haben Kanker Stinkdrüsen zur Verteidigung.

Apropos acht Beine: Oft begegnet man auch Weberknechten, die weniger als diese für Spinnentiere vorgeschriebene Anzahl aufweisen. Das hängt damit zusammen, dass Weberknechte bei Feindberührung Beine abwerfen. Ein eigenes Erregungszentrum lässt das geopferte Beinchen noch eine halbe Stunde zucken. Eine gute Ablenkung für Spinnenjäger, die es dem verfolgten Weberknecht nicht selten erlaubt, sich klammheimlich auf den restlichen sieben (oder sechs, fünf, vier, drei) Beinen zu verdrücken.

Nur WEIBCHEN

gebären Junge. Das weibliche Geschlecht ist durch die Produktion von Eizellen definiert. Insofern dürfte es von der Regel, dass die Weibchen die Kinder gebären, keine einzige Ausnahme geben. Gibt es aber doch: Bei den Seepferdchen winden sich beide Partner in einem komplizierten Paarungstanz umeinander. Dabei übergibt das Weibchen seine Eier. Das Männchen besamt sie und versorgt sie in einer Bruttasche am Bauch, die nur eine kleine, durch einen Muskel verschließbare Öffnung hat. Erst wenn die Jungtiere das Larvenstadium hinter sich haben, werden sie unter wehenartigen Erscheinungen aus der Tasche gepumpt. Vermutlich wird die Geburt, wie es für „normale" Geburten durch weibliche Tiere üblich ist, durch ein Hormon ausgelöst.

Noch viel extravaganter geht es beim südamerikanischen Darwin-Nasenfrosch zu. Hier legt ein Weibchen zwanzig bis vierzig Eier, die von mehreren Männchen befruchtet und bewacht werden. Später nimmt jeder der Väter einige Eier ins Maul und verstaut sie im Kehlsack. Dort schlüpfen die Kaulquappen, die zunächst von ihren Dottervorräten leben, später vermutlich aber auch vom Vater eigens hergestellte Nährflüssigkeit aufnehmen. Erst nach der Umwandlung zu kleinen Fröschen gehen sie, nachdem sie durch den Mund „geboren" wurden, ihrer Wege.

Der WEIHNACHTS-STERN hat große rote Blütenblätter.

Die großen roten „Blüten" der Weihnachtssterne sind richtige Hingucker, schon von weitem leuchten sie einem entgegen. Und genau das ist ihre Aufgabe: Die Anlockung von Insekten, die die Blüten bestäuben sollen. Nur wer genauer hinsieht, entdeckt den Trick des Weihnachtssterns (den so oder ähnlich viele Pflanzen anwenden): Es sind gar nicht die Blüten, die hier Reklame machen, sondern rot gefärbte Laub- oder Hochblätter, zwischen denen klein und unauffällig die eigentlichen Blüten dieses Wolfsmilchgewächses stehen. Sind die Insekten erst mal vor Ort, finden sie die Nektarquelle natürlich und bestäuben den Weihnachtsstern.

WEISSHAIE sind weiß.

Weißlich ist allein der Bauch dieser berüchtigten Meeresraubtiere.
Die Oberseite ist wie die vieler Haie in mittelgrau gehalten. Damit
entspricht der Weißhai der Grundfärbung vieler Fische. Diese Ge-
genfärbung funktioniert im Wasser als Tarnkleid. Der helle Bauch
ist von unten gegen den Himmel schlecht sichtbar, während die
dunkle Oberseite sich von oben betrachtet kaum vom dunklen Wasser abhebt.

Der WEISSSTORCH bringt die Kinder.

Meister Adebar heißt er in Nieder-
deutschland. „Bar" bedeutet „Träger" – schon mit diesem alten Namen wird auf den Storch als Kinderbringer angespielt, der die Neu-
geborenen im Schnabel trägt. Neben der Schwalbe gilt vor allem der
Storch als klassischer
Frühlingsbote. Als Bringer
neuen Lebens nach dem langen
Winter war er den Germanen Göt-
terbote, heiliger Vogel Donars,
Sinnbild göttlichen Segens. Hier
dürften die Wurzeln der weit verbreiteten Legende vom Nachwuchs bescherenden
Storch liegen. Wobei sich um die Störche noch viel mehr verschiedene Geschichten ranken, kein Wunder bei einem so auffälligen
Vogel, der sich dem Menscher enger als alle anderen angeschlossen
hat. Störche auf dem Haus bringen nicht nur Kindersegen, sondern
weiteres Glück und Wohlstand, sie schützen vor Blitzschlag und
Feuer oder ahnen wenigstens, wenn solches bevorsteht und warnen
dann durch Spektakel oder den Abtransport ihrer Jungen. Umge-

kehrt meiden sie Häuser, in denen Unfrieden herrscht. Und beziehen sie im neuen Jahr das alte Nest nicht wieder, ist das ein schlechtes Omen. Andernorts spielt der Storch die Rolle des Osterhasen. Und wem das alles zu viel ist, dem bleibt immer noch der Stoßseufzer: „Erzähl mir doch keinen vom Storch!"

WEIZENKÖRNER aus der Pharaonenzeit sind noch keimfähig.

Viele Pflanzensamen sind gegen Kälte, Hitze und Trockenheit weitgehend gefeit. Jahre- oder jahrzehntelang schlummern sie im Boden und warten auf ihre Stunde. Berühmt ist die Wüste, die über Nacht ergrünt, nachdem einer der seltenen Regengüsse niedergeprasselt ist. Wie lange ein Samen keimfähig bleibt, ist von Art zu Art sehr unterschiedlich. Pflanzen des tropischen Regenwaldes haben es nicht nötig, längere Durststrecken zu überdauern. Ihre Samen bleiben oft nicht einmal ein Jahr am Leben. Viele unserer einheimischen Pflanzen dagegen können im Boden unter weitgehendem Sauerstoffabschluss ein- bis zweihundert oder sogar noch mehr Jahre überdauern. Das erklärt, warum manche in einem Gebiet verschollen geglaubte Pflanze plötzlich wieder auftauchen kann. Der Überlebens-Rekord? Ein heißer Anwärter ist die Lotosblume, bei der auch ein tausendjähriger Samen noch austreiben können soll. Der Weizen gehört allerdings nicht zu den Spitzenreitern. Nach zehn Jahren ist Schluss. Dass es in dem Topf, in dem versuchshalber einige der uralten Getreidekörner aus dem Grabe des ägyptischen Pharaos Tut-ench-Amun (gestorben 1337 v. Chr.) ausgesät worden waren, bald grünte, stimmt aber. Nur war es nicht der antike „Mumienweizen", der da keimte, sondern eine höchst neuzeitliche schlichte Quecke, die sich in die Probe eingeschmuggelt hatte.

Nur der Mensch verwendet
WERKZEUGe.

Als der Mensch widerstrebend von seiner biologischen Sonderrolle Abschied nehmen und sich als Teil des Tierreichs begreifen musste, besann er sich um so intensiver auf Merkmale und Eigenschaften, die seine Ausnahmestellung unter den Tieren rechtfertigen sollten. Dabei spielten die Werkzeuge eine entscheidende Rolle. Auf sie gründen sich die ersten fassbaren Kulturen der (nicht von ungefähr so genannten) Steinzeit. Und es ist auch nicht ganz zufällig, dass die Grenzlinie zwischen den frühen Vormenschen *Australopithecus* und den Frühmenschen unserer eigenen Gattung *Homo* genau an dieser Stelle gezogen wurde. Lange galt *Homo habilis*, wörtlich übersetzt der „befähigte Mensch", als erster eigentlicher Mensch und Vorfahr aller späteren Menschenformen. Zusammen mit seinen Resten wurden grob behauene Steinwerkzeuge gefunden.

Diese Vorbemerkung ist notwendig, um die Bedeutung der Werkzeug-Diskussion verstehen zu können. Es hat sich nämlich herausgestellt, dass Werkzeuggebrauch zwar selten ist, aber durchaus nicht auf den Menschen beschränkt. Ebenso notwendig ist aber auch, festzulegen, was denn nun unter Werkzeuggebrauch genau zu verstehen sei. Im Lehrbuch hört sich das so an: Werkzeuggebrauch sei die „Anwendung externer Objekte zur funktionalen Erweiterung des Körpers, um ein unmittelbares Ziel zu erreichen". Schleudert ein Schmutzgeier ein Straußenei gegen einen Stein, um es zu knacken, liegt kein Werkzeuggebrauch vor, sehr wohl aber, wenn er den Stein gegen das Ei schleudert. Schubbert sich der Elefant am Baum, benutzt er kein Werkzeug; kratzt er sich mittels eines Stockes am Rücken, ist der Stock ein Werkzeug.

Bekannte Werkzeugbenutzer sind die Spechtfinken von Galapagos. Sie nehmen einen abgebrochenen Kaktusstachel in den Schnabel und stochern mit ihm in Rindenritzen und Löchern, um Insekten und deren Larven zu erbeuten. Man ist sogar geneigt, dem Vogel nicht nur Werkzeuggebrauch, sondern auch Intelligenz zuzugestehen. Schließlich ist dieses Verhalten nicht komplett angeboren; es beruht wenigstens zum Teil auf komplexen Lernprozessen.

Ein zweites Beispiel: die Seeotter der nördlichen Pazifikküste. Sie tauchen im Meer nach Nahrung. Schnecken, Muscheln und Seeigel stehen auf ihrem Speiseplan, Tiere, die durchaus nicht einfach zu erbeuten und verzehren sind. Der Seeotter bedient sich zu diesem Zweck eines Werkzeugs. Die fest am Untergrund sitzenden Meerohren bearbeitet er mit einem großen Stein, den er geschickt zwischen den Vorderpfoten hält. Manchmal sind mehrere Tauchgänge nötig, bis die großen Meeresschnecken besiegt sind. Gegessen wird dann an der Oberfläche. Um Muscheln zu knacken, schwimmt der Seeotter auf dem Rücken, legt sich einen Stein auf den Bauch und hämmert die Beute so lang dagegen, bis die Gehäuse zerbrechen. Bevor er wieder abtaucht, klemmt er seinen kostbaren Amboss-Stein unter die Achsel, damit er nicht verloren geht.

Natürlich dürfen die Affen in diesem Zusammenhang nicht fehlen. Auf sie konzentrierten sich Beobachtungen und Versuche über Werkzeuggebrauch und einsichtiges Verhalten, teils, um die Unterschiede zwischen ihnen und uns zu manifestieren, teils, um sie zu verwischen. Jahrelange Forschungsarbeiten in Afrika haben gezeigt, dass Schimpansen die verschiedensten Werkzeuge verwenden und dabei auch vorausdenken, wenn zum Beispiel ein Stein zum Nüsseknacken von weither mitgebracht wird.

Wenn der Mensch als Werkzeugbenutzer schon nicht einzig dasteht, dann vielleicht wenigstens als Werkzeugmacher? Denn einen Gegenstand gezielt zu manipulieren, damit er erst seine geplante Funktion erfüllen kann, zeugt von noch größerem Überblick als nur einfach einen zufällig herumliegenden Gegenstand zu verwenden. Aber auch das machen schon Schimpansen, wenn sie sich aus zerknüllten und zerkauten Blättern einen Schwamm formen, mit dem sie Trinkwasser aus einem Astloch holen. Oder wenn sie Stöcke vorne fein ausfasern, weil man damit viel besser Termiten aus dem Bau angeln kann als mit glatten Ästchen.

Die WESPEn eines Staates überwintern gemeinsam im Nest.

Sie tanzen nur einen Sommer: Wer im Winter auf seinem Dachboden ein großes Wespennest entdeckt, muss nicht um seine körperliche Unversehrtheit fürchten. Was im Sommer riskant ist – nämlich allzu große Nähe zu den großen grauen Papierkugeln, die die gut bewachten Waben enthalten – birgt jetzt keine Gefahren mehr. Der Wespenstaat ist längst ausgestorben. Lediglich die befruchteten Königinnen überwintern, gut geschützt in Ritzen und hohlen Bäumen. Sie gründen im nächsten Frühjahr neue Staaten an neuen Stellen und ziehen die erste Generation von Arbeiterinnen auch selbst auf. Erst wenn diese Nestbau und Futtersuche übernehmen, kann sich die Königin auf ihre eigentliche Aufgabe, die Fortpflanzung, konzentrieren und bleibt zu Hause. Wer meint, die ersten im Frühjahr fliegenden Wespen seien besonders groß, hat übrigens Recht. Die Wespenköniginnen sind tatsächlich viel größer als die Arbeiterinnen.

WILDER Wein ist die Wildform der Weinreben.

Jede Kulturpflanze hat einen wild lebenden Vorfahren, so auch die Weinrebe. Die wilde Weinrebe, *Vitis vinifera*, stammt aus den Laubwäldern des östlichen

Mittelmeergebietes und dringt an günstigen Stellen bis nach Mitteleuropa vor. Heimisch, wenn inzwischen auch sehr selten geworden, ist die wilde Rebe zum Beispiel in den Auwäldern von Rhein und Donau. Dort bietet ihr keines Winzers hilfreiche Hand Klettergestelle, und sie braucht sie auch nicht: Weinreben wachsen als Lianen. Bis zu vierzig Meter lang werden diese verzweigten Lianen, die dann einen halben Meter Stammdurchmesser erreichen können.

Der Wilde Wein, der als Fassadenkletterer zur Begrünung von Hauswänden und hässlichen Straßenbefestigungsmauern eingesetzt wird, ist ein naher Verwandter der Wilden Weinrebe und nicht der Vorfahr der Kulturreben. Er wird nicht der Gattung *Vitis* zugeordnet, sondern der Gattung *Parthenocissus*. Sein Nachteil: Er trägt keine genießbaren Trauben. Sein Vorteil: Er wächst schnell, ist äußerst robust und überzieht schon innerhalb weniger Jahre große Flächen mit einem wohltuend grünen Teppich. Bei uns kommen verschiedene Arten zum Einsatz, die überwiegend aus Amerika, zum Teil auch aus Ostasien stammen. Sie unterscheiden sich unter anderem in der Zahl und Stärke ihrer Haftscheiben, mit denen sie sich selbst an völlig strukturlosen Fassaden festhalten können. Nicht zu verwechseln ist der laubwerfende Wilde Wein mit dem immergrünen Efeu, der ebenfalls ganze Häuser überziehen kann.

WINTERFÜTTERUNG hilft der heimischen Vogelwelt. Jahr für Jahr geben wohlmeinende Tierfreunde viele Millionen aus, um Körnermischungen und Meisenknödel zu erstehen. In immer neue und teils raffiniert gebaute, ordinäre Spatzen aussperrende und niedliche Meisen begünstigende Futterapparaturen abgefüllt sollen sie den Not leidenden heimischen Singvögeln über

W die Unbilden des Winters helfen. Natürlich nützt das, wenn nicht den Vögeln, so doch dem Einzelhandel.

Um es gleich vorweg zu nehmen, es gibt nur einen Grund, Vögel regelmäßig zu füttern: Es macht einfach Freude, die bunten Piepmätze in der dunklen Jahreszeit anzulocken und sie auf dem Fensterbrett zu beobachten, nur durch eine Glasscheibe getrennt. Und gleichzeitig wärmt einem das Gefühl, Gutes zu tun, das Herz.

Wo liegt das Problem? Einerseits natürlich in der mangelnden Hygiene, die an vielen Futterplätzen herrscht. Manche Infektionskrankheit entwickelt sich zur Epidemie, weil sich dort zahlreiche Vögel treffen, die sich über verschmutzte und bekotete Nahrung anstecken. Dem ließe sich noch abhelfen. Um aber den eigentlichen Schaden des übermäßigen Vogelfütterns verständlich zu machen, muss ich ein wenig ausholen: Betrachten wir zwei heimische Vogelarten etwas genauer, den Gartenrotschwanz und die Kohlmeise. Ersterer frisst nur Insekten und muss deshalb sein Brutgebiet im Winter räumen. Er zieht bis in die inneren Tropen Afrikas. Kohlmeisen dagegen können im Winter auch Sämereien nutzen. Sie bleiben überwiegend hier und weichen lediglich heftigen Wintereinbrüchen kurzfristig aus. Beide Arten brüten in Baumhöhlen und konkurrieren dort, wo solche knapp sind, um gute Brutplätze. Kohlmeisen sind dabei deutlich im Vorteil: Sie können nämlich bereits im Spätwinter in aller Ruhe auf Wohnungssuche gehen und im März mit der Brut beginnen, während die Rotschwänze noch auf dem Heimweg sind. Acht bis zehn Eier liegen gewöhnlich in einem Meisennest, ein großer Teil der Vögel brütet zwei Mal pro Jahr. Ein Gartenrotschwanz legt dagegen durchschnittlich sechs Eier und brütet meist nur ein Mal pro Jahr. Der Terminplan eines Fernreisenden ist einfach wesentlich enger: Die Rotschwänze treffen in Mitteleuropa im Lauf des Aprils ein und beginnen Ende August bereits mit dem Wegzug. In der Zwischenzeit müssen nicht nur Reviere gefunden und verteidigt, Partnerschaften begründet und Junge großgezogen, sondern auch noch der energieaufwändige Wechsel des zerschlissenen Großgefieders über die Bühne gebracht werden.

Die Bilanz der Kohlmeise – mehr als doppelt soviel Nachwuchs und bessere Karten bei der Höhlensuche – lässt einen zweifeln, ob die Strategie des Rotschwanzes so sinnvoll ist. Ihren Wert beweist sie aber in kalten, lang anhaltenden und nahrungsarmen Wintern. Dann sterben nämlich wesentlich mehr Kohlmeisen als in milden Wintern, die Population wird deutlich dezimiert. Der Rotschwanz im fernen Afrika profitiert davon: Zuhause winken freie Wohnungen. Den Meisen schadet es auf Dauer auch nicht. Sie sind ja darauf eingestellt. Ihre hohe Fortpflanzungsrate sorgt dafür, dass die Lücken schnell wieder geschlossen werden.

Und jetzt stellen Sie sich vor, zahllose und flächig ausgebrachte Futterstationen helfen sämtlichen Kohlmeisen Jahr für Jahr über den Winter. Die in der Eizahl bereits einkalkulierte höhere Wintersterblichkeit geht drastisch zurück. Mit dieser scheinbar tierfreundlichen Tat greifen wir in das ökologische Gefüge ein – und schaffen deutliche Nachteile für den Gartenrotschwanz. Ohne Zweifel: Mit unseren Futtergaben helfen wir manchem Vogel über den Winter, der es ohne uns nicht geschafft hätte. Aber gerade damit können wir unwissentlich Schaden anrichten.

WINTERSCHLÄFER
erwachen erst im Frühjahr. Heizung kostet

Energie. Und Energie ist kostbar. Winterschlaf ist Energiesparschlaf. Durch eine gezielte und kontrollierte Absenkung der Körpertemperatur lässt sich lange Zeit durchhalten, ohne Nahrung aufnehmen zu müssen. Für unsere heimischen Fledermäuse, allesamt Winterschläfer, liegt der Vorteil auf der Hand: Als Insektenfresser haben sie im Winter kaum etwas zu beißen. Sie können aber von ihrem im Herbst angesammelten Fettdepot (einem vollen Öltank vergleichbar) zehren, bis wieder Nahrung herumschwirrt. Wenn auch der Winterschlaf den ganzen Winter über dauert, wird er doch immer wieder unterbrochen. Zum Beispiel, wenn es zu kalt wird. Dann droht Einfrieren. Die Alarmglocken läuten, die Heizung springt an und das Tier sucht sich einen sichereren Platz.

Andere Winterschläfer erwachen routinemäßig. Wozu hätte der Feldhamster seine Vorräte gehamstert, wenn er sie nicht bräuchte? Alle paar Tage unterbricht er seinen Winterschlaf, um seiner wohl gefüllten Speisekammer einen Besuch abzustatten. Ein anderer Nager, der Siebenschläfer, sammelt keine Vorräte, sondern frisst sich, ähnlich wie die Fledermäuse, einen „Ranzen" an. 120 Gramm wiegt er im Herbst. Ein Drittel seines Gewichts hat er bis zum Frühjahr verloren. Er erwacht wesentlich seltener als der Hamster; schließlich kostet jedes Aufheizen Energie. Am fettesten mästen sich die Murmeltiere, die im Herbst so dick sind, dass sie kaum mehr laufen können. Sie brauchen das auch, denn der Winter ist in den Hochlagen der Alpen lang und streng. Dann schlafen sie wie die Murmeltiere, von Oktober bis Mai. Aber auch sie erwachen zwischendrin etwa alle vierzehn Tage, um sich zu entleeren, ein wenig Körperpflege zu betreiben und ihr Heubett wieder aufzuschütteln.

WÖLFE greifen Menschen

an. Gruselgeschichten über Wölfe, die Kinder rauben, russische Schlittenfahrer zu Tode hetzen oder den einsamen Trapper am Feuer in der Wildnis immer enger umkreisen sind Legion. Fast unglaublich, dass es trotz umfangreicher Recherchen anscheinend keinen einzigen gut dokumentierten Fall einer solchen Menschenjagd gibt. Das Angst erregende nächtliche Wolfsgeheul, ihr im Schutz der Dunkelheit (wenn wir uns draußen sowieso nicht mehr richtig wohlfühlen) geringer werdender Respekt vor Menschen oder die Jagd im Rudel haben vermutlich ebenso zur Legendenbildung beigetragen wie ihre manchmal wirklich verheerenden Überfälle auf Weidetiere. Trotzdem haben die Wolfsgeschichten sicher auch einen wahren Kern. Vor allem in Kriegs- und Seuchenzeiten im Mittelalter dürften Wölfe auf Beutesuche „frech" bis in kleine Dörfer vorgedrungen sein und sich vielleicht gar als Leichenfledderer betätigt haben.

WÖLFE heulen den Mond

an. Die sentimentalen Regungen, die den Romantiker angesichts einer hellen Mondnacht anwandeln, sind den Wölfen fremd. Ihre schauerlich-schönen nächtlichen Heularien ertönen in mondlosen Nächten ebenso wie in hellen, und auch tagsüber halten Wölfe keineswegs die Schnauze. Die Wolfsgesänge dienen dem sozialen Zusammenhalt innerhalb des Rudels ebenso wie als Signal an Wölfe der Umgebung, dass dieses Revier schon besetzt ist. Nicht immer sind Wölfe im Rudel unterwegs. Sie trennen sich zum Beispiel zur Jagd kurzfristig: Sind mehrere Kundschafter unterwegs, steigt die Chance, Beute aufzuspüren. Heulend informiert der fündige Wolf dann seine Rudelkumpane selbst über große Entfernungen, wenn er auf eine heiße Spur gestoßen ist.

WOLLGRAS blüht weiß.

Düster und ein wenig trostlos wirken weite Moorlandschaften oft. Zwischen Bulten aus Torfmoosen und Seggen steht dunkelbraun das Wasser. Dankbar bleibt das Auge an den seidig glänzenden weißen Blütenschöpfen des Wollgrases hängen. Blütenschöpfe? Gräser pflegen äußerst unauffällig zu blühen und das Wollgras macht da keine Ausnahme. Den Insekten anlockenden Schmuck anderer Blütenpflanzen können sie sich sparen; sie vertrauen ihren Pollen den Winden an, die möglichst ungehindert an den Staubbeuteln entlang streichen sollen. Zur Blütezeit sind die Köpfchen der Wollgräser also klein, grünlich oder schwärzlich und mit gelben Staubblättern bedeckt. Erst nach der Befruchtung wachsen die kleinen Borsten der Blütenhülle zu langen weißen Fäden und bilden die typischen weißwolligen Köpfchen. Und wieder sind die Pflanzen auf den Wind angewiesen. Er soll die zwei bis drei Millimeter großen Samen am Schopf packen und wegtragen. Die weißen „Blüten" des Wollgrases sind also Anhänge der Früchte, „Flugzeuge", die sie zu einem Ort bringen sollen, an dem sie keimen und wachsen können.

ZECKEn lassen sich von Bäumen herunter auf Mensch und Tiere fallen. Nicht von oben, von unten droht die Gefahr.

Schließlich legen die Zeckenweibchen ihre ein- bis dreitausend Eier am Erdboden. Die Zeckenkinder krabbeln nicht gleich auf Bäume, sondern meist nur auf Grasspitzen. Dort warten sie mit ausgebreiteten Beinen auf eine Gelegenheit. Geduld ist die große Stärke der Zecken. Ein Jahr zu hungern macht ihnen wenig aus. Auch wenn sie einen Wirt gefunden haben, bohren sie nicht gleich ihren Rüssel in die nächstbeste Stelle. Nicht selten wandern sie noch stundenlang herum und entscheiden sich dann oft für eine behaarte Hautpartie.

Also: Zur Zeckenbissprävention beginne man die Nachsuche nach einem Waldspaziergang an den Beinen und arbeite sich dann langsam nach oben. Nur selten findet man tatsächlich einmal eine Zecke auf dem Kopf. Die kam dann aber in den wenigsten Fällen von oben, sondern hat meist schon einen weiten Weg zurückgelegt.

ZECKEn muss man aus der Haut herausdrehen. Linksrum oder

rechtsrum? Unterm Mikroskop zeigt der Zeckenrüssel kein Gewinde. Eher gleicht seine Oberfläche einer groben Raspel mit vielen nach rückwärts gerichteten Zähnchen. Diese Widerhaken muss man mit sanfter Gewalt vorsichtig ziehend aus der Haut lösen. Bricht der Rüssel nämlich ab und bleibt stecken, kann sich die Stichstelle böse entzünden. Um das zu verhindern, kursieren allerlei Hausrezepte. Alle sollen sie die Zecke zu freiwilligem Verzicht bewegen. Oft wird ein Tröpfchen Öl oder Klebstoff empfohlen. Damit soll der Zecke die Luftzufuhr abgeschnitten werden. Weil es aber stundenlang dauert, bis der Holzbock in Atemnot gerät und dann vielleicht loslässt, raten Mediziner davon ab. Je länger die Zecke saugt (und je mehr Stress man ihr macht), desto größer die Gefahr einer Infektion mit Krankheitserregern, die sich in ihrem Speichel tummeln. Frühsommer-Meningoenzephalitis (FSME), eine lebensbedrohende Hirnhautentzündung, oder die von Bakterien hervorgerufene Lyme-Borreliose werden durch Zecken übertragen. Erstere kündigt sich durch heftige Kopfschmerzen an, letztere durch eine sich ringförmig ausdehnende Rötung um die Stichstelle. Diese Wanderröte sollte einen auf jeden Fall zum Arzt wandern lassen. Wie so oft bei Blutsaugern ist also die Zecke selbst das kleinste Problem.

ZELLEn sind winzig klein.

Erst die Erfindung von Mikroskopen erschloss den neugierigen Naturwissenschaftlern den Mikrokosmos. Eine ihrer wichtigsten Erkenntnisse war, dass alles Lebendige in Zellen organisiert ist: Die Zelle ist die Einheit des Lebens. Schon eine Einzelzelle kann ein vollständiger Organismus sein. Am unteren Ende der Größenskala stehen die Mycoplasmen, mit einem Durchmesser von 0,1 bis 1 μ-Meter echte Bakterien-Zwerge (ein μ-Meter ist 1/1000 Millimeter). Normale Bakterienzellen sind mit ein bis zehn μ-Meter schon eine Zehnerpotenz größer. Und noch zehnmal länger, nämlich meist zehn bis hundert μ-Meter, sind die Zellen von Eukaryoten (allen Einzellern, Pilzen, Pflanzen und Tieren also), was bedeutet, dass sie den tausendfachen Inhalt eines Bakteriums haben. Große Einzeller wie Pantoffeltierchen sind mit bloßem Auge immerhin schon deutlich sichtbar. Und bei den größten Einzellern ist das vollends kein Problem mehr. Die im Mittelmeer lebende Schirmchenalge *Acetabularia* – sie ähnelt einem zarten langstängeligen Hutpilz mit einem Hut-Durchmesser von über einem Zentimeter– besteht zum Beispiel nur aus einer einzigen Zelle. Noch größer ist die Schlauchalge *Caulerpa* (siehe auch folgender Abschnitt) aus dem Mittelmeer. Sie steuert den Stoffwechsel ihrer Riesenzelle aber mit vielen Kernen. Funktionell ist sie damit eher ein Vielzeller, denn jeder Zellkern regiert seine Umgebung, sodass es nicht zu einem Informationswirrwarr kommen kann.

Auch in Vielzellern gibt es unterschiedlich große Zellen. Nehmen wir einfach uns selbst als Beispiel. Menschenzellen sind gewöhnlich fünf bis zwanzig μ-Meter groß, je nach Gewebeart. Besonders groß ist die Eizelle mit gut 0,1 Millimeter. Das ist allerdings gar nichts gegen die langen, dünnen Fortsätze der Nervenzellen, die fast einen Meter lang werden können. Das größte Volumen haben aber die Eizellen von Vögeln und Haien. Selbst beim Vogel Strauß entspricht der Eidotter einer einzigen Zelle!

Alle ZELLEN haben einen Zellkern.

Dass es auch ganz ohne geht, zeigen die Prokaryoten, Lebewesen ohne Zellkern. Zu ihnen gehören mit den Bakterien und den Blau„algen" echte Erfolgsmodelle der Evolution. Alle anderen Lebewesen, ob Einzeller oder Pflanze, Tier oder Pilz, werden als Eukaryoten bezeichnet. Bei ihnen ist der überwiegende Teil der genetischen Information (Informationsträger ist die Erbsubstanz DNA) von einer Doppelhülle umgeben. Der dadurch gebildete Zellkern birgt also die zentrale Steuereinheit der Zelle. Vom Normalfall – einem Zellkern pro Zelle – gibt es allerdings zahlreiche Abweichungen. Schleimpilze zum Beispiel kriechen als mehrere Zentimeter große Plasma-Masse durch die Wälder, in der zahlreiche Kerne ohne trennende Zellwände eingebettet sind. Auch unter Grünalgen gibt es ähnliche Fälle mit vielkernigen Riesenzellen. Dazu gehört etwa die Schlauchalge *Caulerpa* mit ihrer meterlang kriechenden Hauptachse, der zehn bis zwanzig Zentimeter hohe grüne „Blattlappen" entsprießen – das ganze vielkernig ohne eine einzige Zwischenwand. Einen Spezialfall haben wir bei den einzelligen Wimpertierchen, deren bekanntestes das Pantoffeltierchen ist. Es hat zwei verschiedene Sorten von Zellkernen. Ein großer Kern, der zahlreiche Kopien des Erbguts enthält, steuert den gesamten Stoffwechsel, ein oder viele kleine Kerne die sexuelle Fortpflanzung.

ZIEGENMELKER

melken Ziegen. Dieser Anschauung frönten schon die

alten Römer. Plinius, dessen Biologiebücher (Historia naturalis) von skurrilen Geschichten nur so strotzen, schildert, wie dieser Vogel nächtens die Ziegen aufsuche, um ihnen die Milch auszusaugen, wovon die Haustiere blind würden. *Caprimulgus* nennt Plinius den Missetäter, was nichts anderes als Ziegenmelker heißt. Noch heute hört die Gattung auf diesen wissenschaftlichen Namen. Sicher fördert das geheime Leben des Ziegenmelkers die Legendenbildung. Tagsüber bekommt man den hervorragend getarnten Vogel mit dem rindenfarbenen Gefieder fast nie zu Gesicht. Nachts ist er unterwegs, um mit seinem riesigen Keschermaul fliegende Insekten zu erbeuten. Wenn er wie ein Nachtgeist um draußen weidende Herden flog, schien es wohl manchem übernächtigten Hirten, er suche hier mehr als vom Vieh aufgescheuchte Käfer und Falter.

ZITRONEn enthalten das
meiste Vitamin C. Zitrusfrüchte, und unter diesen
vor allem Zitronen, gelten als wahre Vitaminbomben, täglicher Genuss als sicherer Schutz vor Erkältung und Arztbesuch. Tatsächlich
enthält das Fruchtfleisch einer Apfelsine 50 Milligramm Vitamin C
auf 100 Gramm, eine Grapefruit kommt auf 44 Milligramm, eine
Zitrone auf 53 Milligramm, während die Mandarine mit 30 Milligramm nicht ganz so gut abschneidet. Übertroffen werden die sau-
ren Früchte aber von einer süßen, der man den hohen Gehalt an As-
corbinsäure (= Vitamin C) gar nicht zutraut: Mit 100 Gramm Erd-
beeren hat man 64 Milligramm Vitamin C und damit fast schon die
von vielen Ernährungswissenschaftlern empfohlene Tagesration
von 75 Milligramm zu sich genommen. Mit einigen anderen Früchten läuft man sogar schon Gefahr einer kräftigen Überdosierung
(wie sie von immer mehr Ärzten inzwischen sogar verschrieben
wird). 177 Milligramm enthalten Schwarze Johannisbeeren, 300
Milligramm Vitamin C verspeist man mit einer 100 Gramm wiegenden Kiwifrucht. Spitzenreiter sind aber zwei einheimische Wild-
pflanzen: der Sanddorn mit 100 – 1 200 Milligramm und die Hage-
butten, die (je nach Rosenart, deren Früchte sie sind) zwischen 250
und sagenhaften 2900 Milligramm enthalten – kein Wunder, dass
sie so sauer schmecken! Nebenbei bemerkt: Vitamin C ist nicht nur
in leckeren Früchten versteckt, sondern auch in (zumindest von Kindern meist weniger geschätztem) Gemüse. Spinat zum Beispiel (52
Milligramm pro 100 Gramm) kann durchaus mit der Orange mithalten. Und die Inuit, arktische Jäger, kauten die Haut des Narwals
durch, um ihren Bedarf an Vitamin C zu decken.

ZOOs sind die Rettung für bedrohte Wildtiere.

In früheren Zeiten machten es sich die Zoodirektoren einfach. Ihre Aufgabe sahen sie darin, Geld zu verdienen, indem sie einem neugierigen Publikum möglichst exotische und bizarre Tiere aus fremden Erdteilen präsentierten. Artenschutz spielte keine Rolle. Entsprechend trist sahen die Menagerien aus – wahre Tiergefängnisse. Diese Zeiten sind Gott sei Dank vorbei. Sowohl die Ansprüche der Tiergartenbiologen als auch die der Besucher haben sich grundlegend geändert. Moderne zoologische Gärten messen ihren Erfolg nicht zuletzt daran, wie viele Tierarten sich hier so wohl fühlen, dass sie sich erfolgreich fortpflanzen. Tierproduktion statt Tierverbrauch.

In der sehr kontrovers geführten Debatte um ihre Rechtfertigung argumentieren die Befürworter der zoologischen Gärten auch mit dem Artenschutz: Der Zoo als Arche Noah für Tiere, die in freier Wildbahn zum Untergang verurteilt sind. Ein Paradebeispiel dafür könnten die letzten Wildpferde sein. Die Przewalski-Pferde, wie sie nach ihrem Entdecker genannt werden, sind in ihrer Heimat, den Steppen und Halbwüsten der Mongolei, ausgerottet. Die letzte Beobachtung gelang im Jahr 1968. Jagd und Verdrängung durch Viehhaltung in immer unwirtlichere Lebensbereiche gelten als Ursache dafür. Hätte nicht Carl Hagenbeck, der berühmte Hamburger Zoobesitzer, in den Jahren 1901 und 1902 insgesamt 39 Wildpferde importiert, gäbe es die Art nicht mehr. Von nur zehn dieser Tiere stammen alle Przewalski-Pferde ab, die inzwischen in zahlreichen zoologischen Gärten zu sehen sind. Seit einiger Zeit laufen Wiederansiedlungen in der mongolischen Heimat der Pferde. Es sieht so aus, als sei das Przewalski-Pferd dem Artentod noch einmal von der Schippe gesprungen.

Ähnliches versucht man mit dem kalifornischen Kondor, dessen Bestand zusammengebrochen war, wobei Abschuss und für Kojoten ausgelegte vergiftete Köder eine wichtige Rolle spielten. Zu Beginn der 1980er Jahre waren noch gut zwanzig Vögel übrig, der Niedergang hielt aber an und führte zu der Entscheidung, 1987 alle restlichen Wildvögel einzufangen und für mehr Nachwuchs zu sorgen, indem man den Kondoren ihr Ei wegnahm und es Ersatzeltern unterschob, worauf die Eltern ein zweites Ei legten, das sie dann selbst ausbrüten durften. Ab 1992 wurden dann junge Kondore ausgewildert und die Zukunft der Art sieht wieder etwas rosiger aus. Ein drittes Beispiel: Der Sibirische Tiger, dessen Bestand um 1940 auf 20–30 Tiere geschrumpft war und der deshalb ebenfalls zum bevorzugten Zuchtobjekt der Zoos wurde. Naturschutzbemühungen in ihrer Heimat ließen den Bestand dort wieder auf etwa 400 Tiere wachsen. Im Zoo war man noch erfolgreicher, sodass inzwischen wesentlich mehr Sibirische Tiger in Gefangenschaft als in freier Wildbahn leben. Die Zucht klappt also hervorragend. Nur: Was tun mit den vielen Tigern? Aussetzen? Über 1000 Quadratkilometer groß kann das Streifgebiet eines Tigers sein. Im fast 4000 Quadratkilometer Sichote-Alin-Nationalpark liegt nur ein einziges Tigerrevier gänzlich innerhalb der Grenzen des Schutzgebietes. Außerhalb geschützter Zonen sieht es auch im Fernen Osten nicht viel anders aus als überall: genutzte Flächen, Land- und Forstwirtschaft, Viehhaltung. Kein Platz für Tiger. So bleibt den Zoos nichts anderes übrig, als ihren seltenen Pfleglingen die Pille zu verordnen, auf dass sie nicht mit Nachwuchs gesegnet werden, den niemand mehr unterbringen kann. Das ist beileibe kein Einzelfall. Nur in wenigen Fällen wie in dem des Wildpferdes lassen sich Aussterbe-Ursachen kurzfristig korrigieren, so dass eine Wiederansiedlung im angestammten Lebensraum überhaupt sinnvoll, weil möglich, erscheint. Nun gut, ließe sich argumentieren, warten wir auf bessere Zeiten für die anderen. Aber bleibt ein Wildtier, das über Generationen im Zoo gehalten wird, überhaupt ein Wildtier? Inzucheffekten, die auf kleinen Populationen beruhen, versuchen die Zoos durch in Zuchtbüchern dokumentierte internationale Austauschprogramme vorzubeugen. Aber ein wesentlicher Evolutionsfaktor ist die Selektion, die natürliche Auslese. ‚Survival of the fittest' – das Überleben des Bestangepassten – nannte das Charles Darwin. Und weil die Evolution niemals stillsteht und sich die natürlichen Umweltbedingungen einer Art, Klima, Nahrung, Feinde, Sozialgenossen usw. im Zoo nicht simulieren lassen, nicht für einen Tiger und noch viel weniger für einen Schimpansen, werden sich die Arten verändern. Fit für den Zoo bedeutet eben nicht fit im natürlichen Lebensraum – und so entwickeln sich im Lauf der Zeit zwangsläufig aus Wildtieren im Zoo Zootiere.

ZUGVÖGEL ziehen nach Süden, weil es ihnen im Winter zu kalt ist.

Kälte macht den meisten Vögeln nicht viel aus. Sie haben ihre Daunenjacke ja stets bei sich. Wird es kühler, sollte die Jacke natürlich etwas wärmer sein. Kein Problem: Der Vogel plustert sich auf. Jede einzelne seiner Deckfedern ist mit kleinen Muskeln versehen, die sie aufstellen und anlegen kann. Darunter liegen plüschige Daunenfedern. Was mit dem Aufplustern gewonnen ist? Nun, seine isolierende Wirkung verdankt das Federkleid ja in erster

Linie nicht der Dicke und Zahl seiner Federn, sondern der Menge an Luft, die es einschließt, und die steigert sich beim Aufplustern erheblich. Weil der Wärmeabfluss nach außen dadurch stark gebremst wird, muss die innen sitzende Heizung durch den Stoffwechsel des Vogels bei Kälte also kaum mehr leisten. Sinken die Außentemperaturen extrem, zieht der Vogel auch noch den Kopf ein und stülpt die Federhülle über die unbefiederten Beine. So zum Federball geworden, kann er auch eiskalte Nächte gut überstehen.

Warum dann Vogelzug, diese aufwändige und nicht ungefährliche Reise, die oft über tausende von Kilometern durch unbekannte Gefilde führt, wo doch zahlreiche Untersuchungen ergeben haben, dass ein Vogel im heimischen Revier, wo er sich gut auskennt, am besten zurechtkommt?

Ganz einfach: Nicht Kälte, sondern Nahrungsmangel zwingt die Zugvögel in die Ferne. Was sollen Insektenjäger wie Schwalben, Neuntöter oder Grasmücken im Winter hier fressen? Und wo stillen Störche ihren Hunger, wenn die Sümpfe eingefroren sind? Gerade das letzte Beispiel zeigt, dass Kälte tatsächlich nicht die entscheidende Rolle spielt. Um den Weißstorch in Mitteleuropa zu retten, werden in Aufzuchtstationen Vögel aufgezogen und gehalten, die nachher   ausgesetzt werden. Diese gut

versorgten Störche machen sich zum Teil, selbst wenn sie frei sind, nicht mehr auf die Schwingen gen Afrika. Werden sie über Winter gut gefüttert, trotzen sie der Kälte problemlos.

Wo welcher Geschmack auf der ZUNGE wahrgenommen wird, ist genau festgelegt. In allen Lexika und Lehrbüchern

der Biologie wird uns die Zunge herausgestreckt. Groß, rosa und eingeteilt wie eine Landkarte. Vorne um die Zungenspitze ein kleines, mit „süß" beschriftetes Gebiet, teilweise überlagert von einem sich seitlich auch an den Zungenrändern entlang ziehenden „salzig"-Terrain, das weiter hinten von „sauer" abgelöst wird. Ganz hinten, auf dem mit großen, warzigenartigen Papillen bedeckten Zungengrund, wird es „bitter". Plakativ, aber leider falsch.

Erstens: Es scheint neben den vier allgemein bekannten Geschmackskategorien noch eine fünfte zu geben, vorläufig „Umami" genannt (siehe Seite 131). Die ließe sich zur Not noch nachtragen, schließlich gibt es noch ein paar freie Plätzchen auf der Zungenkarte. Nötig ist das, zweitens, aber nicht, denn es gibt sie gar nicht, die exklusiven Zonen zur Wahrnehmung eines bestimmten Grundgeschmacks. Jede Sinneszelle reagiert auf sämtliche fünf Grundwahrnehmungen. Die Geschmacksknospen auf der Zungenspitze sind also nicht auf süß oder salzig spezialisiert. Und der Quell der Bitternis sitzt nicht knapp vor dem Schlund. Unterstützt werden die Befunde an der Zunge von solchen im Nervensystem. Denn auch die Geschmacksnervenzellen, über die Informationen weitergegeben werden, übermitteln gemischte Daten und sind nicht auf einen Grundgeschmack festgelegt. Und schließlich müsste sich eine Zungengeografie, nach allem, was wir über die Organisation des zentralen Nervensystems wissen, auch in einer Gehirngeografie widerspiegeln, weil von unterschiedlichen Rezeptoren aus verschiedenen Gebieten gemeldete Reize auch im Gehirn normalerweise räumlich getrennt bearbeitet werden. Aber auch das ist nicht der Fall.

Also denken Sie daran, wenn Sie die nächste Praline auf der Zunge zergehen lassen. Nicht nur der Zungenspitze schmeichelt ihr süßer Schmelz. Bedenken Sie all Ihre Geschmacksknospen auf Zunge und Gaumen gleichmäßig. Selbstversuche haben ergeben: Das steigert den Genuss ungemein!

ZUNDER ist trockenes Holz zum Feuermachen.

Als Feuer noch nicht per Zündholz oder Feuerzeug auf Abruf stand, war Feuermachen eine mühevolle Angelegenheit. Entweder schlug man Funken mittels Feuersteinen und Pyritknollen oder man erzeugte mit dem Feuerbohrer Reibungswärme. In beiden Fällen musste der Funke auf etwas äußerst leicht Brennbares überspringen, bevor dann an einem kleinen Glutherd zunächst trockenes Gras und später Holzspäne angezündet werden konnten. Und hier kommt der Zunder zum Einsatz, hergestellt nicht aus Holz, sondern aus dem Echten Zunderschwamm, einem parasitischen Pilz, der in großen Konsolen am toten Holz geschwächter und abgestorbener Laubbäume wächst, vorzugsweise Buchen. Zur Zundergewinnung wird sowohl die unten liegende Röhrenschicht als auch die harte Huthaut entfernt. Dann wird die wergartige Zwischenschicht wochenlang in Urin eingelegt (in späteren Zeiten dann in Salpeterlösung) und dadurch mit Stickstoffverbindungen angereichert; das steigert die Entzündlichkeit. Im letzten Arbeitsgang werden die Zunderstücke dünn und weich geklopft; es entstehen filz- oder lederartige Lappen, die sich auch ähnlich wie diese beiden Werkstoffe verarbeiten und zum Beispiel zu nahtlosen Hüten und Mützen formen lassen. Der extrem leicht entzündliche Zunder brennt nicht lichterloh; die gängige Redewendung „das brennt wie Zunder" angesichts einer sich schnell ausbreitenden Feuersbrunst mit hoch schlagenden Flammen ist falsch. Zunder glimmt nur – aber das sehr ausdauernd, kaum löschbar und äußerst sparsam, sodass ein Zunderstück immer wieder verwendet werden oder auch dazu dienen kann, Feuer über längere Strecken und Zeiten zu transportieren. Zunder führte übrigens schon der legendäre bronzezeitliche „Ötzi" mit, um aus winzigen Funken Glut erzeugen zu können – und vielleicht auch als Erste Hilfe, denn Zunder diente auch hervorragend zum Blutstillen.

Zwei Blätter am Keimling sind ein sicheres Zeichen für ZWEIKEIMBLÄTTRIGE Pflanzen.

Samenpflanzen gibt es in zwei grundsätzlich verschiedenen Ausführungen, die sich daran unterscheiden lassen, ob sie ihre Samenanlagen frei tragen oder in schützende Fruchtblätter verpacken. Relativ artenarm (weniger als tausend Arten) ist die Gruppe der Nacktsamer, zu der in erster Linie die Nadelbäume zählen, während die Bedecktsamer eine überwältigende Formenvielfalt und Artenfülle ausgebildet haben – man rechnet heute mit etwa 250 000 bis 300 000 Arten.

Auch innerhalb der Bedecktsamer lassen sich wieder Trennlinien ziehen. Zunächst werden meist zwei Großgruppen unterschieden, die der Einkeimblättrigen und die der Zweikeimblättrigen. Als Keimblätter werden die allerersten Blätter bezeichnet, die der keimende

Samen bildet. Gekoppelt mit der Zahl der Keimblätter unterscheiden sich beide Gruppen auch noch an zahlreichen weiteren Merkmalen.

So weisen die Blätter der Zweikeimblättler gewöhnlich eine Mittelachse auf, von der seitliche Blattadern abzweigen, während die Einkeimblättler (typisches Beispiel: Gras) fast immer parallel verlaufende Blattadern haben.

Was aber tun mit einer Pflanze wie dem Lerchensporn (*Corydalis*), einem in feuchten Laubwäldern häufigen heimischen Frühjahrsblüher, dessen Blatt- und Blütenbau ihn unzweifelhaft als Zweikeimblättler ausweisen, der aber ganz und gar regelwidrig mit nur einem Blättchen keimt? Stellt dieser Ausreißer das ganze System in Frage? Diese Frage hat die Botaniker natürlich beschäftigt und sie fanden eine elegante Lösung: Das, was dem unbedarften Beobachter als ein Keimblatt erscheint, sind in Wirklichkeit zwei, die miteinander verwachsen sind. Und weil Wissenschaftler gerne Fachwörter kreieren, nannten sie es Pseudomonokotylie, zu deutsch: falsche Einkeimblättrigkeit.

Verwirrung stiften neben den paar falschen Einkeimblättlern auch solche, deren Keimblätter umgebildet sind. Knacken Sie eine Walnuss und Sie finden im Innern, zusammengefaltet wie zwei Hirnhälften, die zu Speicherorganen umgebildeten Keimblätter. Der eigentliche Keimling sitzt an der Verbindungsstelle der beiden Hälften. Walnüsse, Eichen und zahlreiche andere Arten mit Speicherkeimblättern müssen sich deshalb beim Keimen mit ihrer Blattzahl nicht mehr an die Zweier-Regel halten.

ZWERGHASEN sind

Hasen. Mehr über die wahre Natur dieser beliebten Haus- und Schmusetiere finden Sie unter dem Stichwort Stallhase auf Seite 311.

ZWERGSCHIM-PANSEN sind zwergwüchsige
Schimpansen.

Tatsächlich wurde die heute als Bonobo bekannte dritte afrikanische Menschenaffen-Art (neben Schimpanse und Gorilla) im Jahr 1929 zunächst als ebendas beschrieben, als besonders kleinwüchsige Unterart des Schimpansen nämlich. Schon vier Jahre später wurde klar, dass die im Regenwald südlich des Kongoflusses lebenden Bonobos weder Zwerg noch Schimpanse sind. Die erste Beschreibung der Art basierte einfach auf sehr kleinen Individuen. Bonobos sind zwar zierlicher gebaut als Schimpansen, aber im Allgemeinen nicht wesentlich kleiner.

Sie sind etwas schlanker und haben längere Arme und Beine. Sie verlassen die Bäume seltener, sind aber auf dem Boden mehr auf zwei Beinen unterwegs. Ihr Kopf ist rundlicher, die Schnauze steht weniger weit vor; Bonobos machen dadurch einen etwas kindlicheren Eindruck und wirken noch menschenähnlicher als die Schimpansen. Besonders stark unterscheiden sie sich aber im Sozialverhalten. Anders als bei ihren nahen Verwandten bestehen Bonobo-Trupps fast immer aus Männchen und Weibchen. Besondere Aufmerksamkeit (bis hinein in die Regenbogenpresse, die sich um biologische Themen sonst nicht zu kümmern pflegt) haben die scheinbar unbekümmerten sexuellen Aktivitäten dieser Menschenaffen erregt. Dazu gehören häufiger und promisker Geschlechtsverkehr ebenso wie gleichgeschlecht-

liche Aktivitäten, vor allem unter Weibchen; beides scheint dazu bei-
zutragen, soziale Spannungen abzubauen, die unter anderen Menschenaffen zum Teil beträchtlich sind. Schimpansen zum Beispiel
können regelrechte Bandenkriege führen und schrecken dabei auch
vor Mord nicht zurück.

ZWILLINGe sind völlig identisch.
Der Fingerabdruck bringt die Wahrheit an den
Tag, die Schuld ist bewiesen – doch plötzlich präsentiert der Täter
seinen Zwilling: Er war's. Kein Problem für die Ermittler, wenn
Zwillinge zweieiig sind. Dann sind sie so verschieden wie „normale"
Geschwister und haben selbstverständlich unterschiedliche Fingerabdrücke. Wie aber sieht das bei eineiigen Zwillingen aus? Schließlich sind eineiige Zwillinge Klone. Sie entstanden aus ein und derselben befruchteten Eizelle, die sich später regelwidrig in zwei Individuen teilte. Beide tragen die gleichen Gene. Der „genetische Fingerabdruck", der Vergleich von Teilen des Erbguts, wie er zur Iden-
tifizierung von Personen inzwischen zum Handwerk der Krimina-
listen gehört, ergibt deshalb keinen Unterschied. Aber auch Zwillinge haben ihre individuellen Merkmale, und dazu gehört ausgerechnet der „nichtgenetische" Fingerabdruck. Das unverwechselbare
Hautleistenmuster entsteht während der ersten vier Lebensmonate
im Mutterleib und ist absolut individuell. Auch ein eineiiger Zwilling sollte also Handschuhe anziehen, bevor er krumme Touren
dreht.